ATLAS

ENCYCLOPÉDIQUE

DE

LA GÉOGRAPHIE PHYSIQUE.

ATLAS

ENCYCLOPÉDIQUE

CONTENANT

LES CARTES ET LES PLANCHES

RELATIVES

A LA GÉOGRAPHIE PHYSIQUE.

PAR M. DESMAREST, DE L'ACADÉMIE DES SCIENCES; ET PAR M. LE COLONEL BORY DE ST-VINCENT, DE LA MÊME ACADÉMIE, ANCIENNEMENT ATTACHÉ AU DÉPÔT DE LA GUERRE, AUTEUR DE PLUSIEURS CARTES ET DU TEXTE EXPLICATIF DE CETTE PARTIE.

A PARIS,

Chez Mme veuve AGASSE, Imprimeur-Libraire, rue des Poitevins, n° 6.

M. DCCCXXVII.

INTRODUCTION.

« La Géographie est la description de la Terre. » Ainsi commencent presque tous les livres qui traitent d'une branche des connoissances humaines dont on n'a même pas encore donné une bonne définition. Le Dictionnaire de l'Académie dit qu'elle « est la science qui enseigne la position de toutes les régions de la Terre, les unes à l'égard des autres, et par rapport au ciel, avec la description de ce qu'elles contiennent de principal. » Sans relever tout ce que présente de vague un pareil énoncé, nous ferons remarquer au lecteur, qu'un géographe n'est pas, ainsi que le définit le même Dictionnaire, « celui qui sait la Géographie », mais simplement celui qui en fait une étude spéciale. Nous ne pensons pas qu'il y ait d'homme assez présomptueux pour se vanter de savoir une science dans laquelle celui qui sait le plus et le mieux doit avouer de bonne foi qu'il sait fort peu de chose. Il n'est peut-être pas une branche de nos connoissances qui ait été plus confusément étudiée ; on peut considérer la Géographie comme tout-à-fait dans l'enfance, et quoiqu'on en ait prodigieusement écrit, il n'en existe pas un seul Traité satisfaisant. Quant aux cartes dont ces Traités sont accompagnés, ou qu'on donne comme de la Géographie mise en tableaux, il en est comme des feuilles publiques, où il suffit d'avoir travaillé pour savoir ce qu'elles valent.

La Géographie n'est pas seulement, comme on le répète sans cesse, et comme sembleroit l'indiquer l'étymologie du nom, *la description de la Terre ;* son étude embrasse l'histoire du Globe entier et la recherche des rapports dans lesquels l'universalité des corps organisés se trouve répandue à la surface de ce Globe ; elle se rattache aux méditations de l'astronomie, qui nous fait connoître les imprescriptibles lois auxquelles obéissent les globes disséminés dans l'espace, et les correspondances de ces astres avec la Terre perdue entre l'immensité de leur nombre ; elle appartient à l'histoire et à la politique, puisqu'il n'existe pas d'événemens qui puissent avoir lieu hors de son domaine, et qu'elle fixe non-seulement les limites de ces empires fondées selon l'audace ou la pusillanimité des hommes, mais encore les bornes où nos usurpations sur le reste de la nature doivent s'arrêter.

Les auteurs des Traités de géographie qu'on a composés jusqu'ici, sans s'effrayer de l'immensité d'une science qui se rattache à toutes les autres, imaginèrent d'y entasser l'astronomie, l'histoire, la politique, les sciences naturelles et la statistique. Ils appelèrent GÉOGRAPHIE un tel chaos ; et comme aucun d'eux n'avoit la science universelle, s'il y eut dans leur ouvrage des parties supérieurement traitées, beaucoup d'autres n'y furent que d'informes compilations, où se trouvèrent confondues des erreurs grossières en beaucoup plus grand nombre que n'y étoient les notions exactes.

Un Traité de géographie exécuté sur le plan où furent conçus ceux de Guthrie, de Pinkerton et de Malte-Brun lui-même, ne peut être l'ouvrage d'un seul homme ; de tels livres sont des espèces d'Encyclopédies, où la véritable science disparoît sous un amas de détails étrangers, appartenant à des branches collatérales de nos connoissances ; on diroit que leurs auteurs ont voulu

1

tout embrasser, à la manière de Pline; mais ce qui eût été possible à la rigueur, vers le temps du compilateur romain, parce que les sciences y étoient peu avancées, ne l'est plus aujourd'hui, que le nombre des faits surpasse les instans qu'il nous est donné de consacrer à leur recherche. Il faut conséquemment, pour écrire avec connoissance de cause sur les sciences géographiques, y procéder comme dans les sciences naturelles, qui n'auront plus de Linné; c'est-à-dire, qu'on doit premièrement en bien distinguer les grandes parties, et s'attacher à celle de ces parties, pour laquelle on se sent le plus de penchant.

La Géographie, science autour de laquelle se viennent pour ainsi dire grouper toutes les autres, se compose de quatre divisions principales, dont l'étude se prête un mutuel appui, mais qui chacune suffisent pour occuper exclusivement tout écrivain laborieux qui voudroit savoir les choses assez bien pour être capable d'enseigner les autres. Ces divisions principales sont :

1°. La GÉOGRAPHIE ASTRONOMIQUE et MATHÉMATIQUE; point de contact de l'histoire des cieux et de l'histoire de la Terre; elle s'occupe des rapports qui existent entre les astres et notre Globe, dont elle donne les moyens de figurer la croûte superficielle; elle donne encore les moyens d'y voyager sur la monotone étendue des mers. L'observation des corps célestes et la géodésie en sont les flambeaux.

2°. La GÉOGRAPHIE HISTORIQUE, qui se lie encore à l'astronomie par la chronologie, science dont l'évaluation des temps durant lesquels se fondèrent et s'écroulèrent les dominations humaines est le grave mais fugitif objet. Elle peut se partager en deux sous-divisions, la Géographie ancienne et la Géographie moderne. L'époque où la boussole révéla un nouveau Monde au vieux Continent, nous paroît être beaucoup plus propre à distinguer ces deux sous-divisions, que leurs concordances avec nos ères, avant et après J.-C.

3°. La GÉOGRAPHIE POLITIQUE s'occupe de la Terre dans ses rapports avec les hommes, soit qu'ils commandent, soit qu'ils obéissent à sa surface. La statistique en est la véritable base ; non cette statistique qui seroit la science universelle si on la comprenoit comme le font certaines personnes lorsqu'elles entassent dans la description d'une province administrativement circonscrite, le catalogue des établissemens industriels et des plantes qu'on dit croître à travers les moissons, le revenu des œufs et du beurre, ou la nature des exploitations et des eaux minérales du pays. Les corps naturels n'ont de rapport avec la statistique véritable que par les applications que l'homme en fait à ses besoins; sous tout autre point de vue, c'est dans la quatrième division des sciences géographiques que leur examen doit rentrer. La véritable statistique, supposant le sol d'une contrée quelconque géodésiquement et physiquement connu, se renferme dans le dénombrement de ses habitans, dans ce qui touche à l'industrie, aux ressources de tout genre que fournit le sol, ainsi qu'aux revenus des établissemens publics, en un mot elle se borne à ce qui peut être du ressort de l'administration; elle est, à proprement parler, la Géographie sociale. Quelques mots sur les lois, les coutumes, le langage et les antiquités, seroient même déplacés dans un Traité de géographie politique ; c'est à la deuxième section qu'ils doivent, ce nous semble, trouver place.

4°. La GÉOGRAPHIE PHYSIQUE; cette partie de la science telle que nous la concevons, se dégage de ces délimitations factices d'empire et de royaume qui, périssables résultats d'une antique barbarie ou de la violence des conquêtes, s'effacent souvent dans la durée d'une révolution de ce Globe où rien ne sauroit être stable, car l'imposante marche de l'Univers a ses perturbations aussi. La constitution géologique des continens et des îles, la circonscription des mers, les fleuves, les rivières, les torrens qui fertilisent ou dépouillent le sol; les montagnes, les roches et les volcans, qui sont comme la charpente de la terre ou qui en déchirent le sein; la distribution des plantes que nourrissent les divers terrains et les eaux à des profondeurs et à des hauteurs diverses, et selon des lois si variées; celle des animaux qui vivant de plantes ou de la chair d'autres animaux, ne peuvent avoir de patrie que la patrie même de ce qu'ils dévorent; en un mot l'histoire entière des corps soit bruts, soit organisés dont se compose la planète que nous habitons, avec tout ce qui peut donner une idée de sa physionomie, est du ressort de cette partie de la Géographie qu'avoit entrepris de traiter dans cette Encyclopédie feu M. Desmarest, de l'Académie des sciences. Ce savant consacra les premiers volumes de son travail à l'examen des théories de la Terre, sujet épuisé, dont il devient conséquemment inutile de s'occuper désormais, et qui appesantit trop souvent l'attention du lecteur sur de véritables rêveries; une théorie de la Terre ne pourra être ébauchée raisonnablement, que lorsqu'on aura observé une suffisante quantité de faits pour qu'on soit dispensé de recourir à ces conjectures dont on a trop abusé. On s'est hâté d'élever des systèmes sur ce qu'on n'avoit pas assez approfondi. On a raisonné d'après des bases fausses; encore aujourd'hui on connoît trop peu de faits pour tirer de ce qu'on sait des inductions satisfaisantes sur des points essentiels, et la Géographie physique s'ébauche à peine. Ce n'est que depuis la fin du siècle dernier qu'on y porta quelqu'attention, car on ne peut regarder comme des élémens de cette science, ce chapitre obligé *des curiosités naturelles* qu'on trouvoit dans tous les Traités de géographie, et qui contenoient l'histoire d'une Tour sans venin, d'un écho prodigieux, d'un puits au fond duquel se faisoit ressentir la marée, ou d'un arbre qui distilloit de l'eau de fontaine.

M. Desmarest, pour compléter sa part de collaboration à l'Encyclopédie, faisoit graver, pendant l'impression de ses volumes de Dictionnaire, des cartes destinées à faire mieux comprendre les théories qu'il se proposoit d'y exposer. La mort l'ayant enlevé aux sciences qu'il honoroit, ainsi qu'à l'Institut, dont il étoit honoré, cette partie des travaux d'un géologue du premier ordre demeuroit non-seulement incomplète, mais encore fort difficile à terminer; car l'auteur du travail commencé en avoit emporté le plan dans la tombe. Il étoit en quelque sorte, qu'on nous passe cette comparaison, question, pour utiliser les matériaux préparés, de remplir des bouts-rimés scientifiques. Quelle que fût la difficulté d'une telle entreprise, comme l'Encyclopédie par ordre de matières nous paroît être un monument qu'il seroit honteux pour le pays où il fut conçu de laisser incomplet, nous avons fait ajouter aux planches ordonnées par notre prédécesseur, quelques planches nouvelles qui nous fourniront la facilité d'exposer, dans la présente Illustration, les progrès de la Géographie physique, et d'indiquer quelques vues générales destinées à servir de points de départ dans la composition d'un Traité qui jusqu'ici nous paroît manquer pour l'étude de cette science.

GÉOGRAPHIE PHYSIQUE.

ANALYSE DES CARTES ET DES PLANCHES.

CHAPITRE PREMIER.

COUP-D'ŒIL SUR L'ÉTAT PRIMITIF DE LA SURFACE DU GLOBE, ET DANS QUEL ORDRE LES CORPS ORGANISÉS Y DURENT APPAROÎTRE.

Pour donner, d'un premier coup-d'œil, une idée de la surface du Globe considéré physiquement, nous soumettrons au lecteur l'esquisse d'une mappemonde (*voyez* Pl. 1), où l'on ne trouvera point de ces frontières arbitrairement coloriées, d'empires éphémères, ni de ces capitales destinées à déchoir, avec des villages qui peuvent, à leur tour, s'élever au rang de capitales. Dans cette carte, sur laquelle nous avons, dans sa séance du 26 mars 1827, appelé l'attention de l'Académie des sciences, les montagnes ne sont point jetées au hasard, ainsi qu'on le fait toujours dans le plus grand nombre de cartes modernes ; mais elles sont soigneusement réparties selon le système qu'on trouvera exposé au chapitre cinquième : il résulte de l'attention que nous avons apportée à n'en pas faire buriner, où l'existence n'en fût pas constatée, que des espaces de terrain sur lesquels les historiens placent le berceau de grandes nations, se trouvoient encore couverts par les vagues aux époques où ces nations commencèrent à se faire connoître. En remontant au temps où quatre cents mètres d'eau seulement grossissoient la masse de celles qui baignent aujourd'hui le Globe terrestre, la surface de celui-ci se composoit d'une douzaine de grandes îles, ou principaux archipels, sur lesquels nous engageons les zoologistes et les botanistes à chercher les points de dispersion et de dissémination des espèces soit animales, soit végétales. Nous osons assurer les plus étonnans résultats de ce genre d'investigation ; il fournira les moyens de démontrer que la plupart des types de familles et des genres naturels sont encore généralement comme cantonnés dans les grandes îles primitives, tandis que les espèces ambiguës ne se trouvent guère que sur les espaces par lesquels ces îles se mirent en contact, à mesure que les eaux diminuoient pour laisser voir les continens actuels. Sous ce point de vue, la mesure des hauteurs des montagnes acquiert une nouvelle importance.

Nous avons en outre, dans cette mappemonde nouvelle, adopté la nomenclature hydrographique qu'on trouvera établie quand il sera question des mers, et indiqué la répartition des espèces qu'il devient indispensable d'admettre dans le genre Homme. Des teintes diverses mettent encore notre carte en rapport avec notre article RACES HUMAINES, qu'on trouvera dans la partie de l'Encyclopédie confiée à la plume de M. Huot, l'un des plus zélés géologistes de l'époque. Nous avons surtout tenu compte des grands bassins, qui sont les véritables régions en Géographie physique, où ce qu'on entend par climats dans la Géographie astronomique, n'est absolument d'aucune importance. L'influence de ces derniers sur quoi que ce soit, est l'une des erreurs radicales introduites dans le monde savant par le président de Montesquieu. C'est avec surprise qu'on la trouve encore reproduite dans certains ouvrages modernes que leur titre feroit supposer être, dans toutes leurs parties, élevées au niveau des connoissances de l'époque. On doit reléguer de telles chimères avec les barbares du Nord et les trois principes des trois gouvernemens, qui sont les bases sur lesquelles édifia l'illustre écrivain ; et nous profiterons de l'occasion pour faire remarquer combien sont importantes des notions approfondies en Géographie pour quiconque entreprend d'écrire sur les sujets même qui en paroissent être les plus éloignés.

Dans ces bassins généraux, ou régions, qui soient les seules physiquement climatériques, et conséquemment influentes sur la distribution des corps organisés, ont dû s'opérer divers modes de création, et ces modes de création s'y doivent perpétuer tant que de grands changemens physiques ne viendront pas interrompre ou déranger le cours actuel des choses : par diverses causes constamment agissantes, leurs résultats doivent se rapprocher, se mêler, se confondre même, et passer parfois de l'une à l'autre pour devenir subordonnés à des modifications successives et continuelles qui changent insensiblement l'aspect de l'Univers.

Il est deux manières de rechercher l'histoire de ces modes de création dont les résultats apparoissent au premier plan sur le vaste théâtre du Globe terrestre. L'une, en consultant ce qu'en rapporte une RÉVÉLATION que nous adopterons sur ce point comme inattaquable, et au sens de laquelle les sciences physiques prêtent l'appui des vérités qu'elles enseignent; l'autre, en étudiant dans la nature même l'ordre de succession qui paroît avoir présidé dans sa majestueuse immensité.

Six espaces de temps, qu'on peut supposer avoir été arbitrairement appelés jours, sans que nulle conscience s'en puisse alarmer (et puisqu'un prélat éloquent fit cette concession à la philosophie du dix-huitième siècle); six espaces de temps, disons-nous, sont nécessaires dans les écrits inspirés pour l'exécution du vaste plan dont une espèce du genre humain complète l'ensemble.

Le verbe ou la voix de Dieu retentit dans les ténèbres qui couvrent l'abîme; la matière est émue, le mouvement commence, la lumière brille, et le premier jour a lui. L'origine du temps date de ce jour solennel; car il est aussitôt marqué par la révolution des corps célestes lancés dans les vastes orbites assignés à leur masse roulante; les eaux sont repoussées dans leurs bassins profonds, et devenant des mers, commencent à mugir autour de l'aride; les plantes parent cet aride devenu bientôt la terre, avec son jet d'herbe qui la doit fertiliser de ses débris, après l'avoir parée de sa verdure; les poissons animent les vagues; les oiseaux, succédant aux plantes et aux poissons, volent vers l'étendue des cieux. Les animaux des champs et des forêts naissent à leur tour; Adam apparoît le dernier, mais pourtant le premier en tête de la création pour glorifier son auteur.

Si l'on interroge l'histoire naturelle, l'apparition du cortège des êtres à la surface du Globe ne diffère en rien du tableau que nous venons de tracer d'après la Genèse. Les eaux couvrirent évidemment le monde primitif, abîme silencieux, où les élémens demeuroient tenus en réserve pour produire la vie. Tout raisonnement par lequel on voudroit attaquer cette vérité, ne pourroit tenir contre le simple énoncé d'une loi physique, en vertu de laquelle les fluides sont contraints à chercher le niveau, et qui commandoit dès-lors aux flots de submerger les plaines, puisqu'ils se balançoient au-dessus des monts où nous retrouvons encore les traces de leur antique séjour. Des restes d'animaux océaniens, contemporains de ces premiers âges où la Mer battoit nos plus hautes alpes, et auxquels n'ont pu que succéder d'autres fossiles plus modernes, sont en même temps la preuve irrécusable que l'Océan, vieux père du Monde, comme l'appeloient les Anciens, fut aussi le berceau de l'existence. Lorsque nul des êtres qui respirent dans l'atmosphère n'y eût trouvé de patrie, des petits Crustacés dont on ne connoît plus d'analogues vivans, des Céphalopodes, dont on n'a retrouvé que les parties solides, et jusqu'à de fragiles Polypiers, préparoient lentement, par l'accumulation de leurs restes, nos demeures sous les eaux; et, comme si la formation de tout ce qui pare l'Univers eût été le résultat des conceptions d'une puissance à l'expérience de laquelle, cependant, ses propres œuvres donnoient chaque fois une nouvelle confiance en elle-même, il n'est pas un être dans la nature qui ne semble résulter d'une combinaison plus simple, antérieurement essayée. Et sans doute, aujourd'hui, où le vulgaire croit l'Univers fixé, beaucoup de créatures des eaux, sans organes bien arrêtés, ou du moins visibles, fragiles, pénétrables par la lumière, douées tout au plus du sens du tact, ne paroissent être que des ébauches, chez qui la vie n'est guère qu'un essai non susceptible du degré de développement qui en fait un bien si précieux pour les créatures plus parfaites, c'est-à-dire qui furent conçues en vertu de complications capables de multiplier en elles les élémens de l'intelligence ; et qu'on ne dise point qu'un pareil aperçu rabaisse la puissance organisatrice, en la supposant astreinte aux mêmes voies d'essai que l'homme, condamné dans ses conceptions à s'élever du simple au compliqué : nous pourrions répondre victorieusement à cette objection par le texte même de la Bible. Quoi qu'il en soit, lorsque les eaux couvroient la totalité du Globe, les végétaux, que nous voyons aujourd'hui tapisser sa verdoyante surface, n'y pouvoient exister. Ils apparurent successivement quand la terre exondée se desséchant, cessa d'être entièrement fangeuse. Les plantes littorales, ou propres aux sols humides, durent être les premières, et les oiseaux des rivages ne commencèrent à planer au-dessus des mers que lorsqu'il y eut des côtes on.

des rochers autour desquels se venoit jouer leur proie, et sur lesquels, se pouvant reposer, l'amour leur apprit qu'ils pouvoient aussi déposer leur progéniture.

Ainsi, dès qu'une série d'êtres étoit constituée, il devoit en naître une autre, que son organisation subordonnoit à quelque série préalable. L'arbre, par exemple, ne pouvoit précéder la mousse, le lichen, la fougère ou le gravier, destinés à préparer le sol propre à supporter ses racines. L'arbre se trouvant ainsi, par l'ordre de son apparition, subordonné à l'apparition de l'herbe; l'oiseau granivore ne pouvoit naître avant le végétal qui le devoit nourrir de ses semences. Le mammifère broutant devoit attendre, pour paroître, que le jet de la terre assurât son existence; et l'animal sanguinaire ne put tyranniser les campagnes que lorsque la vie s'y fut répandue parmi les séries qui lui ménageoient ses alimens. Enfin, les omnivores, entre lesquels s'élève l'homme, ne pouvoient venir que les derniers. Telle fut la marche de la nature, à laquelle s'est exactement et minutieusement conformé l'auteur du Béresith, marche toujours conséquente du premier pas, où chaque chose se contrebalance, en déterminant la production de celle qui, vivant à ses dépens, devint l'un des moyens coërcitifs employés pour empêcher que telle ou telle cohorte de la création ne finisse par dominer exclusivement dans l'Univers.

Ainsi l'homme est le dernier venu, dans ce que les Livres sacrés nomment *les Cieux avec toute leur armée;* il y apparoît pour y commander, et comme la plus haute conception d'une sagesse qui voulut que cet anneau d'une grande chaîne la rattachât à l'ensemble général émané de sa puissance législative; mais lorsqu'en reconnoissant un plan de conceptions successives dans l'ensemble de la nature, on en suit la progression selon le sens que nous venons d'indiquer, doit-on conclure de ce que les traditions restent muettes après la formation du genre humain, que l'impulsion productive ait été à jamais suspendue quand elle eut enfanté nos premiers pères? Qui oseroit tenter de déterminer le point où le mouvement imprimé aux élémens exhumés du chaos à la voix du législateur souverain, auroit dû suspendre le cours de ses merveilles? Outre que le mode de développement propre à chaque être organique amène en lui des modifications individuelles qui le font paroître, selon les phases de son existence, comme des êtres fort différens du type spécifique, et que les variétés ou que les hybrides qui se perpétuent soient encore comme des créations de tous les jours,

des créations plus décidées et complètes d'espèces, de genres et de familles entières de plantes ou d'animaux, ne pourroient-elles pas avoir lieu incessamment? Et n'est-ce pas restreindre injurieusement la puissance créatrice, qu'imaginer qu'ayant en quelque sorte brisé ses moules, et fatiguée de produire, elle ne se soit pas réservé la faculté de modifier, d'augmenter ou de recommencer ses ouvrages sur des plans nouveaux? L'homme auroit le rare privilége d'avancer dans la carrière du développement en perfectionnant ses fragiles œuvres, et le Tout-Puissant qui le doua du plus noble attribut, condamné par l'orgueil humain à demeurer stationnaire, seroit captif dans le résultat impérieusement fixé de ses premiers enfantemens? Contraint à voir les défectuosités de ceux-ci, sans y pouvoir porter remède, il ne posséderoit plus la disposition des moyens dont il nous accorda l'usage? Et parce qu'il auroit plu à l'ignorance présomptueuse d'attribuer à l'auteur de la nature une prévision qu'il ne voulut probablement pas s'attribuer, sa souveraine sagesse, désormais enchaînée, pourroit à la fin se trouver égalée par la sagesse des créatures perfectibles, c'est-à-dire que Dieu seroit sans cesse menacé par les Titans nouveaux!

Non, la Toute-Puissance créatrice, éternellement agissante, n'a jamais interrompu la pompe de sa marche; elle a pu modifier plusieurs fois, non-seulement une partie de ses chefs-d'œuvre, mais encore l'immensité de plusieurs de ses plans généraux de créations qui ont disparu pour faire place à d'autres. Et celui qui dit le premier proverbialement, *tout change dans la nature,* énonça une grande vérité manifestée, non-seulement dans l'ensemble de l'Univers, mais encore dans chacune de ses parcelles; car l'homme n'est pas au berceau ce qu'il doit être dans sa virilité, ou ce qu'il deviendra vers sa décrépitude. Et lorsqu'il se dressa vierge et nouveau à la face de la Terre, d'autres séries animées devoient encore y venir après lui, puisqu'il en est qui, vivant de sa propre substance, ne pouvoient s'y montrer avant qu'il n'y fût introduit. N'est-il pas clair que ces insectes incommodes qui souillent sa chevelure, que les vers dévorans nés des mucosités de ses intestins, ne sauroient être antérieurs aux intestins non plus qu'aux cheveux? Il en est de même pour une multitude d'êtres qui vivent, parce que d'autres vivoient auparavant. Ainsi, lorsque des lichens, des mousses et des fougères terrestres, préparoient l'humus dans lequel un arbre à venir pourroit trouver un appui; les lichens, les mousses et les fougères qui croissent exclusive-ment parasites sur l'écorce des arbres, ne fai-soient point encore partie d'une création où de tels végétaux n'eussent pas trouvé le support con-venable à leur espèce; enfin, lorsque les grands animaux apparurent sur le Globe, il restoit à éclore d'innombrables légions de créatures organisées qui, se nourrissant aux dépens de ces grands animaux, et habitant leur propre substance, n'auroient pu se développer, si les corps qu'ils dévorent morts ou vivans, n'eussent d'abord existé pour leur fournir une curée.

Il y a plus : une multitude d'autres produits de la Toute-Puissance ne pouvoient se déve-lopper avant l'époque où l'homme, sorti de la première barbarie, n'avoit pas fait usage de ses mains, pour modifier les œuvres du Créateur, autant qu'il lui est donné de le faire; la mite du fromage pourroit-elle vivre avant qu'on eût fait du fromage ? Il est un lichen qui végète exclusivement sur la brique; où ce lichen eût-il trouvé son support avant que l'homme eût imaginé de durcir la terre par le secours du feu ? Et les botanistes qu'on accuse trop souvent de s'occuper de puérilités, n'ont-ils pas décou-vert récemment qu'il existe des conferves végé-tant exclusivement dans le vin de Madère ou dans l'encre, et qui devoient conséquemment at-tendre, pour prendre leur rang dans l'ordre des choses créées, que nous eussions fait de l'encre et du vin de Madère ? La création, passant consé-quemment du simple au composé, en vertu des lois immuables qui l'ont de tout temps régie, s'étoit d'abord élevée par l'effet de celles qui la commandèrent, du genre monade au genre hu-main; elle est ensuite redescendue vers des sé-ries non moins simples dans leur organisation que celles par où tout commença; dans la tota-lité de ce qui la compose, la nature semble donc s'être complue à se renfermer en un vaste cercle, symbole de l'éternité, limites du possible et consé-quemment type de la suprême raison.

Pour rendre mes idées plus faciles à saisir par l'évidence des créations successives et continuelles, il est nécessaire de reproduire ici certaines con-sidérations où nous nous arrêtâmes autrefois avant aucun autre, et qui nous paroissent mériter toute l'attention des bons esprits.

Nous plaçant en un point terrestre évidem-ment moderne en comparaison du reste de no-tre planète, nous examinions de quelle manière la végétation et la vie avoient pu se développer sur ce point en couvrant sa face de plantes et en la

peuplant d'animaux. Ce point terrestre fut l'île de Mascareigne, située à cent cinquante lieues de Ma-dagascar, qui en est la contrée la moins distante, et d'où l'on pourroit d'abord supposer que lui vin-rent ses plantes et ses animaux. Nous avons dé-montré dans la relation de notre voyage dans quatre îles des mers d'Afrique, que la masse entière de Mascareigne, excessivement élevée au sein des flots, par l'action des feux souterrains, fut origi-nairement incandescente et liquéfiée en totalité. L'Océan rouloit encore ses vagues sur l'espace oc-cupé maintenant par l'île dont il est question, que les continens et bien des archipels se trouvoient dès long-temps émergés. Déjà des torrens et des ri-vières dépouilloient, en les sillonnant, d'anti-ques montagnes et arrachoient de leurs cimes les attérrissemens propres à augmenter l'Asie et l'Afrique, que nulle trace de Mascareigne ne se montroit encore. Tout y est neuf comparative-ment à la parure de l'ancien continent, tout s'y montre empreint d'un caractère de jeunesse, d'une teinte de fraîcheur qui rappelle ce que les poëtes ont chanté du monde naissant, et qu'on ne re-trouve guère que sur d'autres îles pareilles, for-mées également dans les âges récens; elle n'en fut pas moins un soupirail brûlant au milieu des vagues, et tel qu'on en a vu s'élever de nos jours dans notre hémisphère entre les Açores ou bien à Santorin; des éruptions multipliées en exhaus-sèrent peu à peu la fournaise au moyen des cou-rans de laves ardentes, qui, s'y surposant sans interruption, formèrent enfin une montagne, que des tremblemens de terre vinrent ensuite fra-casser pour former de ses débris d'autres mon-tagnes sur les flancs échauffés desquelles les eaux pluviales se réduisant aussitôt en vapeur, n'ar-rosoient aucun végétal possible. Les Salamandres de la Fable ou les Cyclopes de son Vulcain, eus-sent seuls pu devenir les hôtes de l'écueil fumant; comment une aimable verdure vint-elle ombrager un sol d'abord en feu ? Comment des animaux at-tachés à la terre trouvèrent-ils ensuite un berceau sur des rochers naguère en fusion, et nécessaire-ment inhabitables long-temps encore après leur ap-parition ou durant leur accroissement igné ?

Les vents, les courans de la mer, les oiseaux du ciel et l'homme ont suffi pour ensemencer et peupler Mascareigne, répondront hardiment certains savans qui, prêts à répondre à tout, pourront s'étayer de l'opinion de Buffon, lors-que cet écrivain nous dit dans ses supplémens (articles *Chèvres* et *Brebis*) : « Tous les ani-maux ont été transportés aux îles de France.

et de Bourbon par des navigateurs, parce que nulle espèce terrestre ne leur étoit propre. » Pour répondre à Buffon ainsi qu'à ses échos, il suffiroit d'opposer le Pline français à lui-même, en le renvoyant à ce qu'il disoit du dronte, gros oiseau bizarre et massif, qui ne pouvant voler, n'étoit point arrivé à Mascareigne par les routes de l'air; qui n'ayant jamais été retrouvé en nul autre point du Globe, étoit nécessairement le produit d'une création locale, et dont la race entière ayant, à cause de sa difformité et de sa stupidité, été proscrite par les premiers hommes qui l'aperçurent, n'avoit point été apporté par des exterminateurs, qui d'ailleurs n'eussent pu l'avoir pris en aucun autre endroit.

« Les vents, dira-t-on, enlevant d'un souffle impétueux les grains des végétaux, les transportent à de grandes distances au moyen des ailes et des aigrettes dont plusieurs sont munis. Des courans asservis à une marche régulière dans la zône torride entraînent avec eux les fruits qu'ils ramassent sur certains rivages, et qu'ils abandonnent sur des rivages opposés. Les oiseaux qui se nourrissent de baies, en rejettent les semences prêtes à germer sur le sol prompt à les reproduire. Les hommes enfin qui naviguent depuis bien plus long-temps peut-être qu'on ne l'imagine, ont pu, avant sa découverte par les Portugais, aborder à Mascareigne et naturaliser à sa surface tous les animaux que nous y retrouvons. »

Ces explications sont tous les jours reproduites par des auteurs habitués à répéter sans examen ce qu'ils ont lu quelque part ou imprimé une fois; elles paroissent, sans doute, suffisantes à ceux qui pensent être sortis d'embarras, quand ils ont répondu, ou qui, pour se dispenser de penser par eux-mêmes, se contentent de toutes les réponses; mais elles ne satisferont pas des hommes qui recherchent sérieusement la vérité, soit qu'ils répondent, soit qu'ils interrogent.

1°. Les vents emportent effectivement avec eux, et même fort loin, les semences légères d'un certain nombre de végétaux; mais il est douteux qu'ils les promènent jusqu'à cent cinquante lieues, pour les déposer précisément sur un point presqu'imperceptible, en comparaison de l'immense étendue des mers environnantes. Les végétaux à semences aigrettées et ailées, susceptibles de voyager par les airs, ne sont d'ailleurs pas en grand nombre, surtout dans l'île qui nous occupe, et dans laquelle conséquemment les vents n'ont pu porter que fort peu d'espèces de plantes, si toutefois ils en ont jamais porté.

2°. Les courans de la Mer entraînent à la vérité parmi les débris qu'ils enlèvent de certaines plages, quelques fruits capables de surnager; nous convenons que de temps en temps ces fruits roulés d'abord sur la terre, et roulés ensuite dans l'eau, abordent sur des rives lointaines. Les cocos de Praslin, qu'on nomme vulgairement *cocos des Maldives*, en fournissent une preuve. Mais l'eau salée frappe de mort les germes de tous les végétaux qu'on y plonge même durant peu de temps, ou du moins du plus grand nombre. Les botanistes qui essaient de transporter des plantes à bord des navires, savent que lorsque les bourgeons et même jusqu'aux semences sont touchés par l'onde amère, tout est perdu, les rejetons languissent et s'étiolent sans jamais prospérer ni se reproduire. Quels sont d'ailleurs les végétaux dont les vagues pourroient trouver les graines en bon état le long des côtes? Ce ne sont que des espèces littorales dont le nombre est très-restreint; quelques salicornes, des soudes, des soldanelles, des statices ou de maigres crucifères. Les plantes de telles familles sont les moins nombreuses ou inconnues à Mascareigne. Les fruits des arbres de l'intérieur des terres et des montagnes qui se rencontreroient au rivage, n'auroient pu y être entraînés que par les pluies ou par accident; ayant été alternativement exposés à l'humidité ou aux ardeurs du soleil, hors du sein de la terre, ils auroient perdu la faculté de végéter. Ces cocos venus par mer des Séchelles, enveloppés d'une coque et d'une bourre impénétrable, et abordés sur les plages de l'Inde ou de ses archipels, y ont-ils jamais donné des cocotiers? et l'arbre qui donne les fruits errans, connus par tout le monde à cause de leur forme bizarrement volumineuse, s'est-il jamais naturalisé ailleurs qu'à Praslin?

3°. On ne peut disconvenir que certains oiseaux frugivores ne sèment dans l'étendue des continens qu'ils habitent, et sur l'écorce des arbres où ils se reposent, les graines de plusieurs végétaux dont les fruits les nourrissent habituellement; le gui en fournit un exemple sur nos pommiers; mais ces oiseaux frugivores sont en général sédentaires; ils ne se déplacent jamais dans les régions où la variété des saisons ne force pas d'en consacrer une aux émigrations. Rien n'attiroit de pareils hôtes sur un écueil nécessairement stérile pendant sa formation volcanique, très-éloignés de toute côte qu'ils aient pu habiter d'abord, et hors de la portée de leur vol généralement restreint; de tels oiseaux n'ont pas porté le petit nombre de pepins dont l'organisation peut supporter la chaleur de leur
estomac

estomac pendant le très-court espace de temps nécessaire à la digestion. Les oiseaux à vol soutenu, habitués à se réfugier sur les rochers battus des vagues, ne se nourrissent que de poissons et de vers marins ; ils ont été probablement les premiers habitans ailés de Mascareigne ; mais ils n'y ont pas porté les semences pesantes des arequiers, ni des vaquois; ils n'y ont pas porté non plus le nasturs, sorte de bambou qu'on n'a jamais retrouvé autre part.

4°. Enfin, les hommes, quelle que soit l'époque où ils aient abordé dans l'île qui nous sert d'exemple, où ils en aient défriché et ensemencé le sol, où ils y aient répandu des animaux domestiques; les hommes, disons-nous, n'y auroient pas planté de lycopodes, de champignons ou de conferves, avec tant d'autres végétaux qu'on ne cultive nulle part, et dont on ne retire pas la moindre utilité. Ils eussent pu introduire des bœufs, des chèvres et quelques insectes qui les suivent partout en dépit d'eux-mêmes; ils ont évidemment naturalisé des oiseaux (les Martins), pour faire la guerre aux insectes indigènes, mais ils n'ont pas lâché ces singes, auxquels on fait une guerre active; ces grandes chauves-souris et ces tortues de terre, dont la délicatesse de la chair cause la destruction; ces sauriens dont les habitations sont remplies; les rats musqués qui infectent chaque cabane; cette foule d'araignées qui salissent les encoignures des appartemens ou filent en liberté dans les campagnes; enfin ces papillons nombreux qui brillent sur les fleurs. Ils n'ont pas davantage peuplé les torrens et les mares d'eau douce de poissons particuliers, d'insectes, d'écrevisses et de navicelles propres à l'île. Ils n'ont pas surtout porté avec eux ce Dronte, oiseau monstrueux, qu'ils furent si étonnés d'y voir, et dont ils exterminèrent la race; ce Dronte, essai baroque d'une nature trop hâtée d'enfanter, et qui présentoit dans le ridicule de son ensemble le cachet de l'inexpérience organisatrice. Il est impossible de supposer qu'aucune de ces créatures ait été portée par l'homme, par la mer, par des oiseaux ou par les vents.

D'ailleurs, tous les êtres qu'on voit, non-seulement à Mascareigne et dans les îles voisines, mais encore sur toutes les autres îles de l'Univers, ne pourroient y être venus d'aucun autre lieu, quand on parviendroit à démontrer la possibilité du voyage; puisque, outre un certain nombre d'espèces qu'on retrouve dans les climats analogues, chaque archipel présente quelqu'espèce, quelque genre même qui lui sont exclusivement propres, qu'on ne revoit en aucun autre endroit, et qui, par consé-

quent, n'ont pu être créés que sur les lieux mêmes. Or, comme il ne peut être douteux que la plupart des îles volcaniques ne soient plus nouvelles que les continens, et que, par conséquent, tout ce qu'on y trouve ne soit aussi plus récent, il faut nécessairement admettre la possibilité de créations modernes, de créations actuelles, et même de créations futures qui ont ou auront lieu, lorsqu'un concours de circonstances déterminantes a ou aura lieu sur quelque point existant ou futur de notre Univers.

CHAPITRE II.

RAPPORTS DES CIEUX AVEC LA TERRE, ET DE L'INFLUENCE DES CLIMATS PHYSIQUES.

AVANT de s'étendre sur l'histoire physique de la superficie du Globe, il devient nécessaire de donner une idée de sa forme générale, et des rapports où il se trouve avec ces corps célestes dont il fait lui-même partie, rapports qui influent si considérablement sur la distribution géographique des êtres organisés. Pour ne point nous égarer dans la Géographie astronomique, avec laquelle nous devons nous trouver en contact dans ce chapitre, nous nous bornerons à l'énoncé des notions qui sont indispensables pour comprendre la suite de notre Illustration.

Corps opaque à peu près sphérique, le Globe terrestre lancé dans le système solaire, n'y est guère qu'une planète du second ordre; sa distance à l'astre qui l'éclaire est de 34,505,422 lieues; il tourne autour de cet astre en 365 jours 5 heures 45 minutes 43 secondes, et cette révolution est l'année; tournant en outre sur lui-même dans vingt-quatre heures, cette révolution secondaire est le jour. Un axe sur lequel est censé s'exercer le dernier mouvement, traversant la Terre, y passe par deux points appelés *pôles*; l'un de ces pôles se nomme *arctique*, il est celui du nord; l'autre s'appelle *antarctique*, c'est celui du sud. Vers ces deux points le Globe est légèrement aplati; le diamètre dont les pôles sont les deux extrémités, est de 2860 lieues; celui qui le coupant à angle droit se conçoit d'un point de l'équateur à un point opposé du même cercle, est de 10 lieues environ plus grand. L'équateur est le cercle qui, à une distance égale des deux pôles, environne le Globe précisément par le milieu, et dont la circonférence est d'environ 8580 lieues, qu'on porte à 9000 selon la mesure qu'on donne à ces lieues. Comme la rotation diurne ne s'exerce pas dans un plan parallèle à celui de la coupe de notre planète par l'équateur, mais que l'axe qui passe par les pôles est incliné de 23 deg. 28 min. sur ce plan, on a imaginé deux parallèles appelés *Tropiques*, limites apparentes pour nous de la marche du soleil ; le septentrional est le tropique du Cancer, le méridional celui du Capricorne. Ces noms viennent de ce que, pour les hommes de l'hémisphère où fut inventée l'astronomie, le soleil, parvenu au solstice d'été, semble redescendre vers le sud, ou reculer par une marche imitative de celle d'un crustacé, vers le tropique opposé, d'où il remonte aussitôt qu'il y a touché, comme la chèvre sauvage, anciennement appelée *capricorne*, escalade d'un pied léger le sommet des monts escarpés qu'elle habite. La marche du soleil entre les tropiques détermine les saisons qui sont opposées pour les deux hémisphères, c'est-à-dire dont l'un se trouve en hiver quand l'autre est en été, et au printemps quand celui-ci est en automne. On appelle *solstice* le point de chacun des tropiques qu'atteint la plus grande élévation ou le plus grand abaissement du soleil dans l'écliptique, lequel est le cercle qui coupe obliquement l'équateur, et dans lequel le soleil paroît tourner autour de la Terre. Le solstice d'été est pour nous celui où le soleil, parvenu au tropique septentrional ou du Cancer, doit redescendre ; il détermine le plus long jour de l'année pour notre hémisphère, et conséquemment le plus court pour l'hémisphère austral. Le solstice d'hiver, qui marque le jour le plus court de nos hivers, et conséquemment le plus long pour l'autre côté de la ligne, est celui où le soleil, arrivant au tropique du Capricorne, l'abandonne aussitôt pour remonter vers le nôtre. Les deux points opposés où l'écliptique coupe l'équateur, s'appellent *équinoxes*, parce que les nuits sont égales aux jours en durée, quand le soleil y passe dans sa révolution annuelle. Cette élévation et cet abaissement alternatif et régulier du soleil sur le plan de l'équateur terrestre, produisant les saisons, et conséquemment l'inégalité de la durée des jours et des nuits, a non-seulement servi de moyen pour mesurer le temps, mais encore pour déterminer sur le Globe une division de climats que les astronomes et les géographes ont évaluée en heures, mais que le physicien considère seulement sous le point de vue de l'influence qu'ils exercent dans la répartition des êtres organisés à la face du Globe. La circonscription de ces climats, considérés ainsi physiquement, ne dépend pas uniquement de leur distance à l'équateur ; elle se modifie par une multitude de causes locales, ainsi que M. de Candolle l'a fort savamment expliqué quand il a porté la lumière dans la Géographie botanique,

jusqu'à lui seulement indiqué, et déjà surchargée d'inventions qui, sans l'esprit judicieux du professeur genevois, eussent détourné cette science de la marche qu'elle doit tenir.

Les climats que nous appellerons *généraux*, sont ceux qui dès long-temps ont été indiqués sous le nom de *Zônes*. Ils sont au nombre de trois :

1°. La ZONE TORRIDE : unique, mitoyenne, contenue entre les deux tropiques, de plus 1100 lieues de largeur, coupée en deux parties presqu'égales par l'équateur ; ainsi nommée de la chaleur perpétuelle qui ne cesse d'y régner : chaleur plus grande, à circonstances égales de localités, qu'elle ne l'est jamais en dehors des tropiques. Ici, quand le sol n'est point abandonné à l'ardeur dévorante d'un soleil dont les rayons sont rarement éloignés de la perpendiculaire, et que ses eaux fécondées par l'influence du grand foyer lumineux ne s'évaporent pas sans profit pour la végétation, la nature produit avec complaisance et même avec luxe, les plus pompeuses de ses merveilles et le plus de ces créatures auxquelles ses lois imposèrent des formes prodigieusement variées. La végétation n'y cesse point ; la vie, dans toute son intensité, ne s'y use que par l'exercice continuel de ses propres forces ; et quand une mort hâtive y vient atteindre des êtres qui vécurent trop vîte, ces êtres y sont aussitôt remplacés sans efforts par l'effet d'une puissance productrice infatigable.

2°. La ZONE TEMPÉRÉE : double, dont une moitié est au nord de la zône torride, et l'autre au sud, s'étendant des deux tropiques aux deux cercles polaires. La largeur de chacune de ses parties est de 1000 lieues au moins. Dans leurs limites tropicales, elles sont souvent plus chaudes que certaines parties contiguës de la torride, tandis que d'autres points de leur étendue éprouvent déjà les rigueurs de violens hivers.

3°. La ZONE GLACIALE : également double, dont les deux parties opposées, limitées d'un côté par leur cercle polaire respectif, ont les pôles pour centre et non pour extrémité : région déshéritée, où la nature vivante expire dans les longues alternatives de jours sans éclat, et de profondes ténèbres. Des neiges éternelles y réfléchissent une lumière égarée, au bruit confus du déchirement des montagnes de glace contre lesquelles se brisent en mugissant des flots qui deviennent aussitôt solides ; lieux où nulle créature animée ne sauroit s'acclimater, où des rayons épars, dans une atmosphère brumeuse, donnent au sein de nuits de plusieurs mois une imparfaite image de nos aurores, tandis que des vapeurs épaisses et des nuages glacés, s'élevant de la surface des mers à l'aspect du soleil, frappent d'impuissance en le voilant cet astre qui, partout ailleurs, féconde l'Univers.

Ainsi, en partant de l'équateur pour nous élever ou pour nous abaisser vers les pôles, nous avons vu la zône torride durant trois cent soixante-cinq jours, et le même nombre de nuits, se montrer féconde quand l'ardeur du soleil n'en dessèche pas les innombrables productions; nous avons vu, au contraire, le centre de la zône glaciale plongé dans le deuil du seul jour et de la seule nuit dont l'année se compose pour les pôles. Eprouvant l'influence du voisinage de l'une et de l'autre zône vers ses extrémités, la tempérée a des saisons mieux déterminées, ou du moins plus manifestes. Par l'effet que ces saisons produisent sur les créatures qui l'habitent, la nature, toujours à circonstances égales de localité, ne s'y montre point aussi libéralement dispensatrice de ses trésors que dans la zône torride, mais n'y paroît jamais avare; ce n'est qu'en se rapprochant des cercles polaires qu'on la voit devenir parcimonieuse et finalement stérile.

Si, dans un point favorisé des zônes fécondes, la nature étale au bord des eaux toutes ses richesses, le rivage, la plaine ou le vallon sont couverts de riantes prairies, et de majestueuses forêts : de nombreuses races d'animaux viendront en des sites fertiles chercher leur pâture, leur proie et des ombrages ; que le sol s'élève, que la plaine, la rive ou le vallon se trouvent situés vers la base de quelque mont sourcilieux dont le faîte se perd dans les dernières régions de l'atmosphère, on observera, en gravissant sur les pentes alpines, que la température changeant de la base jusqu'aux sommets, et passant par les mêmes nuances qui la diversifient depuis l'équateur jusqu'aux pôles, les productions végétales et animales se modifieront successivement suivant le changement de température ; de sorte que, parvenu au faîte des montagnes, on y trouvera des glaces et l'infécondité des pôles. Nous pourrions citer un grand nombre d'exemples de localités où de pareilles transitions s'opèrent dans un court espace de chemin. Ces exemples sont fréquens surtout dans les hautes crêtes des îles et sur les côtes montueuses des pays chauds : le pic de Ténériffe, entre l'ancien et le nouveau Monde, la Sierra-Névada, au sud de l'Espagne et vis-à-vis la Barbarie, nous ont paru les points du Globe où, sans aller trop loin, un naturaliste européen peut, dans le cours d'une seule journée, passer d'une nature torride à une na-

ture polaire; il y observera, de toise en toise, de ces changemens de climats que, dans un voyage entrepris depuis la ligne jusqu'aux glaces arctiques, il ne reconnoîtroit guère que de cent lieues en cent lieues. Une excursion de cette nature donne plus d'idées exactes en Géographie naturelle, que la lecture de tant d'ouvrages où l'on croit avoir additionné les productions de la terre, quand on a compulsé des catalogues souvent informes, et composés par des auteurs qui tous n'attachoient pas aux noms de chaque chose une valeur rigoureusement déterminée.

Agrandissant le cercle des idées que firent naître de tels voyages dans notre esprit, nous imaginâmes, dès notre première ascension sur de hautes montagnes, qu'on pouvoit considérer les deux moitiés du Globe même comme deux montagnes immenses, opposées base à base, dont la ligne équatoréale étoit le vaste pourtour, et dont les deux pôles étoient les cimes avec leurs éternels glaciers ; et, comme à mesure qu'on s'élève dans les Alpes on trouve sur leurs flancs des régions variées où, selon l'exposition, les abris, la nudité, la sécheresse, l'arrosement, et autres causes d'humidité et de chaleur, mille aberrations climatériques se peuvent observer; de même, à mesure qu'on s'élève sur les deux grandes montagnes terrestres, de leur base commune jusqu'à leurs sommets distincts, c'est-à-dire de l'équateur aux pôles, on est frappé des perturbations occasionnées dans la physionomie des lieux, par les mers, par les bassins, par les déserts dépouillés, ou par des ramifications des montagnes. C'est dans la partie de cette Illustration, qui doit être consacrée à la Géographie botanique, que l'influence de ces causes diverses sera plus particulièrement examinée; nous devons auparavant terminer les présentes généralités par un aperçu de la figure du Globe, dont les accidens superficiels n'ont pas moins d'influence sur la Géographie naturelle que l'élévation des lieux par rapport à l'équateur.

Outre les parallèles à cette grande ligne, par lesquels sont circonscrites les zônes, les astronomes imaginèrent d'autres cercles qui coupent perpendiculairement les parallèles, et qu'on nomme *Méridiens*. Ces cercles indiquent qu'il est simultanément midi ou minuit sous tous les points de leur étendue, qui va d'un pôle à l'autre. On leur avoit supposé quelqu'influence sur la répartition des productions naturelles, mais cette influence paroît être nulle ou à peu près nulle.

La surface du Globe se compose de terre et d'eaux ; ces eaux, comme on le verra dans le chapitre suivant, doivent avoir couvert le Globe antérieurement à l'existence des créatures terrestres actuelles. Maintenant restreintes dans les bassins où les lois qui régissent les liquides enchaînent leurs flots, elles occupent au moins les trois quarts de la surface planétaire. Un mouvement de flux et de reflux leur est imprimé par l'action qu'exerce sur notre atmosphère la Lune, quarante-neuf fois plus petite que la planète, à la marche de laquelle ce satellite se trouve attaché, et que 85,000 lieues éloignent de nous ; ce mouvement de flux et de reflux a son importance en Géographie physique, puisqu'il nous procure la facilité d'étudier les productions océaniques qui prospèrent ou décroissent en nombre, selon qu'elles vivent alternativement couvertes ou découvertes par les eaux de la mer, ou qu'elles demeurent éternellement plongées dans ses profondeurs. Il influe encore sur la science qui nous occupe, en ce que, imprimant par réaction des mouvemens dans l'atmosphère, il n'est pas étranger à l'action des vents dont le rôle est important à la surface de la Terre pour disséminer, favoriser ou contenir la végétation. La Mer influe encore sur les productions terrestres, en modifiant la température de ses rivages : ceux-ci n'étant, toutes circonstances de localité égales d'ailleurs, ni aussi froids en hiver, ni aussi chauds en été que l'intérieur des terres, jouissent d'une sorte d'égalité atmosphérique par l'effet de laquelle la propagation d'une quantité d'êtres de la zône torride s'étend dans les deux moitiés de la zône tempérée, et des créatures de cette dernière jusque dans quelques baies de la zône glaciale. Aussi les îles, d'autant plus assujetties à l'influence de cette égalité qu'elles sont moins considérables, présentent-elles souvent dans leur végétation, et dans les animaux qu'elles nourrissent, des particularités qui paroissent renverser l'idée qu'on se forme de l'influence des climats, jusqu'ici trop servilement considérés dans leur parallélisme.

Après l'influence du voisinage des mers, celle de l'élévation du sol a le plus d'empire sur la répartition des corps organisés à la surface du Globe. Nous avons déjà indiqué cette influence en comparant notre planète à deux montagnes opposées base à base ; elle sera bientôt examinée sous d'autres rapports. Quant aux corps bruts, aux roches, aux substances minérales, charpentes de la Terre, élémens et supports de tous corps organisés, la Nature, en les prenant pour fondation de ses enfantemens, ne leur traça point de limites géographiques. Partout les mêmes, ces corps bruts ne sont sujets qu'à des circonstances de lo-

calité, qui peuvent partiellement bouleverser leurs rapports de juxta-position, mais non leur fournir les moyens de se propager de proche en proche sur le Globe, où leur rôle est essentiellement inerte.

Cependant, si ces corps inertes ne sont point soumis aux lois qui président à la distribution des plantes et des animaux à la surface des terres, ou dans les profondeurs des mers, ils exercent une grande action sur cette distribution. Les pluies abaissent les monts qu'elles dépouillent, et nivèlent à la longue le Globe où elles étendent insensiblement les plaines aux dépens des sommités ; les volcans, à leur tour, soulevant des plaines pour les transformer en montagnes, semblent être, en Géographie physique, ce que les guerres et les conquêtes sont relativement à la Géographie politique : ces causes viennent bouleverser les limites dans lesquelles se renfermoient certaines créatures qu'elles contraignent à la dispersion lorsqu'elles ne les détruisent pas. On pourroit citer d'autres exemples d'influences perturbatrices : ainsi l'arène mobile, par exemple, envahissant certains rivages, y vient déterminer une végétation, et conséquemment un mode d'animalité fort différent de ce qui dut exister d'abord. Les Salicornes, le Triglochin, les Glauces, disparoîtront pour faire place au Panicaut maritime, aux Soudes, à la Soldanelle, à l'Arénaire péploïde. Quelques Pimélies et plusieurs Curculionides, qui, s'abandonnant aux vents, se plaisent à se faire rouler avec les parcelles de sable, succéderont au Carabe maritime, ainsi qu'aux petits Crustacés de la plage. Que l'homme parvienne à fixer les dunes vagabondes ; que, se faisant un auxiliaire de quelques Graminées à racine agglomératrice, il contraigne l'éblouissante surface du sable à supporter de verdoyantes forêts, les modes de végétation et de vie doivent changer de nouveau. Les Soudes, les Panicauts, la Soldanelle, feront place aux Genêts, aux Cistes, aux Ronces, et bientôt même aux Mousses ainsi qu'aux fraîches Fougères, qui, dans d'autres expositions, eussent précédé toute autre forme d'existence : alors, l'insecte dont la larve se nourrit de bois, viendra remplacer, dans la forêt nouvelle, le Coléoptère des sables, et l'Oiseau, soit granivore, soit insectivore, succédant à la Mouette, ainsi qu'au Vanneau du rivage, viendra mêler au murmure des feuilles ses chants d'amour, qui, trahissant son existence, doivent attirer l'Epervier. L'Ecureuil et d'autres rongeurs, le Chevreuil, enfin le Cerf, appelleront la férocité des bêtes de proie et du chasseur.

L'homme apporte encore de nouveaux changemens dans la physionomie du Globe, soit qu'il en défriche les solitudes, qui, sous sa main, se peuplent d'êtres nouveaux, soit qu'au contraire il épuise un sol long-temps fertile pour le métamorphoser en aride désert. Son influence est puissante; s'il extermine des races, il en propage; il opprime les unes pour protéger les autres : enfin, cette influence, dans la distribution géographique des créatures, n'est pas moindre que celle des vents, des eaux et des révolutions volcaniques.

C'est donc au milieu de mille aberrations et de tant de causes de changement, que le géographe doit étudier les lois en vertu desquelles la dissémination des êtres a lieu sur la planète qu'il habite, et qu'il doit rechercher les lois qui présidèrent à l'établissement de ces êtres sur tel ou tel point de la Terre, ainsi qu'à leur colonisation hors des circonscriptions naturelles entre lesquelles ils avoient été originairement formés.

CHAPITRE III.

DES EAUX SALÉES A LA SURFACE DU GLOBE OU DE LA MER.

ON peut évaluer à 3,700,000 myriamètres carrés la partie superficielle de notre planète, que recouvrent les eaux, abstraction faite de celle des fleuves et des rivières, qu'il seroit trop difficile d'apprécier pour en faire un élément de calcul. Pour procéder méthodiquement dans l'examen du rôle que remplissent ces eaux dans la Géographie physique, nous distinguerons leur histoire en deux chapitres, dont le premier aura pour objet les eaux salées que nous désignerons sous le nom collectif de MER, et le second les eaux douces, soit qu'elles s'accumulent en lacs, soit qu'elles se creusent des canaux pour arroser la croûte terrestre.

Le mot Mer désigne donc ici la totalité des eaux salées qui occupent la plus grande partie de la surface du Globe, soit que ces eaux salées circonscrivent les continens et les îles, soit qu'elles se trouvent réunies en amas plus ou moins considérables dans l'intérieur de certaines régions terrestres. Le mot Océan, donné jusqu'ici comme synonyme de Mer dans plusieurs Dictionnaires et Traités de géographie, ne l'est cependant pas; sa signification est beaucoup plus restreinte, et s'applique seulement à celles des Mers qui environnent la Terre sans jamais y pénétrer, c'est-à-dire que cette signification ne sauroit convenir à aucune Méditerranée ou Cas-

pienne : la plupart des termes employés dans la Géographie physique ne sont pas mieux définis, et nous ne voyons nulle part dans ces nombreuses descriptions du Globe, où tout ce qui n'étoit pas astronomique, historique ou statistique, fut trop légèrement traité, qu'on ait songé à préciser la signification des mots par lesquels on doit désigner chaque partie constituante de l'Univers. Il n'est pas jusqu'au Dictionnaire rédigé par l'Académie française, et qu'il est convenu de regarder comme la base du bon langage, où ce bon langage n'ait été faussé sous ce rapport, ainsi que dans les deux tiers des mots par lesquels on y désigne les corps naturels. C'est ainsi que pour la définition du mot dont il est question, on trouve : « L'amas des eaux » qui environnent la Terre et qui la couvrent en » plusieurs endroits. » L'Académie ayant oublié de spécifier que les eaux de la Mer sont essentiellement salées, les lacs seroient aussi des mers selon sa décision, ce qui pourroit être tout au plus vrai dans les langues d'origine tudesque, où Sée s'applique indifféremment aux amas d'eau douce de la Suisse et du Camergutt, ainsi que la plupart des mers véritables.

Pour les premiers géographes, dont les écrits nous aient été conservés, la Mer n'étoit que la Méditerranée, contenue entre l'Afrique, l'Asie et l'Europe : l'Océan s'étendoit au-delà des colonnes d'Hercule, et environnoit la terre habitable, à laquelle on supposoit une forme entièrement différente de celle que lui ont reconnue les modernes. Et telles étoient les idées bizarres qu'on se faisoit de cette forme dans ces temps d'ignorance, où les érudits prétendent retrouver les traces d'un savoir fort avancé, qu'on voit dans les livres hébreux la Terre comparée à un livre qui se roule, et, chez les Grecs, cette Terre représentée à peu près sous la figure d'un carré long.

Dans la nécessité où l'on est de préciser les mots pour s'entendre dans toutes les branches des sciences physiques, nous avons proposé dans un autre ouvrage de caractériser de la manière suivante les diverses régions de la Mer.

§. Ier. Distribution géographique de la Mer.

† OCÉAN. Oceanus.

Nous entendons par ce mot, dans un sens défini, l'immensité de la Mer séparant les unes des autres, en les entourant, les diverses parties exondées du Globe, qui n'occupent guère que le quart de sa surface. Essentiellement mobile, sans cesse agitée par les courans qui en sillonnent le sein, ou par les vents qui sont des courans aériens, on lui a supposé en outre un mouvement général, subordonné à la rotation diurne du Globe. Rien n'est moins prouvé; mais partout l'Océan obéit à d'autres mouvemens aussi réglés que manifestes, dont l'effet est subordonné à la forme de côtes qu'assiégent et qu'abandonnent alternativement ses vagues. Ces mouvemens alternatifs dépendant de l'action qu'exercent les astres à sa surface, sont appelés MARÉES; comme ce qui en fut dit dans le Dictionnaire de cette Encyclopédie est demeuré insuffisant, on y reviendra dans la suite du présent chapitre.

Avant M. de Fleurieu, l'Océan avoit été fort arbitrairement divisé par les géographes, et par les faiseurs de cartes : l'illustre marin essaya d'y établir des régions mieux circonscrites, et dans les mappemondes récentes, on s'est généralement conformé à la nomenclature qu'il imposa; ainsi l'on a appelé *Océan glacial arctique* les mers circompolaires du Nord, par opposition à celles du Sud, nommées *Océan glacial antarctique*; *Océan atlantique*, divisé en boréal, équatoréal et austral, l'étendue contenue entre les deux cercles polaires, l'ancien et le nouveau Monde; *Grand Océan boréal*, la Mer qui du tropique du Cancer s'étend entre l'Asie orientale et les côtes américaines du nord-ouest; *Grand Océan pacifique*, la Mer entre les deux tropiques, l'Amérique équatoréale et la Polynésie; enfin, *Grand Océan austral*, l'immensité d'eau comprise entre les pointes méridionales de l'Afrique, de l'Australasie, de l'Amérique et le cercle polaire austral. La Mer particulièrement appelée *des Indes*, n'est rentrée dans aucune de ces six divisions.

Quelles que soient les autorités d'après lesquelles on voudroit faire admettre un telle nomenclature, la raison la repousse, du moins en plusieurs points. Nous croyons important de le prouver avant que l'usage en soit définitivement consacré. Il n'en est pas de la Mer comme de la Terre, où la domination des hommes s'étant établie par la force ou par l'effet du hasard, les limites naturelles de chaque contrée ont dès long-temps disparu pour faire place aux limites politiques, où des citadelles s'élevèrent comme nous plaçons des bornes autour de nos héritages; de sorte que des peuples appartenant à des espèces fort différentes du genre Homme, se sont trouvés confusément mêlés sous le même sceptre, quand leurs caractères physiques, d'où leurs mœurs dérivoient, sembloient commander entr'eux une démarcation éternelle. Nulle limite stable ne put être tracée sur les flots; tous les parages sont également le domaine des navigateurs.

Abusant de ses forces navales, disions-nous dans le *Dictionnaire classique d'histoire naturelle*, une nation usurpatrice peut encore aujourd'hui se réserver exclusivement le commerce de quelque plage déserte, ainsi que Carthage, de son temps, ne permettoit pas qu'on visitât ses possessions de l'Atlantique; mais de tels excès ont leur terme, et lorsque les côtes de la Nouvelle-Calédonie, par exemple, seront aussi peuplées que l'étoient celles de l'Amérique du Nord au temps du grand Washington, la Grande-Bretagne ne s'arrogera plus le droit léonin de dire aux marins du reste de l'Univers : Vous ne viendrez pas pêcher de phoques dans les parages du détroit de Bas.

D'après cette communauté de la Mer, la Géographie ne peut donc admettre sur son étendue de ces divisions que le caprice et la violence établissent à la face de la Terre. Les distinctions entre les régions où se balancent les flots inconstans ne peuvent être que scientifiques, il faut en poser les bornes rationnellement, c'est-à-dire en consultant la figure et les relations naturelles des côtes voisines, le rapport des masses d'eaux avec les terres, qu'on peut ici considérer comme contenant, enfin l'influence qu'exerce la température sur les productions de tel ou tel espace inondé, que l'on peut par la distribution géographique des Hydrophytes ou végétaux marins et des animaux aquatiques éclaire une science qui crut vainement jusqu'ici pouvoir se passer de la botanique et de la zoologie.

Ce n'est en aucune partie du Globe terraqué que les productions du règne animal et du règne végétal s'arrêtent à tel ou tel cercle de la sphère. L'équateur, les tropiques, l'écliptique, les cercles polaires, les méridiens, dont la connoissance est indispensable pour déterminer les climats horaires, les positions respectives de chaque point du Globe, et la route d'un vaisseau, n'ont aucun rapport exact et positif avec les productions marines ou terrestres. On ne citeroit pas plus un végétal ou un animal dont l'apparition commençât rigoureusement à tel ou tel degré de longitude, soit dans les profondeurs de l'Océan, soit sur les continens ou sur les îles, qu'on n'en pourroit citer qui persévérassent d'un pôle à l'autre. Toutes les productions de la Nature ont leur zône plus ou moins large et sinueuse, dans l'étendue variable de laquelle on les voit se propager, soit comme en société, soit isolément, mais dans diverses inclinaisons sur tous les cercles de la sphère. Il est des créatures qu'on retrouve de Terre-Neuve aux îles Malouines, ou de Botany-Bay au Japon, tandis que d'autres se voient dans notre Europe, en passant par les îles de la Société, les îles de la Sonde, le Népaul, les îles de France et de Mascareigne, le Cap de Bonne-Espérance et les côtes de Guinée ; il en est d'autres ordinairement assez fidèles à l'équateur, qui font néanmoins çà et là des pointes assez loin en dehors des lignes solsticiales ; mais nous n'en connoissons pas à qui les lois de la dissémination aient interdit la faculté de s'écarter de quelques minutes de degré d'un parallèle ou d'un méridien quelconque.

Les productions de l'Océan étant également astreintes à des règles de sinuosité dans leur propagation, nous emprunterons de la manière dont les principales sont répandues dans l'immensité des mers quelques données pour proposer une nouvelle division à la surface de celles-ci : auparavant nous montrerons, par divers exemples, combien étoit vicieuse la nomenclature employée jusqu'à ce jour. Ce qu'on appeloit Grand-Océan, d'où l'on appela Océanie le vaste archipel qui s'étend vers nos Antipodes, n'est pas plus grand, ni même si grand que les autres Océans. Le Grand-Océan boréal, qui n'est pas non plus fort étendu, méridional par rapport à de vastes parties de l'Asie et de l'Amérique, n'est réellement boréal que par rapport à une petite étendue du tropique du Cancer ; tandis que l'Océan atlantique, que l'on ne nommoit cependant pas grand, étoit le plus grand de tous.

Nous admettrons seulement cinq régions océaniques.

1°. L'OCÉAN ARCTIQUE (voyez Pl. 2), boréal en réalité par rapport à l'universalité du Globe, le pôle arctique en sera le centre, les côtes du Groënland, d'Islande, d'Ecosse, de Norvège, de Russie, de l'Asie et de l'Amérique du Nord, en seront les rivages ; les îles Féroër, du Spitzberg, de la Nouvelle-Zemble et Liakof, en seront les archipels ; cet Océan communiquera avec les suivans par le détroit de Béring, peut-être par la baie de Baffin, enfin par le canal plus large qui s'étend de la mer des Esquimaux aux rivages écossais. Des amas éternels d'eau congelée paroissent en occuper le milieu, comme une terre-ferme désolée, silencieuse, mais éblouissante aux rayons de jours de plusieurs mois, auxquels succèdent des nuits non moins longues. Des montagnes de glace se détachent parfois de ce continent infécond, et

flottent jusque sur les confins des mers tempérées. Quelques grands Cétacés, entre lesquels se distingue le Narwal, sont les Mammifères de ces austères parages, avec ces Ours blancs dont le froid semble être l'élément. On n'y voit point de ces Acalèphes libres de forte dimension, si communs dans les zônes chaudes. Les Médusaires y sont presque microscopiques, et nombreuses au point d'y épaissir les flots où ces animalcules deviennent, avec les Clios, la pâture des Baleines. Les Mollusques et les Conchifères n'y sont jamais diaprées de brillantes couleurs ; les Poissons euxmêmes s'y montrent ternes : ce sont les Gades, des Clupes, la Chimère et quelques espèces sans beauté, la plupart particulières au climat ; mais jamais, ou rarement, on n'y rencontre de ces Balittes bizarrement conformées, de ces Squammipennes élégans, de ces Tétredons cuirassés, de ces Labres peints de mille nuances et resplendissantes de l'éclat des pierres précieuses. Pour les Oiseaux, ils sont tristes autant par leurs mœurs que par leur plumage ; un grand nombre appartiennent au genre disgracieux des Canards ; presque tous sont obligés de fuir vers des climats moins durs pendant la longueur des hivers rigoureux. Les Hydrophytes portent aussi, dans l'Océan arctique, un caractère particulier ; destinés à résister à de rudes tempêtes très-fréquentes où souffle en tous sens l'impétueux aquilon, leur tissu y est des plus solides. Ce sont en général des Fucacées ou de ces puissantes Luminariées ressemblantes à des lanières de cuir ; on doit remarquer combien, à mesure qu'on s'éloigne de l'Océan arctique, les plantes de cette classe deviennent moins coriaces et moins résistantes. Enfin, les plages de tous ces lieux, où la Mer encombrant les golfes de glaçons, est gelée plus ou moins de temps chaque année, présentent une végétation particulière, avec des animaux terrestres subordonnés à la nature de cette végétation qui les nourrit. Les arbres qui y sont peu nombreux et presque tous rabougris ou nains, consistent dans quelques espèces de pins ou de bouleaux. Des lichens y couvrent les landes dont se couronnent des monticules sauvages. Les sphaignes et autres mousses y préparent ces vastes tourbières par l'épaississement desquelles s'encombrent de tristes vallons. Les végétaux aromatiques ou parés de fleurs éclatantes n'y pourroient orner un sol ingrat, dont la baie de l'Airelle est le fruit le moins acerbe. Les Rennes, parmi les Ruminans, divers Renards et autres races ou espèces du genre Chien, des Martes, quelques Rongeurs ; le Glouton, qui fait la guerre aux Rennes, encore tourmentées par des

Œstres, sont les Mammifères terrestres qu'y apprivoisent les Hommes, ou ceux auxquels on les voit faire une guerre active pour s'en procurer les fourrures ; et ces Hommes mêmes appartiennent à l'une des espèces ou races les moins favorisées de leur genre au physique comme au moral. Ce sont nos Hyperboréens hideux, attachés à leur affreuse patrie au point de ne se jamais éloigner des bords glacés où la pêche alimente leur misérable existence, où le vin n'égaie jamais de tristes repas, où l'ivresse d'une bière grossière et du suc de champignons fermentés, succède seule au plaisir de boire de l'huile rance de poissons dans une tanière enfumée.

2°. OCÉAN ATLANTIQUE. (*Voyez* Pl. 4 et 5.) Celui-ci, borné au nord par le précédent dans la direction d'une ligne qu'on peut tirer des côtes nord-est du Labrador, jusque vers les Hébrides, est contenu entre l'ancien Monde et le nouveau. Il finit au midi, obliquement, dans une ligne qui s'étendroit de la pointe méridionale de l'Afrique, vers le détroit de Magellan, en passant par les Malouines. L'équateur le partage en deux parties à peu près égales, de sorte qu'on pourroit le subdiviser en *Boréal*, situé en dehors du tropique du Cancer, en *Equinoxial*, entre les deux lignes solstitiales, en *Méridional*, au-delà du tropique du Capricorne. Les îles de la première subdivision sont Terre-Neuve, les Bermudes, les Açores, Madère et les Canaries ; celles de la partie équinoxiale sont l'archipel du Cap-Vert, l'Ascension, Sainte-Hélène, Martin-Vas, avec quelques autres rochers épars dans le golfe de Guinée. Les îles de Tristan d'Acuna sont les seules qui méritent d'être citées dans la portion méridionale. Les vents dans la partie boréale y suivent généralement la direction du nord-ouest et de l'ouest. Vers les régions équatoréales de l'Afrique, la surface de cet Océan semble être condamnée à subir des calmes brûlans, effroi du navigateur, capables d'enchaîner dans un espace assez circonscrit tout imprudent qui imagine que pour se rendre d'Europe au Cap de Bonne-Espérance, la ligne la plus droite est la plus courte. C'est encore dans la partie septentrionale de l'Océan atlantique que s'observe le Gulf-Stréam, dont il sera tout à l'heure question, au paragraphe dont les courans seront le sujet.

Le nom d'*Atlantique* vient de la tradition fort anciennement conservée par les prêtres égyptiens et par l'un des sages de la Grèce d'un continent détruit ; continent, duquel nous essayerons de prouver dans l'avant-dernier chapitre de la présente Illustration, que les Açores, Madère, Porto-Santo, les Salvages, les Canaries et les îles du Cap-Vert dûrent faire partie. Peut-être cette vaste contrée nommée l'*Atlantide*, tenoit-elle aussi à cette partie de l'Afrique sur laquelle se ramifie l'Atlas, et qui fut bien évidemment, ainsi que nous l'établirons par la suite, une île considérable que baignoit au sud une mer, dont les déserts de Barca et de Sahara présentent aujourd'hui le fond desséché. Plusieurs écrivains ont élevé des doutes sur l'existence de cette Atlantide qu'on dit avoir été plus grande que l'Asie et la Lybie ensemble. (*Voyez* nos *Essais sur les îles Fortunées.*) Patrin, avec sa légèreté ordinaire, n'y vit qu'un songe ; et l'on a lieu d'être surpris que M. le professeur Cuvier ait adopté, sans examen, cette boutade de Patrin, lorsqu'au contraire le baron Humboldt admet non-seulement la probabilité de l'Atlantique, mais trouve encore que nous avons eu raison d'en tracer, dans l'un de nos premiers ouvrages, la carte conjecturale. (*Voy. aux Rég. équin.*, tom. I.) Quoi qu'il en soit, on sent que dans une mer immense qui baigne des régions presque froides et des rives brûlantes, on ne sauroit trouver une conformité de physionomie et de productions aussi frappantes que dans l'Océan arctique. Cependant le voyageur qui parcourt son étendue d'une extrémité à l'autre, y reconnoît, quel que soit le changement de température qu'il y éprouve, une certaine conformité en toutes choses ; s'il touche sur les rives les plus distantes, il s'aperçoit que l'aspect des côtes occidentales de l'Europe et de l'Afrique offre aux mêmes latitudes plus d'analogie que n'en offrent les côtes opposées des mêmes continens. La Sénégambie a certainement plus de rapports naturels avec la région des Amazones, qu'avec le bassin de la Mer-Rouge ; comme cette région des Amazones ressemble plus aux parties arrosées de l'Afrique qu'elle ne rappelle les côtes abruptes qui s'étendent de Payta au Chili. Les parties littorales tempérées ou chaudes de notre Europe diffèrent de même fort peu des parties littorales des Etats-Unis. Ce sont les mêmes genres de plantes et d'animaux qui en couvrent la surface, à très-peu d'exceptions près, et si l'on plonge dans les flots pour en examiner les productions, l'identité devient presque complète. Le nombre des Luminariées et des Fucacées diminue pour faire place à des Cystoceires. Ce sont les Sargasses inconnues vers les mers boréales qui, attachées à des profondeurs diverses, commencent, dès le 45°. degré de part et d'autre, à flotter en nappes immenses à la surface

face des flots. Les Hydrophytes de la plus belle couleur parent en général les rochers, où les grands Madrépores et les Spongiaires ne sont pas cependant extrêmement nombreux ; les Hydrophytes filamenteuses, c'est-à-dire les Confervées et les Céramiaires s'y marient à des Polypiers flexibles ; mais ceux-ci sont encore bien moins variés que dans certaines Méditerranées ou que dans l'Océan pacifique semé d'écueils. Les poissons des hauts parages sont, dans l'Atlantique, de grands Squales, des Scombres et des Coryphœnes occupés à poursuivre des Exocets ; des Lophies y montrent déjà leurs formes bizarres entre les prairies flottantes de Sargasses avec le Glaucus et les Physales. Mais sous l'équateur même, on n'y observe pas autant de ces formes baroques de poissons, relevées par l'éclat de l'arc-en-ciel, des pierres précieuses et des métaux qui provoqueront l'admiration de l'ichthyologiste dans l'Océan indien et dans la Polynésie. Le Marsouin et le Dauphin ordinaire sont les grands nageurs de l'Atlantique, où l'on ne trouve fort communément que ces deux petites espèces de Cétacés : les grandes y paroissent comme dépaysées.

Les Lamantins sont les herbivores aquatiques sur les deux rives des régions très-chaudes de la Mer dont il est question, où se plaisent à passer de l'une à l'autre, l'oiseau, comparé par la témérité de son vol, à Phaëton, et ses autres grands voiliers, qui la plupart appartiennent aux genres des Pélicans, des Pétrels ou des Sternes. L'apparition des bandes de Canards vers le nord, et des Albatros vers le sud, avertit le nautonnier qu'il sort de l'Atlantique pour entrer dans l'Océan arctique d'un côté, ou dans l'Océan antarctique de l'autre.

3°. OCÉAN ANTARCTIQUE. (*Voyez* Pl. 3.) Celui-ci est le plus vaste, il occupe une bien plus grande étendue dans les régions australes, que l'Océan arctique autour du pôle boréal. On reconnoît plus qu'ailleurs sur ses limites combien il est faux que les cercles de la sphère circonscrivent les climats naturels, car, entre les méridiens du Cap de Bonne-Espérance et de la terre de Kergulen, l'influence glaciale de cette mer se fait ressentir jusqu'en dehors du 50e. degré de latitude sud, où flottent des montagnes d'eau congelées, semblables à celles qui, dans notre hémisphère, ne dépassent guère le 60e. degré de latitude nord, tandis que d'un autre côté, au sud des Terres-de-Feu, les glaces éternelles s'arrêtent vers le Schetland méridional et la terre de Sandwich, vers le 60e. degré sud. Nul continent n'est baigné par cet Océan, dans la direction duquel s'avancent toutes les pointes méridionales de la terre habitable, sans néanmoins y atteindre. Ainsi l'extrémité de l'Afrique, les côtes de l'Australasie, y comprises celles de la terre de Leuwin jusqu'aux Antipodes de Paris, et l'extrémité de l'Amérique méridionale, sont exposées à son austère influence, sans que ses flots en viennent baigner immédiatement les rivages. Les îles de la Désolation et quelques autres écueils en sont les seules terres, où semblent végéter à regret de tristes lichens ou des mousses chétives. Quelques Cétacés égarés y nagent çà et là ; trop peu de points solides y fournissent des supports à la végétation marine nécessaire pour substanter des créatures vivantes. Un continent énorme de glace et de neige, dont les bords se brisant durant la débâcle occasionnée par la présence d'un soleil de six mois, deviennent des montagnes flottantes, présente vers le pôle austral une surface frappée de mort ; cependant quelques grands Phoques et des Morses y sont comme les Ours blancs de l'Océan arctique, tandis que des Manchots et des Pingouins y représentent les nombreuses légions des Canards du Nord ; mais comme il n'existe guère de rivages sur lesquels de tels oiseaux éprouvent la nécessité de se transporter alternativement, que tout demeure monotone et pareil autour d'une étendue sans plantes et presque sans poissons, les Manchots, demi-poissons eux-mêmes, n'ayant pas besoin d'ailes pour entreprendre de longues migrations, la nature économe ne leur en a point donné. Cook le premier, et divers navigateurs hardis sur ses traces, ont essayé de trouver quelques points d'un continent pareil aux nôtres à travers les éternels frimats de ces parages, où le Globe présente moins d'eau que de glace. Ces tentatives n'ont produit aucun résultat ; et lorsqu'on eût, à travers mille périls, découvert enfin des terres antarctiques, de quelle utilité eussent été de pareilles rencontres ? Quoi qu'il en soit, si nulle côte ne borne, à proprement parler, l'Océan dont il est question, si nulle ligne de bas-fonds ou autres accidents terrestres n'en indiquent les marges, quelques Hydrophytes et diverses cohortes vivantes déterminant ses limites, se plaisent dans tout son pourtour, et ne s'en éloignent guère vers le Nord pour chercher des climats plus doux. Nous avons déjà vu l'Albatros avertir le matelot qu'il quitte l'Océan atlantique pour voguer sur les confins de l'Océan antarctique ; les Pingouins et toujours les Manchots se reproduisent sur les côtes qui le regardent. Une multitude de Phoques et des Morses viennent avec les Callorhyques paître sur celles-ci, des Macrocystes et des Lessonies, arbres marins qui s'y pressent au point d'arrêter les rames de l'esquif lorsqu'il tente d'y aborder. Ces Hydrophytes s'avancent parfois le long des côtes occidentales des pointes du nouveau et de l'ancien Monde, fait de Géographie aquatique des plus remarquables, que personne n'annota, et qu'on retrouve dans la botanique végétale des continens, où l'on voit diverses productions s'égarer le long de certaines côtes ou chaînes de montagnes hors de la zône où elles croissent habituellement.

4°. OCÉAN INDIEN. (*Voyez* Pl. 5 et 6.) Cette partie de l'Océan, appelée simplement *Mer* sur ces mappemondes où les noms d'Océan grand et petit furent si prodigués, confine vers le sud, avec l'Océan qui vient de nous occuper, en suivant la courbe qu'on tireroit du midi de l'Afrique à la terre de Lewin par les côtes septentrionales de la terre de Kerguelen; les côtes africaines de l'est le bornent à l'occident; les rives occidentales de l'Australasie au levant, et les îles de la Sonde, les côtes de l'Inde de la Perse, avec celles de l'Arabie, le contiennent au septentrion. Madagascar et Ceylan y sont comme des fragmens de continens détachés. Les îles Trials, des Cocos, de Nicobar, d'Andaman, de Chagos, Maldives, Laquedives, Rodrigue, de France, de Mascareigne, des Séchelles, de Comore et Socotora, y forment des archipels ou des terres isolées, sur lesquels la végétation et les animaux présentent, outre la physionomie commune aux climats chauds, un aspect particulier qui tient à la fois de l'africaine, de l'asiatique et de l'australasienne. Ici, le calme est l'état habituel des flots, la plupart du temps si tranquilles, que leur surface paresseuse, unie comme un miroir, mérite à l'Océan indien le nom de *Mer d'huile* que lui appliquèrent les matelots de tous les pays. Lorsque des ouragans épouvantables, mais très-rares, n'y viennent pas troubler l'ordre habituel, ce sont des vents réglés, appelés *Moussons*, qui y règnent. (*Voyez* §. III du présent chapitre.) Les côtes de ce vaste bassin prodiguent à l'homme les plus précieuses productions qui soient au monde; car la Mer y nourrit jusqu'à ces Pintadines, génératrices des perles. Si la civilisation bien entendue s'établit jamais sur ses rivages, l'Océan indien baignera les plus belles et les plus heureuses parties de l'Univers.

5°. L'OCÉAN PACIFIQUE. (*Voyez* Pl. 6, 7 et 4.) Nous croyons devoir adopter ce nom, qui a l'antériorité, et qui désigne assez bien l'état de repos où demeurent ordinairement les flots entre la Polynésie, l'Asie orientale, l'A-mérique occidentale et l'Océan antarctique; nous n'en appellerons pas la partie contenue entre la ligne, le tropique du Cancer, la Nouvelle-Guinée et l'Archipel dangereux, *Grand Océan*, parce que, nous le répétons, nulle partie de l'Océan n'est au contraire plus restreinte que cet espace semé d'écueils, de peu de profondeur et d'une navigation très-dangereuse; nous n'en appellerons pas non plus *Boréale* la région située précisément au midi de l'immense courbe formée dans son pourtour par l'Asie et l'Amérique rapprochées. Cet Océan, très-ouvert vers le sud, s'y termine à peu près dans la ligne sinueuse qu'on peut tirer de la terre de Van-Diémen à la Nouvelle-Zélande, et de celle-ci vers les côtes du Chili. Les îles Aleutiennes, au nord, en séparent la mer de Béring, qu'il faut soigneusement distinguer; des Archipels nombreux, dont la plupart sont peu connus et presqu'inextricables, en remplissent la plus grande partie, surtout entre les tropiques à l'est de la Polynésie, et semblent même n'être qu'une continuation de ce futur continent. Il arrive dans cet Océan ce que nous avons vu dans l'Atlantique, où, malgré la diversité des climats dans une si grande surface que coupe l'équateur, et dont les extrémités opposées touchent aux régions glaciales, les productions des rivages et de l'eau présentent la plus grande analogie. L'humidité perpétuelle qu'entretient une abondante évaporation autour de mille points exondés, contribue à parer la surface de ceux-ci d'une végétation riche, fraîche et brillante. Les Fougères et autres tribus cryptogamiques y entrent dans une immense proportion, en dépit des lois précipitamment établies par les arithméticiens de la botanique. Nulle part les Madrépores et autres Polypiers pierreux, avec les Spongiaires et les Mollusques marins, ne sont plus nombreux, plus variés en forme, plus grands en proportions, ni enrichis de plus brillantes couleurs. Le luxe des teintes, la multiplicité infinie des figurations, n'y sont pas restreints à ces seules légions animées; les Poissons, les Cétacés eux-mêmes y participent; la succession active et jamais interrompue par de rigoureux hivers, de toutes les créations marines, y produit avec rapidité, l'augmentation des rochers et l'élévation du sol, partout où quelque écueil peut abriter d'innombrables habitans, architectes et préparateurs d'une terre à venir; terre qui doit nécessairement se former par l'encombrement de mille détroits, où les pyrogues des Neptuniens et des vaisseaux Anglais cinglent maintenant à pleines voiles. Aussi, malgré la beauté d'un ciel où règnent des vents assez modérés, la navigation de l'Océan pacifique est-elle périlleuse pour les embarcations qui tirent beaucoup-d'eau. C'est là qu'on voit en peu d'années changer la forme des lieux comme par enchantement ; où naguère passoit un grand navire, une chaloupe toucheroit aujourd'hui.

On retrouve dans l'Océan pacifique, comme entre l'ancien et le nouveau Monde, au revers opposé du Globe, de ces bancs flottans de Sargasses, genre de Fucacées totalement étranger aux deux Océans du nord et du sud, qui nourrissent les Laminariées. Un grand courant circulaire analogue au Gulf-Stréam, semble également y régner. Ainsi l'analogie est complète ; et par la division que nous proposons d'établir à la surface des grandes mers environnantes, on voit que quatre Océans s'y correspondent, opposés deux à deux, et qu'un seul, impair et central, demeure isolé par une multitude de caractères naturels qui lui donnent quelques rapports avec les Méditerranées dont il sera question tout à l'heure. C'est ainsi qu'en s'affranchissant de l'antique routine qui condamne les faiseurs de cartes et de Traités de géographie à ne reconnoître que deux continens, ou, lorsqu'ils en mentionnent quatre, à les distinguer d'une façon peu naturelle ; c'est ainsi, disons-nous, que l'on pourra également reconnoître cinq continens, dont un impair et ne ressemblant à aucun autre par la nature de ses productions ; tandis que les quatre autres seront analogues et opposés deux à deux, l'Afrique correspondant à l'Amérique du sud, l'Europe confondue avec l'Asie correspondant à l'Amérique septentrionale, et l'Australasie demeurant à part. L'ancien Monde se composera donc comme le nouveau de deux parties bien distinctes, unies seulement par un isthme, et la nomenclature géographique se trouvera enfin sur la route du bon sens.

†† MÉDITERRANÉE. *Mediterranea.*

Selon l'Académie, dont cette fois la définition nous paroît entièrement exacte, Méditerranée se dit de ce qui est enfermé dans les terres. Ce nom sera conséquemment réservé ici pour désigner toute mer qui, ne faisant pas partie immédiate d'un Océan, communique par un, ou même par plusieurs détroits, avec quelqu'une des grandes divisions marines précédemment établies.

Les Méditerranées, plus nombreuses sur le Globe qu'on ne les y avoit supposées, ne sont pas toutes sujettes aux marées, ou le sont d'une façon moins régulière que les régions océaniques. Selon qu'elles reçoivent le tribu de fleuves plus ou moins considérables, leur salure est plus ou moins sensible, mais elle n'est jamais aussi intense que celle de l'Océan ou grande mer environnante. Toutes, moins profondes, tendent à se fermer comme pour former des Caspiennes ; elles nourrissent de moins grandes espèces d'Hydrophytes, de Polypiers et de Poissons, mais les espèces y sont proportionnellement beaucoup plus multipliées ; on diroit que protégées par des côtes rapprochées, qui les mettent à l'abri de grandes tempêtes, elles peuvent pulluler davantage. Les grands Cétacés pénètrent rarement dans les Méditerranées, comme si leur masse s'y devoit trouver moins à l'aise ; les oiseaux grands voiliers paroissent dédaigner leur surface assez paisible. Ce sont les espèces habituées aux migrations qui ordinairement les traversent, et des Echassiers semblent, plus que toute autre tribu ailée, se plaire sur leurs paisibles rivages, souvent plats et marécageux. A des latitudes égales les bassins de ces mers intérieures, ou prêtes à le devenir, présentent dans leur végétation et par leurs animaux une physionomie qui indique en elles une plus grande élévation de température, proportions gardées avec les régions de l'Océan, où nous voyons les Méditerranées se dégorger. Les vents ne suivent guère à leur surface de marche fixe ; ils y sont toujours subordonnés à la direction plus ou moins resserrée des côtes ; un courant général, ordinairement parallèle à la principale direction des rivages, semble en faire graduellement le tour, comme si ce courant partoit de l'Océan pour venir recueillir le tribut des fleuves, et le lui rapporter après s'être grossi de ce tribut qui adoucit le courant, mais qui n'exerce point la même influence sur le vaste espace où rentre celui-ci. Ce n'est point l'évaporation qui tend à diminuer la surface des Méditerranées, ainsi qu'à préparer leur séparation du grand réservoir où elles communiquent, mais le charroi continuel des matières arrachées à la surface des continens par les eaux pluviales, les rivières et les fleuves, qui dépouillent et sillonnent ces continens. Les dépôts résultans de tels transports, entraînés vers les issues par les courans méditerranéens, se perdent en partie dans l'Océan, encore qu'ils en encombrent peu à peu les profondeurs, tandis que les plus grandes portions de leur masse sont déposées en chemin, partout où des promontoires peuvent protéger un dépôt, et c'est ainsi que se ferment peu à peu certains détroits.

1°. MÉDITERRANÉE PROPREMENT DITE. Celle-ci, sur les rivages de laquelle se développa la civilisation de l'espèce Japétique du genre humain (voyez RACES HUMAINES dans le Dictionnaire), sépare l'Europe de l'Afrique, à peu près entre les 30°. et 45°. degrés de latitude nord, et s'étend de l'est à l'ouest depuis l'Asie jusqu'aux colonnes d'Hercule, dans une longueur d'environ 900 lieues; sa largeur est beaucoup moins considérable. La Mer-Noire, dont celle d'Azof n'est qu'un appendice, doit en être considérée comme une dépendance, et la Mer Adriatique y est comme une méditerranée secondaire qu'en distingue le canal d'Otrante. Beaucoup de ses rivages présentent des traces de fracassemens et de ruptures volcaniques qui mirent successivement en communication la Mer-Noire avec celle de Marmara par le Bosphore, celle-ci avec la Mer Egée par les Dardanelles, cette même Egée avec le reste de la Méditerranée entre la Morée et Cérigo, l'île de Crète et Carpathos, Carpathos et Rhodes, Rhodes enfin et l'Anatolie. Peut-être une autre interruption existoit originairement entre la pointe Punique et les Calabres, par Lampedouze, Linose, Malte, Goze et la Sicile. Quoique toujours alimentée par de très-grands fleuves, au nombre desquels le Nil, le Tanaïs, le Borysthène et le Danube sont du premier ordre, et sans que l'évaporation puisse suffire pour absorber la plus grande partie de ses eaux, il est certain que celles-ci furent originairement bien plus élevées qu'elles ne le sont aujourd'hui. Les preuves de la diminution en surface de la Méditerranée proprement dite sont présentes sur tous les points de ses bords : en mille lieux ceux-ci sont coupés à pic, surtout dans les endroits où l'on peut supposer que des vastes courans ont fait irruption, comme au Bosphore, aux Dardanelles, aux extrémités de toutes les pointes héléniques, et surtout vers le détroit de Gibraltar, dont nous croyons avoir démontré la très-récente formation (*Résumé géographique de la Péninsule Ibérique*, sect. II, chap. 1). La rupture de ce dernier avoit été indiquée par divers écrivains, mais sans preuves; et comme tant d'idées hardies sont jetées en avant au hasard par des auteurs téméraires qui, lorsqu'un observateur scrupuleux a trouvé la vérité, ne manquent pas de dire qu'ils l'avoient devinée et proclamée avant tout autre. Nous ne reviendrons pas sur la révolution physique qui détermina la séparation de l'Afrique et de la Péninsule, comme pour incorporer celle-ci à l'Eu-

rope, où elle semble néanmoins demeurer toujours étrangère. Il nous suffira, pour ajouter une preuve à ce grand fait en faveur duquel témoignent les montagnes littorales, la nature des roches, les caméléons, des singes, des orchidées, le *cynomorium* et le reste de la Flore ou de la Faune atlantique, de rappeler ce que disoit Saussure, qui observa, entre Monaco et Ventimille, de grands rochers coupés à pic sur le rivage, et dont les flancs offroient jusqu'à la hauteur de plus de deux cents pieds, une multitude d'excavations profondes, où l'on reconnoissoit l'effet du balancement des vagues. Ces excavations depuis la cime des monts voisins, et graduellement en descendant jusqu'aux lieux où se brisent aujourd'hui les flots, offrent les mêmes caractères ; nous avons également dit comment, à l'époque où le détroit de Gibraltar n'existoit pas, les bassins opposés de l'Aude et de la Garonne à travers l'Oxitanie et l'Aquitanique formoient le dégorgeoir de cette mer, dont les eaux baignoient d'un côté les racines de l'Atlas et de l'autre l'extrémité boréale du bassin du Rhône, où leur voisinage alimentoit les volcans éteints du centre de la France.

Le littoral de la Méditerranée telle qu'elle est aujourd'hui, forme un bassin naturel des mieux caractérisés, et qui l'est tellement, que les rivages de France de ce côté ressemblent par leur physionomie et leurs productions, bien plus aux rives barbaresques ou même syriaques, qu'elles n'offrent l'aspect et les productions des plages océaniques de la même contrée. Le naturaliste, soit qu'il mesure la température, soit qu'il interroge la Flore ou la Faune du golfe de Gascogne, par exemple, y trouvera bien moins d'analogie entre toutes ces choses, sur les bords de la Provence, qu'il n'en trouveroit entre la température, la Faune et la Flore des bords Provençaux, et la Flore, la Faune ou la température du Delta égyptien. La plupart des insectes de Barbarie et du Levant, entre lesquels se font remarquer les Pimélies, les Atteuches, les Brachyeères, les Mantes, les Truxales, d'énormes Mirmiléons et des Panorpes, sont aussi occitaniques, du moins quant au plus grand nombre des espèces. Les Ombellifères, les Labiées aromatiques, la plupart frutescentes, avec les Cistes, sont les plantes le plus généralement répandues dans le pourtour de la Méditerranée, dont les Genévriers, *Licia*, *Phœnica* et *Oxicedrus*, avec le Pin d'Alep et *Pinea* sont les Conifères : le *Quercus coccifera* en est le Chêne ; l'Olivier, le Cyprès, le Figuier, le Caroubier, le Laurier, en sont les autres arbres de prédilection ; le *Vibur-*

num *Tynus*, l'*Agnus-Castus*, l'éclatant Nérion, le *Philaria angustifolia*, les Lentisques, l'*Anagyris fœtida*, les Jujubiers, en sont les principaux arbustes. Nulle part le Datier n'y gèle, et les Chamérops représentent en beaucoup de points de son enceinte les Palmiers de la Torride. Les Cactes avec les Agaves s'y sont naturalisés, et les vins que produit le sol sont plus ou moins liquoreux. Parmi les Hydrophytes, plus de Laminaires, mais déjà des Caulerpes et le *Padina Tournefortii*; les Spongiaires et les Polypiers flexibles, entre lesquels les petites ombelles des Acétabulaires se font remarquer, tapissent les rochers près de la surface des flots, tandis que le Corail précieux habite leur profondeur. Les oiseaux y passent presqu'indifféremment d'une rive à l'autre, et parmi ces voyageurs, il en est qui demeurent sur l'une ou l'autre plage, après le départ de leurs troupes, sans paroître trop souffrir de la saison par laquelle ils se laissèrent surprendre. Les très-grands Cétacés n'y entrent qu'accidentellement, ainsi que le véritable Requin; mais entre les espèces de poissons de moyenne ou de petite taille y brillent de mille éclatantes nuances, un nombre de Labres proportionnellement plus considérable que partout ailleurs.

1°. MÉDITERRANÉE SCANDINAVE, ou MER BALTIQUE. Entièrement européenne, cette Méditerranée septentrionale suit une direction presque perpendiculaire à la précédente, et sa largeur est de trente à quatre-vingts lieues environ de l'est à l'ouest. Elle s'étend, en longueur, depuis le cinquante-quatrième parallèle jusqu'au soixante-sixième environ, c'est-à-dire dans une région déjà froide. Les golfes de Bothnie dans sa partie boréale, de Finlande vers l'est, et de Livonie, en sont les principaux enfoncemens riverains : elle communique à la Mer du Nord, par où s'avance, vers le sud, l'Océan arctique, au moyen de détroits que forment, entre la presqu'île de Jutland et la Suède méridionale, des îles dépendantes de la couronne de Danemarck; Rugen, Bornholm, Oland, Gothland, Oësel, Dago et Aland, en sont les autres îles principales. Une multitude de rochers formant l'archipel d'Abo, entre cette dernière et la Finlande, semblent préparer sa réunion à la partie du continent récemment envahie par les Russes; cette réunion sera d'autant plus prompte que, de toutes les mers, la Baltique paroît être celle dont l'abaissement continuel de niveau est le plus sensible. En 1743, Celcius, de l'Académie de Stockholm, fit remarquer les traces évidentes de cet abaissement

sur des rochers qu'on se rappeloit fort bien avoir été couverts par la Mer, et qui déjà s'élevoient de plusieurs pieds au-dessus de sa surface ; les côtes y présentent d'ailleurs, vers le Midi, de grands étangs qui n'y communiquent presque plus, ou qui ne participent à sa salure très-foible, que par des passes tellement étroites, qu'on peut prévoir à quelle époque de telles communications demeurent fermées. La végétation de ces lieux, soit au fond des eaux, soit sur les rivages, se ressent en quelque sorte de la petitesse d'un bassin où la Nature semble appauvrie. L'éclat des couleurs n'y revêt guère aucune production ; et la Faune, ainsi que la Flore marine, y sont composées de peu d'espèces, dont aucune n'est considérable ; tandis que l'une et l'autre, sur les rives arctiques et voisines de Norvège, ne laissent pas que d'être variées, mais d'une physionomie toujours austère.

3°. MÉDITERRANÉE ÉRYTHRÉENNE, ou MER-ROUGE, qui sépare l'Afrique, ou ancien continent austral, de l'Asie, partie de l'ancien continent boréal, est la plus étroite de toutes ; la marée s'y fait très-sensiblement ressentir. Elle n'a guère que soixante-dix lieues de l'est à l'ouest, sous le tropique du Cancer, qui la traverse, et quatre-vingts lieues dans sa largeur la plus considérable, entre l'Yémen et les confins septentrionaux de l'Abyssinie. Sa longueur prise du nord-ouest, c'est-à-dire du fond de la corne de Suez, jusqu'au détroit de Babelmandel, par le sud-ouest, est d'environ dix-huit degrés de latitude. La température de ses eaux est très-élevée, parce qu'elle s'étend entre des plages brûlantes que n'abritent des vents de l'Afrique, ni hautes montagnes, ni forêts épaisses, et que ne rafraîchissent les tributs d'aucun fleuve. Cette absence de tout affluent d'eau douce pourroit faire présumer que la salure y doit être plus considérable qu'en toute autre mer : ce fait cependant est loin d'être constaté, son peu de profondeur est encore une cause de tiédeur ; des récifs et des bas-fonds nombreux y rendent la navigation fort dangereuse ; et, quoique de temps immémorial on n'y ait pas observé une diminution visible, elle doit se combler néanmoins par la succession des tribus madréporiques qu'elle nourrit en abondance. Le nombre de productions hydrophytologiques qui nous en est connu, et qui ne laisse pas que d'être considérable, nous a prouvé que la Mer-Rouge, déjà remplie de Caulerpes, de Sargasses et de Polypiers, identiques avec des productions venues des mers de Corée, de Chine et de la Polynésie, avoit plus de rapport par ses productions naturelles avec notre cinquième

Méditerranée, qui en est cependant séparée par toute la largeur de l'Asie, qu'avec la Méditerranée proprement dite, qui n'en est pas à vingt lieues, en comptant de Suez au fond du lac Menzaleh ; éloignement que semblent encore diminuer les lacs amers de Temsati, qu'on trouve aux deux tiers ou à moitié de la distance de l'un à l'autre de ces points. Ce que nous venons d'établir ici nous paroît mériter la plus sérieuse attention, et nous engageons les géographes à y réfléchir. En effet, la Méditerranée proprement dite ayant évidemment, comme nous l'avons prouvé dans nos précédens ouvrages, eu son niveau beaucoup plus élevé qu'il ne l'est aujourd'hui, lorsque le détroit de Gibraltar n'existoit pas, devoit originairement communiquer avec la Mer-Rouge, puisque l'isthme de Suez, selon le nivellement des ingénieurs français de l'immortelle et glorieuse expédition d'Egypte, n'a que très-peu d'élévation par rapport aux mers voisines : les deux Méditerranées communiquoient donc par cette dépression, dont l'antiquité profita pour établir un canal que la barbarie laissa disparoître sous des monceaux de sable. Nous prouverons, dans un ouvrage qui doit incessamment être livré à l'impression, que le détroit de Babel-mandel, au contraire, n'existoit pas plus, primitivement, que le détroit de Gibraltar ; c'est où se voient maintenant les rochers à pic qui encaissent cette brisure, que se trouvoit le point de jonction de la Péninsule Arabique avec le continent africain ; car l'Arabie faisoit partie de ce continent, comme nous avons vu la Péninsule Ibérique lui avoir appartenu originairement. Lors de cette jonction de deux mers aujourd'hui séparées, les productions de l'une et de l'autre devoient être à peu près identiques. Depuis leur disjonction, quelques Hydrophytes, quelques Polypiers, quelques Poissons peu nombreux, leur sont demeurés communs ; mais des productions toutes différentes se sont développées en grande quantité dans celle qui devint la plus chaude : ces productions lui ont imprimé une physionomie nouvelle. A ce propos, nous rappellerons un fait important que nous avons rapporté avec détails dans l'article CRÉATION de notre *Dictionnaire classique d'histoire naturelle :* ayant placé des corps organisés, propres à divers points les plus distans du Globe, dans des vases en cristal remplis d'eau, nous avons vu dans leurs infusions se développer quelques Microscopiques communs à toutes, outre un certain nombre d'espèces exclusivement propres à chacune : ayant mêlé de ces infusions, quelques espèces de Microscopiques y ont disparu ;

plusieurs y ont persévéré, et il s'en est formé de nouvelles, toutes différentes des autres. La Nature feroit-elle quelquefois en grand ce que nous avons fait comme en miniature dans nos expériences ?

On a beaucoup écrit sur l'étymologie du nom d'*Erythrée* ou *Rouge*, donné à la Méditerranée qui vient de nous occuper. On a cru récemment en trouver la raison dans l'abondance de petits Entomostracés vivement colorés, qu'on dit s'y multiplier parfois en si grand nombre que les eaux en paroissent changées en sang, comme au temps où Moyse et les magiciens de Pharaon étendoient leurs verges, également puissantes, sur ces calamiteuses contrées. Le fait n'est cependant pas complétement prouvé, et il se pourroit que ce nom de Mer-Rouge n'eût pas de raison plus raisonnable que ceux de Mer-Noire, de Mer-Blanche ou de Mer-Vermeille, donnés à d'autres parties de la Mer, qui ne sont ni vermeilles, ni blanches, ni noires.

4°. MÉDITERRANÉE PERSIQUE. On peut encore considérer ce prétendu golfe comme une véritable mer intérieure qu'un seul détroit unit à l'Océan, lequel lui communique, ainsi qu'à la précédente, les mouvemens de flux et de reflux. Cette Méditerranée dut être originairement plus grande de toutes les plaines mésopotamiques formées par les alluvions de deux immenses fleuves, qui dépouillent les pentes méridionales des monts Taurus et du Kurdistan pour encombrer leur bassin de leurs débris charroyés. A cette diminution près, qui semble continuer de nos jours, la Méditerranée persique présente de grands rapports avec la précédente ; mais elle a encore fort peu été observée par les naturalistes. Les productions, aux perles près, en sont fort peu connues.

5°. MÉDITERRANÉE SINIQUE. Des personnes habituées à ne voir qu'une Méditerranée, parce que, jusqu'ici, les géographes n'écrivirent ce nom qu'en une seule partie de leurs cartes, mais qui, par l'analogie qu'offre leur détroit unique, consentiroient à regarder comme des Méditerranées les mers intérieures dont il vient d'être question sous les nᵒˢ. 1, 2, 3 et 4, répugneront peut-être à nous voir placer au nombre des Méditerranées une étendue d'eau que de nombreux détroits mettent en communication avec l'Océan ; cependant, s'il est prouvé que, fermée d'un côté par une suite de côtes continentales, cette étendue ne tardera point à se fermer de l'autre par la réunion prochaine d'îles rapprochées, il faudra bien admettre quelques

Méditerranées de plus qu'on n'étoit dans l'usage d'en compter. La Méditerranée qui va nous occuper s'étend assez exactement du sud-ouest au nord-est, depuis la ligne équinoxiale à peu près, jusque vers le 54.ᵉ degré de latitude nord.

Les côtes peuplées par notre espèce sinique du genre humain (voyez RACES D'HOMMES) la bordent sans interruption au couchant, depuis l'extrémité boréale de la manche de Tattarie, où l'île Séghalien touche presqu'au Continent vers l'embouchure du fleuve de ce nom, jusqu'à l'extrémité de la presqu'île de Malaca. Elle finit vers le nord en pointe aiguë comme une corne de la Mer-Rouge. La Corée et la Péninsule Cochinchinoise s'avancent dans sa largeur comme l'Italie et la Grèce le font dans la Méditerranée proprement dite ; Sumatra, Bornéo et les basses du passage de Carémata, qui ne tarderont pas à former une île par l'élévation des bancs madréporiques qui les rendent si dangereuses aux marins, bornent la Méditerranée sinique vers le sud ; ses limites orientales sont tracées par les revers occidentaux de Palawan, de Mindoro, de Luçon, appartenant à l'archipel des Philippines ; par ces îles nombreuses de Babonyanes et de Bashée, entre Luçon et Formose ; par cette même Formose ; par les archipels de Madjicosemah, de Lieukieu et d'Oufou, se liant à l'empire du Japon ; enfin par cet Empire formé d'une chaîne de sommités que séparent des canaux marins, et qui, par Jesso, se lie à l'île de Séghalien vers la pointe méridionale de cette dernière. Le détroit de Malac établit la communication de cette Méditerranée avec l'Océan indien ; d'autres détroits très-nombreux, que des Polypiers ne tarderont pas à faire disparoître, la mettent en rapport avec la petite mer de Mindanao, qui n'en sera peut-être qu'un golfe. Parmi les communications nombreuses qui existent encore entr'elle et l'Océan Pacifique, celui de Diémen, au sud de Kiusiu, de Matsumai, au nord de Niphon ; enfin celui de la Peyrouse, entre Jesso et la longue île de Séghalien, sont les plus profonds. Mer très-paisible, les vents dominans y sont des moussons analogues à ceux de l'Océan indien (voyez Pl. 6) ; l'immensité des fleuves qui s'y jettent par le côté continental, et la multitude des écueils dont elle est semée, étant des causes perpétuelles de perturbation : pour peu que les gros temps y fussent fréquens, cette Mer seroit impraticable. Son étendue en latitude est cause que ses productions varient beaucoup du sud au nord ; ces productions conservent cependant, d'une extrémité à l'autre, l'air chinois (qu'on nous passe

cette expression), dont le caractère bizarre n'échappe à personne ; caractère que nous rendent assez bien ces peintures des peuples siniques, qu'on supposa long-temps n'avoir pas de modèle dans la nature, parce qu'elles représentoient des objets fort différens de ce que nous voyons habituellement autour de nous dans notre Europe. Quoique prolongée vers le septentrion, l'extrémité supérieure de la Méditerranée dont il est question, est loin d'être aussi froide que les mers qui se trouvent sous les mêmes latitudes dans le reste du Globe. Jamais on n'y voit d'amas de glaces menaçantes, comme il arrive par le travers de l'embouchure du fleuve Saint-Laurent, qui y correspond en Amérique, ou dans la mer du Nord et le sud de la Baltique, qui y correspondent en Europe.

Nous ne possédons ni Laminariées, ni même de grandes Fucacées provenues de cette Méditerranée, dont l'hydrophytologie est du reste fort peu connue, malgré quelques espèces intéressantes qu'on en a rapportées au célèbre algologue Turner, qui les figura.

6.ᵒ et 7.ᵒ LA MER D'OKHOTSK et la MER DE BÉRING doivent encore être considérées comme deux Méditerranées boréales. La première, quoique limitrophe de la Sinique, dont elle n'est même pas encore complétement séparée, puisqu'elle s'y unit par deux détroits, est placée presque sous la même latitude, si ce n'est vers le nord, où elle s'élève jusqu'en dehors du 64.ᵉ degré, c'est-à-dire par le travers d'Archangel. Cette Mer est déjà très-froide, même aux limites de la précédente, et si quelques géographes routiniers trouvent étrange que nous l'en distinguions, au moins autant que nous distinguons la Méditerranée proprement dite de l'Érythréenne ou Mer-Rouge, nous répondrons que possédant beaucoup de productions hydrophytologiques de la mer d'Okhotsk, nous y avons reconnu bien plus de rapports avec celles de la Baltique, et même des parages du Groënland, qu'avec celles de la Méditerranée sinique ; en effet, la langue de terre de Séghalien ou Karafchou établit une limite naturelle aussi tranchée que l'isthme du Suez ; de sorte que sa rive occidentale, sous une influence sinique, produit encore des Floridées ou des Ulvacées de la plus belle couleur, avec quelques Caulerpes, et encore des Spongiaires ; l'autre, sous l'influence kamtchadale, n'a plus guère que de tristes et coriaces Fucacées, mais pourtant pas encore de Laminariées. Le Kamtchatka en forme une rive avec la chaîne des îles Kuriles, qui la séparent de l'Océan Pacifique, mais imparfaitement pour quelque temps encore.

Quant à la seconde, la mer de Béring, circonscrite par la côte orientale de ce même Kamtchatka et l'extrémité nord-est de l'Asie, par cette partie misérable du Nouveau-Monde qu'on appelle Amérique russe, et par la longue courbe que forment les îles Aleutiennes, elle s'étend sous un climat tout-à-fait boréal. Si ce qu'on appelle la *Grande passe* la met en rapport avec les régions tempérées de l'Océan pacifique, le détroit de Béring, en séparant les deux Mondes, l'unit à l'Océan arctique, qui lui imprime sa physionomie glaciale en lui envoyant des montagnes flottantes formées d'eau congelée, avec quelques-uns de ces grands Cétacés qu'on retrouve sur les côtes d'Islande et du Spitzberg. Nous posssédons de cette mer de Béring des Hydrophytes en tout semblables à ceux de Terre-Neuve et des côtes de Norvège. Ce sont les mêmes Fucacées robustes, des Laminariées capables de résister au courroux des flots, et parmi lesquelles se fait remarquer l'Agare criblée de trous, encore si rare dans les herbiers, et que nous possédons des bords Koraïkes, des îles Saint-Pierre et Miquelon, et des côtes de Norvège.

8°. MÉDITERRANÉE COLOMBIENNE. Nous comprendrons sous ce nom le golfe du Mexique et la mer des Antilles, dont l'ensemble forme l'une des mers intérieures les mieux caractérisées qui soient à la surface du Globe; ce que n'ont pas cependant aperçu des compilateurs qui, pour avoir visité un point de la Martinique, de la Guadeloupe ou de quelques autres rochers américains, en écrivent des monographies sans nombre, et semblent vouloir s'approprier le monopole de toute publication historique, géographique, statistique, volcanique, pathologique, végétale ou animale, relatives aux rives du Nouveau-Monde. Cette Méditerranée où l'immortel Colomb pénétra le premier, et qui se trouve représentée dans notre planche 4°., est comme la Sinique de l'ancien continent, bornée d'un côté par une suite non interrompue de côtes, depuis la pointe méridionale des Florides jusque dans la province de Cumana, vis-à-vis l'île de la Trinité; de ce dernier lieu part une série d'autres îles petites ou grandes, qui toutes visibles réciproquement de l'une à l'autre, sous le nom d'*Antilles du vent* et de *Grandes Antilles*, séparent la Méditerranée qui nous occupe de l'Océan Atlantique. Parmi ces grandes Antilles, Haïti et Cuba forment la circonscription septentrionale du bassin, dont se trouvent exclues les Lucayes, archipel extérieur qui doit commencer aux Îles Turques, à partir des Caïques jusqu'à l'extrémité ouest de l'île de Bahama. Tous les écueils, petits ou grands, qui forment au nord des grandes Antilles cet archipel de corail ou d'alluvions du Gulf-Stréam et autres courans, sont du domaine de l'Océan; il en reçoit une physionomie tant soit peu septentrionale, encore que situé sous les tropiques; cet archipel prépare, en protégeant le grand banc de Bahama, lequel s'élève de jour en jour, un attérissement destiné à élargir la barrière qui fermera entièrement, au moyen de la réunion de toutes les Antilles, grandes et petites, la Méditerranée colombienne. Le canal de Bahama, ou celui de Porto-Rico, y demeureront l'un et l'autre, et peut-être long-temps ensemble, les analogues du grand et du petit Belt dans la Baltique; il paroît du moins que ce sont les deux communications les plus profondes actuellement existantes. Pour la Jamaïque et les îles sous le vent, elles y sont comme la Sicile et l'archipel Egéen dans notre vieille Méditerranée; le cap Catoche, à l'extrémité orientale de Jucatan, et celui de San-Antonio, à l'extrémité occidentale de Cuba, s'y avancent l'un vers l'autre, comme Lilibée se rapproche du cap Bon, à l'extrémité punique du royaume de Tunis. De pareils rapprochemens de pointes en pointes sont fréquens dans la Méditerranée proprement dite, dans la Sinique et dans la Baltique notamment; ils indiquent que ces Mers, une fois totalement séparées des Océans voisins, éprouveront, par la diminution de leurs eaux, des interceptions intérieures, d'où résulteront successivement des Caspiennes qui deviendront des lacs et finalement des bassins de fleuves, parce que la Nature suit la même marche dans toutes les parties de la surface du Globe. Il en sera des Méditerranées actuelles et à venir comme de celles qui n'existent plus que par les traces de leur ancienne existence. Le bassin du fleuve Saint-Laurent, où ne restent plus que des lacs interceptés, et celui du Danube, où ne restent pas même de lacs, mais où l'on trouve des plaines qui témoignent de l'ancienne existence de ceux-ci, peuvent être cités pour servir de démonstration à cette théorie de desséchement.

Le plus grand fleuve du Monde, le Mississipi, se jetant dans la Méditerranée colombienne, y forme un vaste delta, et prépare par d'immenses dépôts le long de ses côtes septentrionales, le rétrécissement du golfe mexicain. Située entre le 9°. degré environ et le 30°. degré de latitude nord, traversée d'orient en occident par un tropique, comprise presque tout entière dans la zône torride septentrionale, ses productions offrent le plus grand rapport avec celles des Méditerranées Erythréenne et Sinique, sans que l'éloignement de ces mers ait pu altérer une ressemblance physique très-prononcée. Les poissons, de forme bizarre et brillans des plus riches couleurs, y vivent partout en nombre considérable. Des Polypiers de grande taille y encombrent et élèvent le fond et les rivages; ces derniers contribuent avec une telle rapidité à l'accroissement du sol environnant, surtout du côté intérieur, par rapport aux Antilles, que des cadavres humains encroûtés dans leurs débris calcaires, y sont, sur un point de la Guadeloupe, presque devenus des anthropothites. Si l'on y descend à l'examen des êtres moins compliqués dans l'organisation, soit animale, soit végétale, les rapports se multiplient, et l'on arrive jusqu'à l'identité; ainsi, parmi les Polypiers flexibles, les Corallinées, les Flustrées, les Caulerpes, les Floridées et autres Hydrophytes, nous possédons une multitude d'espèces qu'on ne sauroit distinguer de celles que notre savant ami Delille a rapportées de la Mer-Rouge, et que Lesson et divers autres voyageurs ont recueillies sur les rives de la Polynésie. Cependant les parties de l'Océan interposées n'offrent rien, ou du moins très-peu de chose qui soit parfaitement pareil. De tels faits paroîtront étranges sans doute à certaines personnes qui jusqu'ici n'ont fait de l'histoire naturelle que d'après des Palmiers ou des Eléphans; mais ces faits apprendront aux judicieux ce que nous proclamerons désormais dans tous nos ouvrages géographiques, parce que nous en avons acquis la certitude dans le silence de l'observation, avant d'en fatiguer le monde savant par d'incomplètes publications, savoir : que le Globe ayant évidemment été couvert par les eaux de la Mer, c'est par la végétation et la vie marine, que la vie et la végétation ont dû se préparer avant de pouvoir se montrer sur le reste du Globe. Les productions de la Mer, surtout les plus simples et qui dûrent apparoître les premières, doivent donc être soigneusement observées; il résultera de la découverte et de la comparaison des plus chétives, de plus importantes vérités que de la découverte et de la comparaison d'objets plus volumineux, sur lesquels on prétend concentrer l'attention des naturalistes, et desquels on voudroit déduire certaines lois générales de répartition que la Nature ne sanctionne pas. Un autre grand fait de Géographie physique, déjà indiqué plus haut, et auquel nous reviendrons quand il sera question de ce qu'on appelle *Bassins*, ressort encore de l'examen de la Méditerranée colombienne, autant que de

la comparaison des cornes de la Mer-Rouge et du sinus qu'on pourroit appeler Pélusiaque, au fond de notre Méditerranée ; c'est que *les productions de deux bassins naturels contigus, sont plus différentes sur les pentes opposées des espaces qui en établissent le partage, quelle que soit la petitesse de la distance et la hauteur dans ces espaces, que ne le sont les productions des bords les plus éloignés de l'un des deux bassins.* Nous n'avons point, comme d'autres voyageurs qui en ont beaucoup écrit, visité les Antilles, l'Amérique du Sud, ou ce qu'on nomme quelquefois encore la Nouvelle-Espagne, mais nous avons soigneusement examiné dans les collections de Berlin, de Vienne, de Paris, et surtout de Madrid, les productions botaniques de tous ces lieux, et voici ce que nous y avons reconnu, ce que nous affirmons devoir être, ce que personne n'a dit encore, et ce que l'expérience confirmera.

1°. Il existe une différence sensible entre la physionomie de l'ensemble des productions enracinées au sol, sur les rivages et les versans océaniques des Antilles, et celle des mêmes productions sur les rivages et les versans intérieurs ou méditerranéens de ces mêmes Antilles.

2°. Une différence de même genre paroît être encore plus marquée entre les productions des rives continentales de la Méditerranée colombienne et celles des côtes adossées appartenant à l'Océan Pacifique.

3°. Les productions naturelles des rives de ce qu'on appelle communément la Terre-Ferme, si peu distantes de celles du golfe de Panama, offrent cependant avec les productions de celles-ci moins d'analogie qu'elles n'en présentent avec celles des rives du sud d'Haïti ou de Porto-Rico, qui sont cependant beaucoup plus éloignées, mais appartenant au même bassin.

4°. Enfin, la Jamaïque, comme jetée au milieu de la Méditerranée dont il est question, sans connexion quelconque avec l'un ou l'autre Océan circonvoisin, éprouvant dans l'intégrité de sa surface et de son pourtour une même influence méditerranée, ne présente point dans sa Flore, soit terrestre, soit marine, non plus que dans sa Faune aquatique, des contrastes qu'on vient de signaler sur les versans adossés des Antilles ou du continent américain.

L'évidence de tels faits que nous n'aurons pas la témérité d'ériger en *Grandes lois de la Nature,* frappera cependant tout d'abord l'observateur sans prévention lorsqu'il examinera les productions rapportées de ces divers parages par des collecteurs intelligens qui, ne croyant pas avoir indiqué suffi-

4

samment un *habitat* en inscrivant sur des étiquet-
tes Saint-Domingue, la Guadeloupe, Caracas, le
Pérou ou la Nouvelle-Espagne, auront eu soin d'annoter soigneusement que tels ou tels objets ont été
recueillis soit au Cap ci-devant Français ou dans
les environs de Santo-Domingo, soit au rivage
occidental de la Basse-Terre, ou vis-à-vis la grande
mer à la Cabesterre, soit à la Guayra ou bien dans
les versans de l'Orénoque, soit sur les côtes de
Darien ou sur celles de l'Océan Pacifique, soit enfin
à la Vera-Cruz ou de l'autre côté de Mexico.

Il est encore un autre point au sujet de la Méditerranée colombienne, sur lequel nous appellerons l'attention des voyageurs naturalistes et
géologues, parce que nuls de leurs prédécesseurs
n'en ont dit un mot, malgré qu'on ait répété
cent fois au moins depuis vingt-cinq ans, qu'on
n'avoit laissé qu'à glaner dans les régions équi-
noxiales du Nouveau-Monde. D'après l'habitude
qu'avoient contractée les géographes de tracer
sur leurs cartes de longues chaînes de montagnes non interrompues de l'extrémité à l'autre
d'un continent, pour en établir la charpente
(c'étoit le mot consacré), on avoit dû imaginer
que le Mexique, présentant des sommets altiers,
de grands volcans, des plateaux fort élevés, et
des mines très-abondantes, se devoit lier inti-
mement aux Cordillières, où se voient des choses
pareilles ; conduisant en vertu de ce principe aveuglément adopté, à travers l'isthme de Panama
et de Darien, une arête monstrueuse, aussi fortement prononcée que la croupe du Mexique et que
celle des Andes, on lioit l'Amérique du Nord à
celle du Sud par un chaînon non moins puissant
que les plus hautes montagnes du reste du Nouveau-
Monde. Cependant nous avons entendu dire plusieurs fois à feu notre savant ami Zéa, natif de
Santa-Fé de Bogota, que des rives de Cartha-
gène, sur la Méditerranée colombienne, à celles
de l'Océan Pacifique, existoit, du nord-nord-est au
sud-sud-ouest, une région très-basse en comparaison
des monts de l'isthme de Panama, qui venoient s'ef-
facer dans cette région, tandis que ceux de la Nou-
velle-Grenade s'en élevoient vers le côté opposé ; de
sorte que par la grande dépression qui s'observoit en
ce lieu, les deux mers avoient fort bien pu communiquer encore assez récemment l'une avec l'autre,
comme la Méditerranée communiqua avec l'Erythréenne par l'isthme de Suez. Si le fait se confirme,
les cartes modernes, adoptées comme parfaites sur
la foi de ceux qui disent avoir soigneusement visité
les contrées également visitées par Zéa, ne tarderont pas à se trouver vieilles et fautives.

Les hommes d'espèce Colombique occupoient
le pourtour de la Méditerranée dont nous venons d'entretenir le lecteur, lorsque les Européens y pénétrèrent pour en faire une épouvanble
boucherie.

9°. La BAIE D'HUDSON, dans le nord du continent américain, sous un climat austère, souvent
fermée par des glaces qui s'amoncèlent sur des
côtes dépouillées, peut être encore considérée
comme une Méditerranée ; mais on en connoît à
peine la véritable figure, et très-peu les productions : aussi ne s'en occupera-t-on point dans cette
partie de nos Illustrations.

L'étendue de mers continuant sans cesse à diminuer, ainsi qu'on l'établira tout à l'heure, c'est
par la formation successive des Méditerranées
futures que des parties plus ou moins considérables des mers océanes en seront l'une après l'autre séparées. Ce qui est arrivé pour les Méditerranées, dont un côté est encore formé d'îles
prêtes à se confondre, aura lieu pour divers espaces que des îles nouvelles commencent à environner ; il suffira, pour opérer de telles mé-
tamorphoses, qu'une certaine quantité de mètres
d'eau seulement ait été absorbée à la surface du
Globe. On voit déjà la préparation de Méditerranées naissantes en beaucoup d'endroits. Nous nous
contenterons de citer comme exemple deux de celles
qui se formeront probablement les premières ;
elles sont l'une et l'autre parfaitement indiquées
dans l'Océan Pacifique (voyez Pl. 6) ; la première confinant à la Sinique, aura pour rives occidentales, depuis le Borneo jusqu'au Japon, les
Philippines, Formose et les innombrables petites
îles et rochers madréporiques et volcaniques qui
se lient déjà, mais imparfaitement, aux îles plus
grandes ; les côtes orientales commencent à appa-
raître dans l'archipel de Magellan et des Ma-
rianes en se liant à Célèbes par Gilolo. La seconde,
que coupera la ligne équinoxiale, aura les Caroli-
nes pour rivage boréal, les Mulgraves pour côtes
orientales, les îles Fiddji pour rives du sud-est, les
archipels infinis qui vont unir, par les Nouvelles-
Hébrides et les îles Salomon, la Nouvelle-Calédonie à la Nouvelle-Guinée, et celle-ci à Gilolo, à
travers la petite mer des Moluques, fermeront
cette mer dans le reste de son pourtour.

††† GOLFES et BAIES.

Outre les Méditerranées, il existe sur toutes
les rives du Globe d'autres enfoncemens, dont
plusieurs seroient aussi des Méditerranées, si leur

ouverture n'étoit pas trop considérable pour être réputées détroits. Ce sont les golfes qui participent par leurs productions à l'influence climatérique des Océans et des Méditerranées dont ils font partie. La Mer-Blanche, au nord de l'empire de Russie, est l'une des plus remarquables de l'Océan arctique : le golfe de Gascogne ou de Biscaye, qui doit être pris de la pointe de Penmarck, vers l'une des extrémités de la Bretagne, jusqu'au Cap Ortegal en Galice, appartient sur nos côtes à l'Océan atlantique ; celui de Guinée dépendant du même Océan, s'enfonce sous la ligne vers le centre de l'Afrique. La presqu'île de l'Indostan, forme d'un côté, avec les côtes de Perse, d'Arabie et d'Afrique, un grand golfe appelé *Mer d'Aman ;* de l'autre côté, la même presqu'île borne, avec celles de Pégu et de Malaca, le golfe de Bengale ; ces deux golfes dépendent de l'Océan indien. On peut encore considérer comme un golfe appartenant au même Océan, l'étendue de mer intertropicale qui se termine dans l'Australasie par la baie de Carpentarie, et que bornent au sud la côte Witt, et au nord les îles de la Sonde avec d'autres îles adjacentes jusqu'à la Nouvelle-Guinée. La Mer-Vermeille, s'enfonçant entre la Californie et la rive occidentale de l'Amérique du Nord, est le golfe le plus étroit et en même temps le plus enfoncé dans les terres qui nous soit connu. Ces exemples suffiront.

La baie de Baffin, long-temps considérée comme un golfe, ne paroît plus être aujourd'hui qu'une large et vaste communication entre deux parties de l'Océan arctique qui fait une île énorme de ce Groënland, qu'on crut d'abord être une continuité du Nouveau-Monde.

Les baies ne sont que de petits golfes, et par l'usage tacite qui fait qu'on n'appelle fleuve aucun cours d'eau, quelque considérable qu'il soit, quand il n'arrose qu'une île, on appelle généralement que *baies* les golfes des îles, même les plus grandes.

†††† Caspiennes. *Caspii.*

Nous étendrons ce nom, restreint jusqu'ici à une seule Mer sans communication avec aucune autre, à tout amas d'eau salée qu'emprisonne la Terre dans la totalité de son pourtour, et que nul détroit, ni même de cours d'eau un peu considérable ne met en communication, soit avec un Océan, soit avec une Méditerranée. Par quelqu'opération barométrique ou nivellement qu'on puisse établir l'élévation de telles mers au-dessus des autres, il est impossible de contester sérieusement qu'elles dûrent être primitivement unies aux mers voisines. Elles sont demeurées dans le milieu des continens comme des mouvemens de la diminution des eaux. Ainsi que les Méditerranées se forment aux dépens de l'Océan, les Caspiennes se forment à leur tour aux dépens des Méditerranées, dont les détroits viennent à se fermer. Elles diffèrent des Lacs par leur salure plutôt que par leur étendue, qui n'y fait rien, puisqu'il existe de ces Lacs plus grands que certaines Caspiennes ; mais comme la salure de ces Caspiennes diminue en raison de l'importance des fleuves ou des rivières qui s'y jettent, il est plus d'un lac aujourd'hui qui dut être une Caspienne autrefois, et plus d'une Caspienne qui ne tardera pas à devenir lac. De telles mers n'étant point alimentées par l'introduction de courans qu'y pourroient envoyer d'autres mers, tendent à disparoître avec assez de promptitude ; aussi trouvet-on beaucoup plus de leurs traces qu'il n'existe aujourd'hui de telles mers. Les déserts stériles, salés, mais que ne sillonne aucun cours d'eau, où ne se rencontrent tout au plus que des sources saumâtres de loin en loin, et qu'environnent dans une étendue plus ou moins considérable des hauteurs dépouillées, furent des Caspiennes, dont les hauteurs latérales formoient les rivages. La plupart redeviendroient des mers, si deux ou trois cents mètres d'eau se trouvoient seulement ajoutés à la masse des eaux actuellement existantes sur le Globe. Nous avons retrouvé le lit de plusieurs de ces Caspiennes desséchées en Espagne (*voyez* notre *Guide du voyageur,* et notre *Résumé géographique de la Péninsule Ibérique*); on y voit fréquemment persister vers le point qui fut le plus profond, des amas d'eau dans lesquels la plus grande partie du sel s'étant comme accumulée, ce sel qui se cristallise, durant les étés violens, ne redevient liquide qu'au temps où les eaux pluviales viennent en dissoudre de nouveau la masse éblouissante. Les environs de ces culots de Caspiennes, comme eux imprégnés de sel, s'efflorissant et brillant à leur surface, ne produisent, même à de grandes distances des côtes actuelles, que des plantes maritimes, et M. Léon Dufour nous a assuré avoir vu jusqu'à des Fucus au centre de l'Arragon dans un reste de Caspienne, non loin d'un lieu nommé Buralajos. Cette partie de la Pologne où se trouvent les salines de Willitska, dut être également une Caspienne européenne. Le grand désert de Sahara, au milieu de la partie boréale de l'Afrique, compris entre l'Atlas, les monts de la Guinée, le Bournou et le Fezzan, fut encore une vaste Caspienne, ainsi que les parties centrales du même continent vers le midi, le milieu de la Presqu'île arabique, et le centre de la Perse. Dans ce dernier point du Globe, l'existence de la Mer effacée est démontrée par la présence d'un vaste désert salé à l'est de Téhéran, et dans l'Afghanistan, par le bassin de la rivière d'Helmend qui, séparé de toute mer par de grandes hauteurs, se dégorge dans un lac de Khanjeh, demeuré sans issue. Dans l'Asie centrale, le grand désert de Cobi, nommé *Shamo* par les Chinois, fut également une Caspienne, originairement aussi grande que notre Méditerranée proprement dite, où ne se voient, sur une aride et monotone étendue, comme témoignages de l'ancien empire des flots amers, que de petites rivières, la plupart saumâtres et sans embouchure, avec de petits lacs épars dans les anfractuosités d'un sol aride et muriaté. La Sungarie fut également une Caspienne dont les lacs Palkati, Alaktugul, Kürgha, Urjunoju et Saisans sont de véritables reliques, et qui se dégorgeoit probablement dans l'Océan arctique, beaucoup plus grand alors qu'il ne l'est de nos jours, par un détroit devenu cette large brisure de montagnes où s'écoule maintenant l'Irsich, grand affluent de l'Obi. Les voyageurs n'ont indiqué l'existence d'aucune Caspienne dans le Nouveau-Monde. Il n'en reste plus qu'en Asie, où quatre seulement sont assez importantes pour mériter une mention particulière dans le présent paragraphe.

1°. La CASPIENNE PROPREMENT DITE, plus longue que large, et d'une forme un peu sinueuse : elle s'étend du 37e. ou 38e. degré au 47e. degré de latitude nord. Sa plus grande largeur, sous le 45e. parallèle, peut être de cent trente et quelques lieues ; le long du Mézendéran, elle en a tout au plus quatre-vingt-dix. La région du Caucase la sépare de la Mer-Noire ; le Volga, fleuve considérable descendu de Russie, y porte un grand tribut qui en tempère de plus en plus la salure, en diminuant son étendue par des alluvions ; un grand delta résulte des charrois de ce fleuve dans le territoire d'Astracan.

L'Oural y tombe du même côté. Le Kour, dont la Géorgie forme le bassin, grossi de l'Araxe, y vient aussi épancher de l'eau douce sur ses rives occidentales ; par celle de l'Orient, vers le sud-ouest, elle reçoit l'Oxus, le Sydéris et le Macéras de l'antiquité, rivières encore peu connues des géographes modernes. Nul Cétacé n'a persisté dans la Caspienne, mais on assure que des Phoques y vivent encore. Les Poissons n'en ont pas été suffisamment

étudiés, et nous ne savons absolument rien de son hydrophytologie. Un seul Polypier flexible, très-curieux, nous est parvenu des rives méridionales de cette Caspienne, lesquelles sont hautes et généralement escarpées : tout le reste de son enceinte s'étend dans de basses régions sablonneuses et désertes, qui faisoient sans doute naguère encore partie de son lit. Ce n'est que depuis le règne du Czar Pierre Ier. qu'on a une idée de sa figure, qui varie néanmoins encore sur nos cartes modernes.

2°. La MER D'ARAL, beaucoup plus petite que la précédente, à l'orient de laquelle on la trouve ; cette Caspienne est coupée en deux parties presqu'égales par le 45e. parallèle nord. Le fleuve Sir qui s'y jette à l'est par trois grands bras, et le Djihoun qu'elle reçoit vers le sud, en adoucissent les flots. La plus grande analogie règne entre les deux grands amas d'eau voisins, qui firent sans doute primitivement un seul et même tout. On assure qu'il s'y rencontre aussi des Phoques ; d'innombrables petites îles en remplissent les parties méridionales, et préparent une diminution fort prochaine sur le quart de son étendue.

3°. Le LAC BAIKAL, est encore moins connu que les deux Caspiennes qui viennent d'être mentionnées. Nous ne savons aucune particularité bien constatée sur son histoire naturelle, et pas même positivement si ses eaux sont douces ou salées : quelques voyageurs les disent potables ; mais, d'un autre côté, ils y admettent l'existence de Phoques, qui ne peuvent guère vivre que dans l'eau de mer. Situé entre les cinquante-unième et cinquante-cinquième degrés nord, presqu'au centre d'un vaste continent, et sur un plateau qu'on suppose assez élevé, il éprouve l'influence d'un climat déjà rigoureux. Le bassin du Selinga, seule fleuve important qui s'y jette, dut originairement lui appartenir ; cette Caspienne communique encore avec le Jénisei par l'Irkutsk, où dut exister le détroit qui l'unissoit avec l'Océan arctique quand celui-ci couvroit la Sibérie.

4°. La MER-MORTE. Cette partie méditerranée est aussi appelée Lac asphaltite, soit parce que des bitumes flottent dans quelques parties de son étendue, soit d'après l'idée imprimée par des croyances religieuses, que les villes de Pentapole, brûlées par une pluie de matières combustibles envoyée du ciel, y furent noyées après leur destruction. De forme ovale, pointue aux deux extrémités, elle a tout au plus vingt ou vingt-deux lieues du nord au sud, sur trois ou quatre de l'est à l'ouest : elle absorbe le Jourdain, auquel on ne sauroit contester le nom de fleuve, puisqu'il tombe dans une mer, lequel seroit une rivière, si le Lac asphaltite n'étoit encore salé, mais qui n'est guère qu'un ruisseau sous le rapport de ses dimensions. Cependant ce ruisseau, cependant la Caspienne, presqu'imperceptible, qui l'absorbe, ont acquis une célébrité à laquelle n'atteignit aucun autre point géographique du Globe, si ce n'est la triste capitale de la pierreuse et barbare Palestine, ou bien la Mecque, où se trouve le tombeau de Mahomet. Cette célébrité, encore récemment augmentée par ce qu'en raconta l'auteur d'un itinéraire à Jérusalem, ne nous fait pas mieux connoître les lieux sous les rapports physiques; s'ils sont très-connus des pèlerins, ils ne le sont guère des savans. On en a rapporté de l'eau dans une bouteille pour d'autres usages que l'analyse chimique, de sorte que les physiciens ne savent seulement pas quelle est la composition de cette eau et son degré de salure : on a même dit que la femme du patriarche Loth, changée en statue de sel, existe toujours sur ses bords, avec des arbustes portant des pommes sans cesse remplies des cendres de Sodome et de Gomorrhe ; mais les naturalistes ignorent absolument quels sont les Poissons ou les Hydrophytes de la Mer-Morte, et s'il y existe même des coquilles. Il seroit cependant bien important de vérifier si c'est avec la Méditerranée proprement dite, la Méditerranée Erythréenne, ou toute autre mer, que la Caspienne, sur laquelle nous appellerons l'attention de quelques voyageurs éclairés, offre le plus de rapports. Posséderoit-elle des productions qui lui seroient exclusivement propres ?

§. II. Des phénomènes physiques que présentent les Mers.

L'examen de la composition des eaux de la Mer, de sa salure et de la mucosité qui lui est propre, non plus que sa phosphorescence, n'appartiennent à la Géographie physique ; de tels phénomènes sont du ressort des sciences chimiques, ainsi que des sciences naturelles ; mais il n'en est pas de même quant à la coloration de la Mer, quant à sa température, ou bien aux mouvemens qui s'exercent dans sa masse, par l'effet des marées, des vents et des courans. L'évaluation de sa profondeur et sa diminution présumable sont encore du ressort de la science qui nous occupe. Nous devons conséquemment examiner la Mer sous ces divers points de vue.

† COLORATION DE LA MER.

Les habitans de ces parties de l'intérieur des terres où ne coulent que des ruisseaux, des rivières peu profondes, de claires fontaines ou des fleuves surchargés de bourbe, qui voient la Mer pour la première fois, admirent la nuance d'un vert plus ou moins pur et brillant qui lui paroît propre le long du rivage. Leur surprise augmente, lorsqu'ayant puisé de son eau dans quelque vase, ils n'y distinguent plus aucune teinte particulière, et la trouvent d'une transparence parfaite ; cette transparence est telle, que dans les lieux où nulle impureté ne s'y vient mêler, on distingue sur le sable de son lit, à une très-grande profondeur, les moindres cailloux ou les plus petits coquillages qui paroissent alors resplendissans. Les plantes marines, les Polypiers surtout, y brillent du plus grand éclat ; et, parmi ces productions, toutes si élégamment nuancées tant qu'elles sont sous l'eau, il en est qui perdent leurs reflets d'iris, dès qu'elles en sont sorties ; certains Cystocéires particulièrement, et nos Iridées, ainsi que beaucoup d'Alcyons qui, dans leur élément nourricier, se parent des couleurs de l'arc-en-ciel ou des plus vives teintes de pourpre et d'orange, paroissent noirâtres, jaunâtres, ou simplement brunes ou d'un violet sombre, quand, jetées au rivage, elles y demeurent abandonnées au contact de l'air atmosphérique. Lorsque des flots de lumière pénètrent dans la masse de l'eau durant un jour sans nuages, et qu'on vogue à sa surface, les vagues paroissent tellement colorées autour de l'embarcation, qu'on s'y croiroit quelquefois, en admirant l'intensité de la verdure, sur une prairie liquide. A mesure que la nef s'éloigne du bord, et qu'on gagne les hauts parages où la profondeur s'accroît, la teinte verte se change en bleu ; et dans la haute mer l'eau devient couleur d'azur, dès cinquante ou soixante brasses. Le retour de la nuance verte annonce quelque bas-fonds, ou l'approche de côtes applanies ; car le long de celles qui sont coupées à pic, et près desquelles la sonde descend beaucoup, le bleu d'azur persiste et semble devenir d'autant plus intense que la profondeur est plus grande. Mais ce bleu qu'on a coutume de regarder comme l'un des caractères de l'Océan, et qu'on attribue communément à la façon dont se décompose, en y pénétrant, les rayons de lumière, ne lui est cependant pas exclusivement propre : tout grand amas d'eau en porte l'empreinte. Les lacs profonds qui ne sont point salés, surtout ceux des hautes montagnes, resplendissent également d'une riche teinte bleue, qu'on observe jusque dans le lit des torrens, au fond desquels, si l'eau remplit quelque grande cavité de rocher, la sérénité du ciel produit la même coloration. On prétend qu'il est des lieux où l'eau de la Mer paroît rougeâtre, dans la Méditerranée proprement dite, vers l'embouchure du Rio de la Plata et sur les côtes de Californie; blanchâtre au fond du golfe de Guinée et dans la mer du Nord; jaunâtre dans le Pont-Euxin, ainsi qu'autour des Maldives; jaunâtre enfin entre la Chine et le Japon. On ne donne encore aucune raison de telles variations de teintes.

†† TEMPÉRATURE DE LA MER.

Sur l'autorité d'Aristote, on a cru que la chaleur des vagues augmentoit par leur frottement dans les tempêtes : ce préjugé eut de nos jours des défenseurs parmi les plus habiles physiciens. Péron le premier fit connoître l'erreur; à cet égard les observations de ce voyageur sont exactes et doivent faire autorité : il démontre fort bien comment on a pu s'y méprendre. Des recherches de Péron résultent les faits suivans, qui cadrent parfaitement avec le résultat de nos propres expériences. 1°. La température de l'Océan est généralement plus froide à midi que celle de l'atmosphère observée à l'ombre; 2°. elle est constamment plus forte à minuit; 3°. le matin et le soir, les deux températures sont ordinairement en équilibre; 4°. le terme moyen d'un nombre donné d'observations comparatives entre la température de la surface des flots et celle de l'atmosphère, répétées quatre fois par jour, à six heures du matin, à midi, à six heures du soir, à minuit et dans les mêmes parages, est constamment plus fort pour les eaux de la Mer, par quelque latitude que les observations soient faites; 5°. le terme moyen de la température des eaux de la Mer à leur surface et loin des continens, est donc plus fort que celui de l'atmosphère avec lequel les eaux sont en contact. De tels résultats que nous regardons comme inattaquables, ne sont cependant pas absolument les mêmes que ceux qu'obtinrent d'autres observateurs cités pour leur exactitude; mais on doit remarquer que ces savans opéroient dans le voisinage des côtes, ou bien à d'autres heures que nous, et généralement vers le milieu du jour, où, comme on vient de voir, la température de l'eau est plus basse que celle de l'atmosphère, parce que l'évaporation y agit plus puissamment.

Il ne suffisoit pas de mesurer la température de la surface des mers, on voulut connoître celle de leurs profondeurs; on imagina divers instrumens pour y parvenir : tels furent le thermomètre de Mallet et de Pictet, celui de Micheli, ceux de Marsigli et de Cavendish, qui tous furent trouvés vicieux ou insuffisans. Saussure construisit un nouvel appareil qui consistoit dans un thermomètre inséré dans une enveloppe en cire de trois pouces d'épaisseur, renfermée ensuite dans une boîte en bois dont les parois très-fortes, nécessitoient l'espace de plusieurs heures pour participer à la température des milieux environnans. Ce savant fit l'essai de son thermomètre ainsi disposé dans les lacs de la Suisse, où il le plongea dans la soirée pour le retirer le lendemain matin, sans que dans le trajet du retour, la température des hautes couches d'eau eût le temps d'influer sur le thermomètre qu'une nuit d'immersion avoit mis en rapport avec la température des plus grandes profondeurs. Il reconnut ainsi que l'eau de ces profondeurs étoit constamment à trois ou quatre degrés seulement au-dessus de glace, tandis que celle de la surface se trouvoit à la température atmosphérique. C'est avec son appareil, éprouvé de la sorte, que Saussure fit des observations sur les couches inférieures de la Méditerranée en divers points du golfe de Gênes; il trouva le 7 octobre à quelque distance du rivage, et par 860 pieds de brassiage, un peu plus de dix degrés, tandis que l'eau de la superficie étoit d'un peu plus de seize, et l'atmosphère à un peu plus de quinze. Le 17 du même mois, à 1800 pieds, non loin de Nice, après une nuit entière d'immersion, vers les 7 heures du matin, Saussure obtint de son thermomètre absolument les mêmes résultats pour le fond et pour la surface; la température atmosphérique fut seulement trouvée plus haute d'un degré ou à peu près. Péron ne croyant pas à la bonté de l'instrument du savant genevois, en conçut un autre, en le donnant comme parfait, excellent, infaillible. A la description minutieuse qu'il en fit, il ajouta une figure; on trouve celle-ci gravée dans la dernière planche de l'Atlas que le monde savant doit au grand talent du modeste Lesueur. « Je résolus, dit Péron (tom. IV, pag. 174), d'employer tout à la fois l'air, le verre, le bois, le charbon, la graisse et les résines dans un ordre tel, que leur faculté peu conductrice du calorique, devînt encore plus foible; cette idée si simple, qu'il doit être étonnant qu'elle ne se soit pas encore offerte à ceux qui les premiers se sont occupés du même objet, est cependant un sûr garant de la supériorité de mon appareil sur tous ceux dont on s'est servi jusqu'à ce jour. » Nous avouons que la composition du thermomètre de Péron ne nous paroît pas aussi simple que le dit son inventeur, et son excellence est loin d'être démontrée par l'usage qu'il en a fait ; on pourroit même dire que ce thermomètre n'a jamais été essayé tel qu'il fut conçu, puisque Péron convient d'abord, que vu la difficulté de faire construire à bord les cylindres métalliques dans lesquels consistoit le plus important perfectionnement, il fallut se borner à placer l'instrument dans un étui de verre, puis dans un charbon, puis dans un étui de bois, ce qui, au charbon près, à la place de la cire employée par Saussure, n'étoit jamais qu'une simple modification de l'appareil de ce dernier, appareil que nous persistons à croire beaucoup meilleur et d'un usage plus commode que celui qu'on a tant célébré. Quoi qu'il en soit, les résultats qu'obtint l'inventeur de la machine nouvelle, appelée *précieuse* par l'inventeur même, consistent dans l'écrasement de cette machine dès la première fois qu'elle fut mise en expérience ; dans un second essai, la pression de l'eau avoit tout brisé, le thermomètre étoit en pièces, et ses fragmens mêlés à la poussière du charbon ; cependant on crut obtenir la température de la profondeur de 300 pieds, d'où revenoient d'informes débris, en mesurant la température du charbon imbibé de l'eau qu'il avoit traversée, en employant un autre thermomètre qu'il vint d'y placer sur l'esprit du navire où se faisoit l'observation. Il est question ensuite de deux autres expériences faites à 1200 et 2144 pieds ; mais l'instrument toujours imparfait, puisque le cylindre de cuivre qui le devoit compléter y manquoit encore, ne resta pas dans l'une deux heures sous l'eau, et une heure dans l'autre. Dix-sept et quarante-cinq minutes furent employées à le retirer. Il est impossible d'admettre comme suffisans les résultats obtenus par de pareils essais ; et lorsque l'auteur, convenant que ce qu'il a observé présente une différence très-grande avec ce qu'a été observé par Marsigli et Saussure, réclame la préférence en sa faveur, on ne sauroit la lui accorder. Une note de notre confrère Freycinet, insérée dans la réimpression in-8°. de la relation de Péron, intitulée *seconde édition*, nous apprend que ce dernier, de retour en France, fit exécuter par un des plus habiles artistes de Paris, son appareil tel qu'il l'avoit conçu, avec le fameux étui en cuivre ; mais ayant voulu s'en servir pour faire à Nice de nouvelles expériences, il éprouva une difficulté presqu'insurmontable à l'ouvrir et à le fermer. Il fallut faire des trous à la machine, la dénaturer pour pouvoir s'en servir, et l'eau environnante finissoit toujours par s'y introduire. Il n'est guère resté d'un thermomètre tant vanté, que l'épithète d'*ingénieux* que lui ont accordé ceux mêmes qui conviennent tacitement qu'il ne fut jamais bon à rien. On connoissoit avant les essais de Péron, dont nous n'eussions pas démontré l'inutilité complète, si l'on n'eût tenté de leur imprimer le caractère d'une merveilleuse perfection, les expériences de Forster, faites vers le pôle austral, dans le deuxième voyage de Cook, et celles du docteur Irving, qui eurent lieu dans l'Océan arctique jusqu'au 80°. degré nord. Si les quatre expériences de Péron méritoient la moindre confiance, il est certain que faites vers l'équateur, et comparées à celles des deux savans anglais qu'on vient de citer, quelques lumières pourroient jaillir de leur comparaison, sur un point encore très-obscur de la physique ; mais on ne doit pas se laisser entraîner par l'autorité des noms, et les résultats obtenus par Forster et par Irving, quoique moins vagues que tout autre, ne nous paroissent pas encore décisifs. Sans tenir compte des expériences recueillies par Kirvan, parce qu'on ne les appuie d'aucun témoignage de quelque poids, nous trouvons, 1°. six expériences du compagnon de Cook, faites depuis le 52e. degré de latitude nord jusqu'au 64e. degré sud, et depuis 86 à 100 brasses de profondeur ; 2°. quatre expériences de l'ami du capitaine Phipps, faites de 115 à 780 brasses. Péron qui s'appuie de ces dernières, dit expressément (note du tableau de la pag. 205), qu'on ne peut compter sur le résultat de l'une d'elles ; et quant à celles de Forster, le thermomètre plongé dans les profondeurs de la Mer n'y ayant jamais séjourné que durant 15, 16, 17 ou 20 minutes, 30, une fois seulement, et ayant mis jusqu'à 27 minutes et demie pour remonter à la surface, cet instrument avoit-il eu le temps nécessaire pour acquérir la température du fond des eaux ? il avoit d'ailleurs su mettre à celles des couches intermédiaires en revenant si lentement à travers de celles-ci. C'est d'après le nombre d'expériences imparfaites dont il vient d'être question, lesquelles, avec celles de Péron, montent en tout à quatorze, que ce dernier, établissant des tables, et faisant des rapprochemens, donne en ces mots ses conclusions : « On peut déduire de mes observations le refroidissement progressif de la température de la Mer, à mesure qu'on s'enfonce dans ses abîmes ; le terme est la congélation éternelle de ces abîmes. » Voilà donc les continens et les mers, la terre et les eaux liquides reposant sur un noyau de glaçons, et l'opinion de tant de grands physiciens qui admettoient une chaleur centrale, renversée d'un trait de plume en vertu de dix-sept immersions d'appareils brisés ou qui n'atteignirent qu'à des profondeurs à peine appréciables par rapport au diamètre du Globe. L'idée d'un noyau de glaçons paroît en opposition avec tout ce qui fut observé jusqu'à ce jour. On n'avoit pas encore imaginé que la congélation des fluides pût commencer par le fond pour gagner la surface. Le docteur Kéraudren, dans son excellent article EAU DE MER, inséré dans le *Dictionnaire des sciences médicales*, prouve le contraire. « Sans rechercher, dit ce savant, en quoi l'influence atmosphérique peut être nécessaire au phénomène de la congélation, toujours est-il vrai que les rivières, les lacs et la Mer même, en se congelant, ne se prennent pas en totalité; il s'établit à la superficie une croûte de glace qui a plus ou moins d'épaisseur et sous laquelle l'eau reste encore fluide. » Les navigateurs rapportent avoir trouvé en approchant des pôles, des îles flottantes de glace de 2000 toises de circuit et de plus de 50 pieds d'élévation, ce qui suppose que la partie submergée n'avoit pas moins de 550 pieds d'épaisseur. « La glace, d'après les expériences d'Irving, ne s'élève que d'un 12°. au-dessus de l'eau salée; cependant les plus énormes glaçons sont mobiles et suivent la direction des vents et des courans; donc l'eau qui les supporte est fluide au-dessous comme autour d'eux, quoiqu'à une latitude et sous une température aussi basse, l'eau du fond de la Mer dût être gelée, s'il étoit vrai qu'elle y pût geler quelquefois. »

De tout ce qui vient d'être dit, il ne faut cependant pas conclure qu'il soit absolument impossible de se former, dans l'état actuel de nos connoissances, quelques idées approximatives relativement à la température des profondeurs de la Mer. Quelques expériences du baron de Humboldt nous fournissent des notions plus exactes qu'on n'en avoit avant le retour de ce voyageur. À peine l'illustre Prussien quittoit l'ancien continent pour explorer le nouveau, et dès sa première excursion dans l'Atlantique il vérifioit, au moyen d'une sonde thermométrique à soupape, que l'approche d'un bas-fonds, au sein des mers, s'annonçoit toujours par un abaissement sensible de température de la surface des vagues; il trouva déjà en se rendant de la Corogne au Férol, près du Signal-blanc, indice d'un blanc de sable, que le thermomètre centigrade marquoit 12° 5 et 13° 3, tandis qu'il se tenoit à 15° ou 16° 3 partout ailleurs où la Mer

étoit très-profonde; la température atmosphérique étoit alors de 12° 8. « Le célèbre Francklin et M. Jonathan Williams, auteurs d'un ouvrage qui a paru à Philadelphie, sous le titre de *Navigation atmosphérique*, ont, ajoute M. de Humboldt (*Voyage aux Régions équin.*, tom. I, pag. 106), fixé les premiers l'attention des physiciens sur les phénomènes qu'offre la température de l'Océan au-dessus des bas-fonds et dans cette zône d'eaux chaudes courantes qui, depuis le golfe du Mexique, se porte au banc de Terre-Neuve et vers les côtes septentrionales de l'Europe. L'observation que la proximité d'un banc de sable est indiquée par un rapide abaissement de la température de la Mer à sa surface, n'intéresse pas seulement la physique, elle peut aussi devenir très-importante pour la sûreté de la navigation; l'usage du thermomètre ne doit certainement pas faire négliger celui de la sonde, mais des expériences citées dans le cours de cette relation prouveront suffisamment que des variations de température, sensibles pour les instrumens les plus imparfaits, annoncent le danger avant que le vaisseau s'y engage. »

Nous ne cherchons point à expliquer les raisons du phénomène dont il vient d'être question, il est trop dangereux d'établir des théories sur un petit nombre de faits, et nous bornant à résumer ce qu'on peut entrevoir de moins douteux dans le résultat des expériences faites jusqu'ici, nous remarquerons qu'on a des raisons de croire à une diminution de température en descendant de la surface des mers dans leurs abîmes, et que cette diminution est plus sensible dans les hautes régions de l'Océan que sur les rivages. Il existe une grande distance entre les conséquences qu'un esprit circonspect peut tirer de telles données, et celles qu'en déduit l'écrivain trop hâté de se singulariser, qui s'écrioit : « La source unique de la chaleur de notre Globe est le grand astre qui l'éclaire; sans lui, sans l'influence salutaire de ses rayons, bientôt la masse entière de la terre congelée sur tous les points, ne seroit qu'une masse inerte de frimats et de glaçons. Alors l'histoire de l'hiver des régions polaires seroit celle de toutes les planètes. » Dans cette hypothèse, le Monde ne seroit donc plus menacé d'être consumé par un grand incendie universel, comme le croyoient plusieurs philosophes de l'Antiquité, et comme le prédit l'Apocalypse. En attendant ce qu'il en sera, et dans l'intérêt de la science, nous faisons des vœux pour voir réitérer les expériences, faites jusqu'à ce jour d'une manière incomplète, sur la température des profondeurs de l'Océan. Nous

croyons

croyons que l'instrument le plus propre à de pareilles recherches est encore celui qu'imagina Saussure, parce qu'il est simple, facile à fabriquer en tous lieux, et d'un emploi assez commode. Mais il faudra donner au thermomètre, par une immersion d'autant plus longue que les profondeurs seront plus grandes, le temps d'éprouver l'influence complète de ces profondeurs. Il ne faudra pas le retirer avec une lenteur qui permette le moindre changement de température dans le trajet du retour. Il faudra prendre de grandes précautions pour saisir les résultats de chaque immersion avant que l'atmosphère où se trouve l'investigateur ait eu le temps d'influer sur le thermomètre placé dans l'intérieur de l'appareil, lorsqu'on en fera l'ouverture. Ce n'est pas sous voile surtout qu'on devra s'occuper d'observations thermométriques. Il seroit à desirer qu'on perfectionnât un appareil à soupape qui, dans les profondeurs dont on voudroit connoître la température, admettroit les eaux de ces profondeurs, et qui isolant ensuite, par le moyen du suif, de la cire et du bois, ces mêmes eaux, ne permettroit pas aux couches supérieures de leur rien ôter ou lui ajouter pendant le retour. Un tel mécanisme auroit encore cet avantage, qu'on pourroit apprendre quelque chose de positif sur les différences de salure, et dans quelles proportions la mucosité marine, ainsi que la phosphorescence, existent au fond de la Mer, supposé qu'elles y existent, chose qu'on n'a pas essayé de savoir, et dont personne n'a encore parlé.

§. III. *Des mouvemens de la Mer.*

† DES MARÉES.

Dans leur habitude de classer ce qui n'est pas susceptible de se prêter à des arrangemens méthodiques, des auteurs de Traités géographiques ont divisé les mouvemens de la Mer en trois sortes, où les ondes, les vagues, les lames, les courans et les marées étoient comme des genres et des espèces. Avant d'entrer en matière, ces auteurs nous préviennent, « que les eaux marines comme les eaux douces cèdent à la plus légère pression par l'effet de leur fluidité. » Nous renverrons ceux qui ne sauroient pas de ces choses si simples, aux verbeuses compilations de Pinkerton, pour nous hâter d'ajouter quelques mots à ce qui a été dit des marées dans la partie du Dictionnaire rédigé par feu M. Desmarest. Ce savant, après avoir défini la signification du mot *Marées*, n'a

pas eu le temps de s'étendre suffisamment sur un sujet trop important pour qu'il ne soit pas nécessaire d'y revenir; et pour en parler comme il convient de le faire, nous prendrons pour guide M. Constant Prevost, très-habile géologue, auquel notre *Dictionnaire classique d'histoire naturelle* doit un article excellent, dont les marées font le sujet. Dans presque tous les points des continens et des îles qui sont baignés par les eaux de l'Océan, dit l'habile géologue, on voit le niveau de celles-ci s'élever pendant l'espace de six heures environ, pour redescendre dans le même espace de temps au point de départ ou à peu près. L'instant du flux ou flot est celui où la marée monte; lorsque le mouvement d'ascension s'arrête, la Mer étale, c'est-à-dire qu'elle est pleine ou haute; puis, lorsque les eaux s'abaissent, on a le reflux ou jusant; et enfin, pendant le moment très-court qui précède une nouvelle élévation graduelle, on dit que la Mer est basse. Les effets de ce grand phénomène général ne sont cependant pas chaque jour les mêmes dans un même lieu, et ils varient d'une manière très-sensible dans le même moment d'un lieu à un autre, soit pour l'instant de la haute ou de la basse mer, soit pour la quantité d'élévation et d'abaissement des eaux. Cette quantité varie aussi dans un port déterminé, selon les saisons et les jours; toutes ces différences et ces irrégularités tiennent, d'une part, immédiatement aux causes qui produisent les marées, et, d'une autre, à des circonstances secondaires et locales qui modifient les effets des premières causes, telles que la forme et le plus ou moins d'étendue des bassins des différentes mers; la masse et la profondeur des eaux mises en mouvement; la disposition particulière des rives, des plages, des falaises, des golfes, des détroits; l'action irrégulière des courans et des vents, etc. Ainsi, bien que la cause qui détermine le mouvement des eaux de la Mer soit la même dans un même point du Globe, on remarque, par exemple, que sur les côtes de notre Océan, et plus spécialement sur celles de la Manche, la différence de niveau des eaux varie depuis quelques pieds jusqu'à quarante et quarante-cinq pieds entre la haute et la basse mer, tandis que ce niveau change à peine dans la Baltique, la Méditerranée, la Mer-Rouge, et encore moins dans la Caspienne. On observe que, dans tel port, la Mer est haute plusieurs heures plus tôt ou plus tard que dans un autre port voisin : lorsque la Mer est pleine à 3 heures à Amsterdam, elle l'est à 6 h. 45 min. à Anvers; à 11 h. 45 m. à Calais; à 10 h. 40 m. à Boulogne; à 7 h. 45 m. à Cherbourg; à 6 h. à Saint-Malo;

à 3 h. 33 m. à Brest, etc. Ici la Mer s'avance lentement sur une plage qu'elle abandonne de même; là, elle s'élance avec une rapidité telle, qu'elle peut atteindre le cheval le plus agile; ce qu'on voit surtout au Mont-Saint-Michel, dans la baie de Cancale.

Malgré le nombre infini de modifications de ce genre, qui doivent résulter du grand nombre de causes secondaires et perturbatrices que nous avons signalées, le calcul et l'observation se sont réunis pour rendre compte de presque toutes les anomalies, et pour dévoiler la véritable cause productrice des marées. Ce phénomène si imposant, et que les Anciens connoissoient à peine tant qu'ils ne quittèrent pas les côtes de la Méditerranée, fixa cependant leur attention lorsqu'ils eurent l'occasion de l'observer dans les mers des Indes et sur les bords de l'Océan. Les rapports qu'ils remarquèrent exister entre les époques des hautes et basses eaux avec la position de la lune dans le ciel, firent soupçonner à plusieurs que les marées étoient le résultat de l'action de cet astre. Pline les attribue même à l'influence du soleil et de la lune; mais cette vérité n'a été démontrée incontestable que depuis la découverte et l'analyse des lois de la gravitation universelle, et depuis que l'immortel Newton a fait voir que les phénomènes compliqués du mouvement périodique des eaux de la Mer n'étoient qu'une conséquence rigoureuse de ces lois. En effet, l'une d'elles est que les molécules des corps célestes, comme celles de la matière en général, tendent l'une vers l'autre en raison inverse du carré de la distance qui les sépare, et d'après cela, chacune des molécules dont se compose le Globe terrestre est attirée différemment par celles du soleil et par celles de la lune. Pour ne parler, dans ce moment, que de l'action exercée par ce dernier astre sur la Terre, on conçoit que les parties de celle-ci, qui sont les plus rapprochées de la lune, sont dans le même moment plus fortement attirées que celles qui sont au centre, et bien plus encore que celles qui sont à la surface de l'hémisphère opposé; cependant, malgré cette intensité différente d'attraction, les molécules qui composent la masse solide du Globe ne pouvant se séparer pour se mouvoir isolément et obéir à la force qui sollicite chacune d'elles, l'effet définitif de la lune sur la terre solide est le résultat de toutes les actions exercées sur chaque molécule en particulier; mais il n'en est pas de même pour la masse liquide des eaux, dont toutes les parties mobiles séparément sont attirées en raison de l'intensité de l'action qui les sollicite; il en résulte que, lorsque la

lune est au-dessus d'un point quelconque de la surface des mers, l'eau s'élève vers cet astre, et, comme par suite des mouvemens de la lune et de la terre, le même lieu se retrouve sous la même influence lunaire toutes les 24 h. 49 minutes, ou à peu près (24 h. 48′, 44″, 1‴, 48⁗). L'élévation des eaux a lieu par suite de cette influence une fois par jour; mais, par une conséquence de la loi d'attraction, dans le moment où la Mer se gonfle en un point donné de l'hémisphère, les eaux qui occupent la portion diamétralement opposée dans l'autre hémisphère étant plus éloignées de la puissance attractive que ne l'est la masse solide de la Terre, elles restent, pour ainsi dire, en arrière de celle-ci, et elles forment en sens inverse une élévation analogue à celle produite par soulèvement : de là vient qu'au lieu d'une seule marée montante dans les 24 h., il y en a réellement deux; l'une étant produite par le plus grand rapprochement de la lune, et l'autre, au contraire, l'étant par son plus grand éloignement : de cette manière, la masse générale des eaux de la Mer a la forme d'un sphéroïde alongé, dont le grand diamètre devroit être dirigé vers la lune, si le mouvement de la Terre, le mouvement imprimé aux molécules aqueuses et l'action variable du soleil, suivant sa position respective par rapport à la lune et à la terre, ne s'opposoient pas à ce que l'effet suivît instantanément l'action qui le produit.

Nous n'avons parlé, dans l'explication précédente, que de l'action exercée par la lune sur les eaux du Globe; mais nous devons dire que celle du soleil la modifie, soit en s'y ajoutant, soit en s'y opposant; ce dernier astre, malgré sa masse, n'exerce, à cause de son éloignement, qu'une action évaluée au quart de celle de la lune. Dans les syzygies, c'est-à-dire au moment de la nouvelle et de la pleine lune, lorsque le soleil et la lune agissent concurremment, les marées sont les plus fortes; tandis que, dans les quadratures (premier et dernier quartier), elles sont plus foibles. Il y a donc une variation dans le gonflement de la Mer pendant une lunaison; le plus considérable se nomme grande mer ou maline, et le plus petit morte eau. Lorsque la lune est à son périgée, c'est-à-dire le plus près de la Terre, toutes choses étant égales d'ailleurs, les marées sont plus grandes; de même aux équinoxes, les marées des syzygies sont les plus considérables, et les mortes eaux aussi les plus basses : dans les solstices, les variations entre l'élévation et l'abaissement dans la même marée est en raison inverse de l'élévation, c'est-à-dire que la Mer se retire d'autant plus qu'elle s'est élevée davantage précédemment. De même que l'effet produit par la lune n'a pas lieu immédiatement au moment de cet astre au méridien, de même la grande mer et la morte eau n'arrivent que trois ou quatre marées après les syzygies et les quadratures. Les marées du soir ne sont pas égales à celles du matin ; elles sont plus grandes le soir dans l'hémisphère où se trouve le soleil. Ainsi, en Europe, les marées du matin sont plus grandes pendant l'hiver, et en été elles sont plus petites.

On voit, par tout ce qui précède, de combien de données se compose le problème du mouvement des eaux de la Mer, mouvement dont la connoissance est d'une haute importance pour les navigateurs, qui, chaque jour, dans leurs voyages, ont besoin de savoir d'une manière exacte la quantité d'élévation ou d'abaissement des eaux dans un lieu donné et à une époque déterminée, afin de pouvoir diriger la marche de leur vaisseau en conséquence. Pour obtenir ces résultats, les calculs théoriques ne suffisent pas ; il est nécessaire qu'ils soient établis sur des observations préliminaires. Pour arriver, par exemple, à déterminer à quelle heure la Mer sera haute tel jour dans tel port, et savoir en même temps quelle sera la différence de hauteur d'eau entre la haute et la basse mer, il faut que des observations précédentes aient indiqué à quelle heure ordinairement la Mer est haute les jours de pleine et de nouvelle lune dans ce port : c'est ce que l'on nomme l'établissement du port ou de la marée, point de départ des calculs. On peut cependant résoudre les mêmes problèmes en sachant quelle est l'heure de la haute mer pour un jour donné. Les marins possèdent des tables toutes faites, dressées d'après l'observation, et qui leur indiquent l'établissement des marées dans les principaux ports connus ; c'est à ces tables que nous empruntons quelques exemples qui donneront une idée des irrégularités locales qui peuvent exister, si l'on compare les différences des heures avec la position relative et géographique des ports cités.

Heures de la pleine Mer, les jours de la nouvelle et de la pleine lune, sur quelques points riverains de l'ancien Monde.

Hambourg	6 h.	1 min.
Amsterdam	3	0
Groningue	11	15
Anvers	6	45
Embouchure de la Tamise	11	15

Londres	2 h.	45 min.
Douvres	10	50
Calais	11	45
Dieppe	10	50
Portsmouth	11	40
Havre-de-Grace	9	00
Rouen	1	15
Dives	8	20
Cherbourg	7	45
Plymouth	6	5
Morlaix	5	15
Cap Lézard (Angleterre)	7	30
Brest	3	33
Rochefort	4	15
Tour de Cordouan, à l'embouchure de la Gironde	3	40
Bordeaux	7	47
Bayonne	3	30
Lisbonne	2	15
Cadiz	4	30
Fayal (îles Açores)	2	30
Funchal (Madère)	12	40
Sainte-Hélène (île)	10	30
Cap de Bonne-Espérance	3	00
Foulepointe (Madagascar)	1	20

Avec ces tables, les marins en consultent encore d'autres, qui leur apprennent de combien l'effet calculé d'après le passage de la lune au méridien d'un lieu, retarde ou avance selon que cet astre est à son plus grand rapprochement, son plus grand éloignement, ou bien à des distances moyennes de la Terre ; mais il devient inutile d'entrer ici dans plus de détails sur ce sujet.

Les vagues qui viennent se briser continuellement contre les rivages qu'elles couvrent de leur écume, sont donc en grande partie dues au mouvement sidérique des eaux de la Mer ; aussi existent-elles lorsque l'atmosphère est le plus calme, bien que, dans les tempêtes, les vents augmentent quelquefois d'une manière considérable, mais momentanée, cette agitation constante ; celle-ci donne lieu à un bruit monotone particulier et imposant, que l'homme ne peut entendre pour la première fois sans une profonde émotion. Lorsque la marée monte, de même que lorsqu'elle descend, les eaux ne s'élèvent pas et ne s'abaissent pas d'une manière continue, il se fait une suite d'oscillations répétées, à chacune desquelles la Mer semble se retirer et s'avancer ; on appelle aussi ce mouvement oscillatoire *flux et reflux*. C'est au choc de la vague contre le sol résistant qu'est dû en partie le bruit dont nous venons de parler, car il s'y joint celui que font les pierres amassées sur la plage, et que les eaux soulèvent continuellement, les frottant les unes contre les autres et finissant par les arrondir.

On appelle *cailloux roulés*, ou mieux *galets*, les pierres ainsi usées par l'action des eaux de la Mer, et l'on observe que leur grosseur varie sur chaque plage et pour ainsi dire de pied en pied, de manière qu'ils paroissent comme réunis d'après leur dimension, ce qui tient sans doute aux différentes intensités d'action des vagues sur eux, selon la forme des rives. On peut voir un exemple remarquable de cette distribution par la grosseur des galets, en suivant l'espèce d'isthme qui réunit l'île de Portland au sol de l'Angleterre; sur une longueur de plusieurs lieues, on voit de pas en pas les galets croître pour ainsi dire en progression géométrique, depuis la dimension d'une noisette jusqu'à celle de la tête d'un enfant, sans qu'il y ait mélange. On remarquera encore, si l'on suit une plage en étudiant la nature des roches qui forment les côtes, que les galets existent là où les roches peuvent être dégradées par les vagues, et que si la nature des roches change, la nature des galets change de même; de sorte que la formation de ces dernières paroît locale et subordonnée à la nature des côtes. Il arrive cependant, que par des circonstances particulières et exceptionnelles, que par des causes ordinairement violentes et passagères, les galets, après avoir été arrondis sur un point de la côte, sont transportés sur un autre peu éloigné, mais alors ils ne sont plus aussi bien assortis; ils sont mélangés avec du sable ou de la vase, caractère qui indique qu'ils ne sont pas à la place où ils ont été formés. Ces observations et un grand nombre d'autres du même genre, présentent un grand intérêt aux géologues pour l'étude des couches de la terre qui renferment ou sont entièrement composées de galets, et surtout pour la recherche des circonstances particulières, sous lesquelles ces couches se sont formées.

Lorsque les côtes sont à pic, les vagues viennent en miner et saper périodiquement le pied, et les parties supérieures restant en surplomb ne tardent pas à s'ébouler; c'est ce que l'on indique en appelant ces côtes *des falaises*. Les matières molles, fines, délayables, sont entraînées par les flots à différentes distances, et elles forment sous les eaux de nouvelles couches sédimenteuses, tandis que les fragmens durs et pesans sont transformés en galets qui s'éloignent beaucoup moins de la rive.

La marée montante coïncide presque toujours avec certains vents et un état hygrométrique particulier de l'atmosphère.

Le flux ou flot se fait sentir d'une manière re-marquable jusqu'à une distance plus ou moins grande de l'embouchure de certains fleuves; une ou plusieurs vagues qui se succèdent, remontent avec bruit contre le cours des eaux fluviatiles, dont la marche est arrêtée. On connoît ce phénomène sous le nom de *Barre* à l'embouchure du Gange, du Sénégal, de la Seine, de l'Orne, etc.; sous celui de *Mascaret* dans la Gironde, la Dordogne, la Garonne, et de *Pororoca* sur les rives du fleuve des Amazones. Dans ce dernier lieu, comme dans la Garonne et même la Dordogne, les lames d'eau qui remontent le fleuve ont douze à quinze pieds de haut et même plus; elles renversent tous les obstacles sur leur passage, et le bruit effrayant qu'elles produisent, surtout dans les grandes marées, s'entend à plusieurs lieues.

Des géologues ont essayé de rendre compte de la formation de nos continens actuels, de la présence des débris des corps marins, des galets, etc., dans des lieux qui se trouvent maintenant de plusieurs centaines de toises au-dessus du niveau des mers, par des marées gigantesques qui auroient existé à un âge moins avancé du Globe. Delomieu, l'un des partisans de ce système, pensoit que les matériaux de toutes les couches coquillières avoient été transportés du fond des mers par des marées de 800 toises; que les vallées secondaires étoient dues à l'action de ces immenses marées et aux courans puissans qui résultoient de la retraite des eaux après leur gonflement. Chaque flux, disoit-il, déposoit des couches qui étoient ensuite morcelées et dégradées par le reflux; dans d'autres circonstances, les marées subséquentes combloient les vallées creusées par celles qui les avoient précédées, et elles rassembloient dans les couches qu'elles y déposoient, les produits de tous les règnes et de tous les climats. Par le développement exagéré d'un phénomène de la nature actuelle, Delomieu cherchoit à expliquer les faits que l'observation lui avoit fait connoître, sans avoir besoin de supposer des retraites, des séjours et des retours de la Mer plusieurs fois répétés sur le même point du Globe, comme on ne se fait pas scrupule de l'admettre aujourd'hui dans des ouvrages célèbres. Mais est-il plus facile de concilier l'opinion de Delomieu, que cette dernière supposition, avec les connoissances astronomiques qui nous ont dévoilé l'ordre établi dans l'Univers et les lois immuables qui les régissent? Par quelles causes les marées de huit cents toises auroient-elles été produites, à moins de supposer que la masse des eaux, les rapports de la Terre avec le Soleil et la Lune, et les mouvemens même de ces astres, eussent été différens de ce qu'ils sont aujourd'hui, à une époque où cependant végétoient et vivoient déjà sur l'antique terre, des plantes et des animaux analogues, sous le rapport de leur organisation, avec les êtres de la terre actuelle?

†† DES COURANS.

En les distinguant soigneusement des marées dont il vient d'être parlé, nous avons dit, dans l'un de nos précédens ouvrages, que les courans étoient le résultat du mouvement progressif qui s'exerce dans les fluides en raison de l'impulsion que leur imprime la différence des niveaux, et la dilatation ou la raréfaction des milieux environnans; l'air comme l'eau, ajoutions-nous, a ses courans, sur lesquels l'effet du poids des diverses couches de l'atmosphère est très-sensible. Les courans de l'air influent, dans beaucoup de circonstances, sur ceux des eaux; ces courans nous occuperont tout à l'heure; ceux qui sont propres à l'étendue des mers nous doivent seuls occuper maintenant. On en a cherché les raisons dans une multitude de causes qu'il seroit trop long d'énumérer. Quelqu'hypothèse qu'on ait imaginée sur la différence du niveau de certaines parties de l'Océan, il est impossible de concevoir que diverses mers soient beaucoup plus élevées que d'autres, et les lois de la Nature, auxquelles obéissent les fluides, ne sauroient permettre une aberration capable de renverser toutes les idées reçues. Il est vrai que le niveau de la Mer-Rouge se trouve, pendant le flux, élevé de quelques mètres au-dessus de l'extrémité syriaque de notre Méditerranée, et qu'on a des raisons de supposer que la surface des eaux, au fond du vaste golfe mexicain, est un peu plus haute que celle du reste de l'Océan; mais ces deux exceptions, les seules avérées sur de grandes masses d'eau, tiennent à des circonstances particulières; la première, à la forme de la Mer-Rouge, où l'eau de l'Océan indien est poussée comme nous voyons quelquefois les vents s'engouffrer dans une impasse, et en sortir moins vite qu'ils n'y sont entrés; la seconde, à la pression latérale que doit exercer contre les côtes qu'il longe, le grand courant connu des marins sous le nom de *Gulf-Stream*. Il est même probable que le fond de plusieurs grands golfes alongés et rétrécis, particulièrement de la plupart de ceux qui ne se lient à l'ensemble des mers que par un seul détroit, sont dans le cas des cornes de la Mer-Rouge, sur lesquelles les nivellemens des officiers de l'immortelle expédition d'E-

gypte ont opéré. Ainsi la Mer-Noire et l'extrémité de la Baltique pourroient bien être un peu plus hautes que l'Océan. De même celui des côtés d'un courant qui longe un rivage, pourroit bien être un peu plus élevé que le côté opposé, auquel l'étendue des eaux ne présente pas tant de résistance; cependant ces faits certains ou probables, mais isolés, ne sont rien contre d'imprescriptibles lois. Les fluides tendent sans cesse à se mettre en équilibre, et ce n'est que de la forme de leur contenant que résulte, pour les eaux de la Mer, la direction des courans divers qui s'y remarquent.

Les ruisseaux, les rivières et les fleuves nous indiquent la marche que suit partout la Nature dans la production et pour la direction des courans. Les eaux de ceux-ci, suivant la pente du terrain, roulent avec fracas, se ralentissent ou coulent avec une sorte de mollesse, selon que le terrain devient rapide ou s'aplanit; en débouchant dans la Mer, le courant des fleuves y continue donc à travers une masse d'eau qui repose sur un fond anfractueux, et il doit nécessairement suivre encore, en s'y écoulant, les anfractuosités du sol sous-marin, tout en ralentissant sa progression. La réunion de ces courans divers, et l'opposition invincible que leur présente bientôt le poids de la masse totale des eaux qu'ils viennent grossir, doit produire un courant général; vaste fleuve marin, à peu près parallèle aux côtes, proportionné en étendue et en rapidité aux tributs qu'il reçoit des continens, et dont les rivages sont d'un côté, ceux des continens mêmes, et de l'autre la masse centrale des flots.

Les courans se distinguent aisément dans les rivières et les fleuves, par leur rapidité toujours plus grande, et des objets immobiles de comparaison se présentent aux environs comme pour faire apprécier leur vitesse. Il n'en est pas de même de ceux de la haute mer, dont le navigateur éprouve souvent les effets sans en distinguer d'indices. Cependant des corps entraînés, quelquefois une teinte différente du reste des eaux qu'ils traversent, et une ligne sinueusement superficielle, formée d'écume et de débris flottans, servent à faire reconnoître certains courans des hauts parages. Nous avons plus d'une fois, de la pomme du grand mât, distingué au loin, sur la Mer tranquille, de ces traces sinueuses qui ressemblent aux cours d'eau dont on suit les replis au milieu d'une prairie dominée par quelque roc, du sommet duquel on contempleroit la campagne. Ces traces écumeuses doivent être soigneusement observées par les naturalistes voyageurs. Les débris qui les composent et qu'entraînent les courans marins, leur indiqueront la direction de ceux-ci. S'ils y trouvent dans la zône torride des productions du Nord, ils en concluront que le courant passe par le voisinage d'un cercle polaire ; si, au contraire, vers les glaces septentrionales, on y observe quelques fragmens de productions intertropicales, ils concluront que le courant vient du voisinage de l'équateur. Au milieu de la confusion des corps entraînés, les naturalistes pourront trouver des objets inconnus, mais alors ils doivent se garder d'indiquer le lieu de leur découverte, comme en étant la patrie.

La marche de certains courans pélagiens est aujourd'hui aussi exactement déterminée que le peuvent être sur une carte géographique le cours de la Seine ou celui de la Loire. Nous citerons comme exemple des courans marins le plus remarquable de tous, qui est le grand courant Atlantique septentrional, vulgairement appelé *Gulf-Stream*, dont une partie se trouve représentée dans la Planche huitième du présent Atlas. Il parcourt un cercle irrégulier, immense, de 3800 lieues au moins de circuit.

Des Canaries, vers lesquelles il circule à partir des côtes d'Espagne, il pourroit conduire en treize mois aux côtes de Caracas ; il met dix mois à faire le tour du golfe du Mexique, d'où il se jette, pour ainsi dire, par une accélération de vitesse, dans le canal de Bahama, après lequel il prend le nom de *courant des Florides ;* il longe alors les Etats-Unis et parvient en deux mois vers le banc de Terre-Neuve, qui doit peut-être son existence à ses dépôts, et que Volney a ingénieusement comparé à la barre d'un grand fleuve. Ce banc se trouve en effet au point de contact d'un autre grand courant septentrional, qui pourroit bien être déterminé par le fleuve Saint-Laurent. De Terre-Neuve aux Canaries, en passant près des Açores, et se dirigeant vers le détroit de Gibraltar, d'où il se courbe au sud-ouest, le Gulf-Stream achève de parcourir la fin de sa révolution, qui dure presque trois ans et dix ou onze mois. C'est dans l'intérieur de ce cercle que se rencontrent surtout ces amas flottans de Sargasses, dont furent si fort surpris ces premiers investigateurs du Grand-Océan, qui les signalèrent sur leurs cartes informes ; quand ces amas, portés par le balancement des flots, atteignent aux limites du courant, ils sont entraînés par lui jusqu'à ce qu'ils trouvent quelque point favorable à leur accumulation. Cette disposition se rencontrant surtout dans l'espèce de grand bassin que forment les Canaries, les îles du Cap-Vert et les côtes d'Afrique ; c'est dans cet espace que les Sargasses s'accumulent en im-

menses bancs flottans qui, d'après nos observations, paroissent n'avoir pas végété dans les profondeurs des parages sur lesquels on traverse ces sortes de forêts ou plutôt de prairies océaniques.

Un autre courant, qui part de l'équateur en se dirigeant au nord-est, se porte au fond du golfe de Guinée, et passant ensuite entre les îles du Prince, de Saint-Thomas et la côte voisine, se perd vers l'embouchure du Zaïre. On trouve un autre courant dans l'hémisphère austral dont nous avons observé la ligne écumeuse, et qui se dirigeant vers le Cap de Bonne-Espérance, s'y embranche avec un courant qui paroît venir du canal de Mozambique, doubler la pointe méridionale de l'Afrique et longer vers le Nord les côtes désolées qui s'étendent dans la même direction. Dans les mers de l'Inde, les courans paroissent alterner et suivre la marche des vents alisés ou des moussons. La Polynésie est remplie de courans contraires et peu connus, dont plusieurs sont fort dangereux. Du sud de la Nouvelle-Hollande partent encore de grands courans, et l'Océan Pacifique offre aussi son Gulf-Stream. En général, les courans partiels longent les côtes, tournent les caps et deviennent plus rapides dans les passages rétrécis. C'est ainsi qu'on en trouve de violens dans le détroit de Magellan et dans le canal de Mozambique. Dans le golfe de Gascogne on observe un courant très-sensible qui court au nord-est ; il reçoit, en suivant la côte de France, les eaux de la Garonne, de la Charente, de la Loire et de la Vilaine, et passant entre les îles et la côte de Bretagne, il va se perdre dans l'Océan. On assure que la Manche n'en offre pas de traces bien sensibles, non plus que le pourtour des îles britanniques. Le canal Saint-George, au sud duquel débouche la rivière de Bristol, devroit cependant en offrir un assez considérable, si l'on en juge par analogie. La côte du Labrador a son courant qui, dans toutes les saisons, se dirige du nord au sud. Depuis le mois de mai jusqu'en octobre, un courant de la mer des Indes se dirige dans le golfe Persique, qui semble se dégorger durant les six autres mois. En général, les courans, partis du grand Océan, se portent par les détroits dans les différentes mers intérieures ; c'est ainsi qu'on voit les eaux de l'Atlantique entrer dans la Méditerranée sous la forme d'un large courant, dont la vitesse est accélérée par le rapprochement des côtes. Les eaux affluentes, introduites par le détroit de Gibraltar, suivent la lisière septentrionale, tournent entre l'île de Crète et les côtes de Syrie, et baignant ensuite les côtes d'Afrique, s'enfoncent dans les régions inférieures de la Méditerranée, d'où elles ressortent par-dessous, de façon qu'entre la pointe méridionale de l'Espagne et l'extrémité septentrionale de l'empire de Maroc, il existe un courant supérieur et un courant inférieur. On observe un fait semblable dans le canal de Bahama.

L'on a pensé que le mouvement de rotation du Globe déterminoit les courans de la Mer ; si ce mouvement en étoit la vraie cause, tous les courans suivroient une même direction. Nous avons vu que plusieurs se dirigeoient perpendiculairement à l'écliptique, et que ceux qui se rapprochoient le plus de cette ligne, ne le faisoient qu'obliquement. Ce mouvement de rotation ne doit pas avoir plus d'influence sur les eaux que sur le continent, si ce n'est par rapport aux marées que nous ne considérons pas, ainsi qu'on l'a vu plus haut, comme l'effet des courans, mais comme subordonnées à l'influence sidérale.

La vitesse des courans est souvent très-rapide ; elle tient à la profondeur des vallées sous-marines qui les déterminent, et l'on peut supposer assez raisonnablement qu'à mesure que les mers diminueront et que les continens augmenteront, les courans deviendront de grands fleuves, dont plusieurs pourroient d'avance se figurer conjecturalement sur la mappemonde.

††† DES COURANS ATMOSPHÉRIQUES.

L'histoire de l'atmosphère ne rentre pas assez exactement dans la Géographie physique pour que nous en traitions ici, elle appartient plutôt à la météorologie ; mais il est plusieurs des phénomènes propres à cette enveloppe du Globe qui ont trop d'influence sur celui-ci, pour qu'il n'en doive pas être dit quelques mots dans la présente Illustration : telles sont les pluies dont il sera question au paragraphe où nous traiterons des eaux douces ; tels sont les vents, courans de l'air, qui doivent trouver leur place à la suite de ce qui vient d'être dit touchant les courans marins.

Les vents semblent procéder de la formation des nuages, ou, si l'on veut, de la condensation de l'humidité contenue dans l'air des contrées éloignées ; ils peuvent également naître de la pression que les nuages exercent sur les couches mobiles de l'air, et non-seulement ils nous indiquent l'existence de météores aqueux, mais encore ils les transportent à des distances considérables. L'apparition d'une de ces sortes de météores détermine toujours l'apparition ou la disparition de l'autre, selon que le courant trouve sur son passage une plus ou moins

grande masse de nuages, selon qu'il occasionne un changement plus ou moins grand dans la température et dans les autres circonstances physiques des couches qu'il traverse. Il n'est pas de remarque plus populaire que celle de l'influence de certains vents sur la sérénité du ciel. Les marins particulièrement ont, dans leurs observations routinières, des moyens plus certains que les savans avec leurs instrumens météorologiques ; car ils pronostiquent sur la production du plus léger mouvement de l'air, quel sera l'état du ciel pendant les heures qui suivront. Dans nos contrées, les vents du nord annoncent presque toujours un temps clair et sec, tandis que ceux du sud nous amènent infailliblement les nuages et la pluie. Le froid se fait plus sentir à la surface de la Terre lorsque les premiers soufflent ; les autres, au contraire, élèvent brusquement la température de plusieurs degrés. Ces variations de chaleur atmosphérique peuvent bien provenir de ce que les vents du nord traversent des zônes froides pour arriver à nous, et de ce que ceux du midi, au contraire, apportent avec eux le calorique des climats chauds qu'ils ont parcouru; mais il nous semble qu'on doit ajouter à cette cause celle du rayonnement de la surface de la Terre, qui, lorsque les vents du nord ont éclairci le ciel et que les couches supérieures de l'atmosphère sont très-froides, doit nécessairement, comme dans le cas de la rosée, y occasionner un abaissement de température. Les vents du midi, au contraire, chargeant notre atmosphère de nuages épais ou d'une énorme quantité de vapeurs aqueuses, empêchent que le rayonnement ne tourne au préjudice de la surface du Globe, puisque les nuages et les vapeurs dont la température est assez élevée, lui renvoient une quantité de calorique plus grande que celle qu'ils en reçoivent.

Feu M. Desmarest avoit fait graver, pour l'intelligence des articles qu'il préparoit sur le cours des vents, quatre cartes où l'on trouve indiquée, d'après les navigateurs les plus dignes de foi, la direction des Vents Alisés et des Moussons. On y voit d'abord (*Pl.* 4, 5, 6 et 7) ces vents alisés, marqués par de petites lignes parallèles, au travers desquelles sont lancées des flèches dont les pointes indiquent la direction du courant aérien : ces vents règnent, non pas exactement, comme on l'a dit, entre les tropiques, car on commence à les rencontrer dès le 30ᵉ. degrés nord et sud ; ils ne cessent d'acquérir de la force et de la fixité à mesure qu'on approche de la ligne. Ce n'est que depuis le travers de l'île de Mascareigne à la Nouvelle-Hollande qu'ils commencent au tropique du Capricorne ; mais dans cet Océan indien, dont le tropique traverse l'ouverture méridionale, ces *vents alisés* n'arrivent pas jusqu'à la ligne, et s'éteignent vers le 10ᵉ. degré, comme pour céder la place aux moussons ou vents alternatifs.

Les vents alisés, dans l'hémisphère sud, se dirigent constamment de l'est-sud-est, ou du sud-est aux points opposés du compas. Ce n'est que le long de la côte occidentale d'Afrique, jusqu'au fond du golfe de Guinée, qu'on en trouve une bande qui du large porte à terre, c'est-à-dire du sud-ouest au nord-est; cette bande peut avoir dix degrés en longitude, et l'on trouve ensuite comme une pointe alongée dans l'Océan atlantique du sud au nord jusque vers la ligne, qui demeure abandonnée aux calmes ou aux vents variables au milieu des vents alisés. Dans l'hémisphère nord, leur direction de l'est à l'ouest est beaucoup plus exacte: aussi les navigateurs qui partant de nos ports veulent gagner promptement les Antilles, se hâtent-ils d'atteindre le trentième degré, où les vents alisés les prenant pour ne les plus quitter, leur sont constamment favorables. Pour revenir, au contraire, il faut se hâter de s'élever au-dessus de la zône où ils règnent, et dans laquelle ils deviendroient contraires. Ce n'est guère que dans la partie de l'Océan Pacifique qui confine aux côtes du Japon, et dans les parties septentrionales de la Polynésie, que les vents alisés subissent un changement de direction qui s'exerce du nord-est au sud-ouest. Le long de l'Afrique, des Canaries, aux côtes de Guinée, ils semblent converger du large au rivage: au sud des îles du Cap-Vert, entre la Sénégambie et le Brésil, sous la ligne, ils cessent entièrement, et laissent un espace analogue à celui que nous avons indiqué entre le Cap de Bonne-Espérance et Sainte-Hélène, espace qui demeure frappé de calmes les plus désespérans pour les navigateurs.

Voici comment on explique la cause des vents qui viennent de nous occuper: Le soleil, dans les régions équatoréales, échauffe continuellement les couches d'air, les dilate à mesure qu'elles se présentent à son influence par le mouvement de rotation de la Terre; il se forme ainsi un équateur d'air dilaté, conséquemment plus élevé que le reste de l'atmosphère, et dont les couches supérieures n'étant plus soutenues latéralement, doivent retomber au nord et au sud-ouest des pôles. Pour remplacer cet air, qui forme un courant partant de l'équateur, un autre courant en sens contraire et inférieur au premier, s'établit des pôles à la ligne équinoxiale. Les particules d'air qui composent les couches inférieures ne possèdent d'abord qu'un foible mouvement de rotation, égal à celui des parallèles terrestres qu'elles abandonnent; mais comme elles arrivent en des lieux de la Terre où sa rotation est très-supérieure à la leur, elles sont renvoyées de l'ouest à l'est par les obstacles qu'elles rencontrent à la superficie du Globe, obstacles dont la vitesse de rotation est d'autant plus grande qu'ils se trouvent plus rapprochés de l'équateur. Quoique la cause qui produit les vents alisés doive agir aussi hors des tropiques, et jusque dans nos climats, son effet y est beaucoup plus foible à cause de la moindre chaleur du soleil et de la moindre différence des vitesses de la rotation; des variations accidentelles contribuent encore à rendre cet effet à peu près nul.

Les moussons n'existent guère que dans l'Océan indien; on les retrouve cependant dans la Méditerranée sinique et sur la côte de l'Amérique méridionale, depuis le tropique du Capricorne jusqu'au dixième degré, où, durant les mois d'avril, mai, juin, juillet et août, le vent se dirige constamment du sud-ouest au nord-est, tandis qu'en septembre, octobre, novembre, décembre et janvier, il souffle du nord-est au sud-ouest. Les moussons des mers indiennes nous paroissent être inexplicables, et rien n'est plus constant que leur régularité: on les trouve exactement indiqués dans les Pl. 5 et 6. Les marins s'y abandonnent avec une entière confiance; mais ils redoutent l'époque du changement des moussons, où se déclarent ordinairement les tempêtes et les ouragans, météores redoutables, par la violence desquels la plus paisible des mers du Globe est quelquefois bouleversée durant deux mois opposés. Des courans marins résultent de la continuité sexmensuelle des moussons.

Certaines îles élevées de la zône torride sont encore tempérées par des vents alternatifs appelés *vent de terre* et *vent de mer*, et qui, dans la durée d'un même jour, à des heures fixes, soufflent du centre à la circonférence, ou de la circonférence au centre; mais de tels courans d'air ont peu d'influence sur ceux de l'Océan.

§. IV. *De la profondeur de la Mer.*

Considérée sous ce point de vue, l'histoire de la Mer présente, à notre sens, l'une des plus grandes singularités qu'il soit possible de concevoir; on n'a pas une seule donnée précise pour déterminer quelle peut être la profondeur de la Mer, et cependant des auteurs graves l'ayant évaluée, ont calculé, à un pied cube, à une demi-livre près, pour

combien

combien la masse de ses eaux entroit, soit sous le rapport de la quantité, soit sous celui de la pesanteur, dans l'ensemble du Globe. Nous ne croyons pas devoir consacrer dans ce chapitre la moindre place à des évaluations qui ne sont basées sur rien de solide, et que l'énoncé le mieux précisé, accompagné des plus savantes formules algébriques, ne suffiroit pas pour élever au rang des vérités seulement présumables. On peut croire tout au plus que la Mer n'a point une profondeur indéfinie, et qu'elle forme simplement, à la surface du noyau solide dont les continens et les îles sont la croûte oxidée, une couche liquide comme y est l'atmosphère qui l'environne à son tour, ainsi que la terre : au-delà de cette présomption, rien n'est plus qu'incertitude.

On est parvenu, au moyen de la sonde, à trouver le fond de la Mer en beaucoup de points de son étendue ; mais la sonde elle-même ne produit pas toujours des données parfaitement exactes, surtout au-dessous de quatre ou cinq cents mètres ; des courans inférieurs peuvent la faire dévier ; la corde qui la retient doit finir par flotter, en déplaçant une suffisante quantité de liquide pour faire obstacle à son enfoncement ; et, dans beaucoup de cas, ce que l'on suppose le fond, marqué par le plomb, peut n'être encore qu'un point de la masse liquide où ce plomb, quelque lourd qu'il puisse être, flotte comme le feroit une bouchée à la surface.

Si l'on n'a pas des données précises sur la profondeur de la Mer ; si l'on a même élevé des doutes au sujet de sondages qui seroient parvenus à 4916 pieds, n'est-il pas encore prématuré d'établir quels sont les formes et les accidens de son lit ? On ne pourroit pas donner de carte topographique de la millième partie des terres habitées, et l'on a prétendu figurer le fond de la Mer ! On y a supposé des formes pareilles à celles de la surface des continens, et des géographes, abusant étrangement de la signification des mots consacrés, en ont décrit les montagnes avec leurs vallons, leurs plateaux et leurs anastomoses. On fit plus, on traça sur une mappemonde la figure que doivent présenter les chaînes sous-marines. Des copies de cette malheureuse conception ont été reproduites récemment avec éloge dans des atlas mis pour l'enseignement dans les mains de la jeunesse ; on y trouve gravées, à travers les plus grandes profondeurs de l'Océan, des *Alpes méridionales* et des *Alpes septentrionales* qui font le tour du Monde, lequel est divisé, selon la vieille routine, en quatre parties. Nul

doute que le fond de la Mer ne présente de grandes inégalités ; que ces inégalités n'influent sur les courans ; qu'en beaucoup d'endroits son lit ne s'encombre et ne s'élève au point qu'on peut deviner à quelle époque quelques-uns des points de ce lit deviendront des îles, ou se rattacheront aux continens : mais de tels accidens ne sont pas la preuve de l'existence des chaînes de montagnes dans le sens que l'on doit attacher aux mots *montagnes* et *chaînes* ; au contraire, c'est précisément le long des îles nouvelles, soit madréporiques, soit volcaniques, où l'on prétend reconnoître le sommet de ces chaînes imaginaires, que tout-à-coup la sonde ne trouve plus de fond : on en devinera la raison quand il sera question des hauteurs du Globe, et nous nous bornerons à faire remarquer ici, qu'au voisinage des côtes dites *Acores*, c'est-à-dire coupées à pic, la Mer est toujours là plus profonde, et qu'une plage basse, le long d'une contrée de plaines, indique qu'on peut trouver le fond jusqu'à de grandes distances.

§. V. *Distribution géographique des plantes et des animaux de la Mer.*

† DES PLANTES.

Comme les animaux de la Terre, ceux de la Mer sont subordonnés, dans leur distribution géographique, à celle des choses dont ils font leur nourriture ; les espèces herbivores y doivent être conséquemment plus sédentaires que celles à qui devient nécessaire une proie vivante ; les Hydrophytes qui servent de pâture aux herbivores de l'eau, attachent pour ainsi dire ceux-ci autour des lieux où ils croissent. Un savant qui s'étoit beaucoup occupé de ces plantes, feu le professeur Lamouroux, avoit tenté de tracer le plan de leur répartition. Cette partie des ouvrages qu'il nous a laissés fut trop hâtive, on ne possédoit pas alors assez de données sur la botanique marine pour entreprendre un pareil travail avec succès ; les richesses végétales provenues des voyages de MM. Gaudichaud, Durville et Lesson, ont renversé des théories légèrement établies qu'on avoit tenté d'introduire dans la science, et la classification des Hydrophytes étant elle-même encore informe, il seroit imprudent de hasarder même des aperçus sur la distribution de genres peu naturels, qui la plupart doivent être réformés. Cependant, pour mettre le lecteur sur la voie des essais qui ont été faits sur cette matière, nous rappellerons que M. Lamouroux rangeoit, sous le rap-

6

port des stations, les plantes marines dans les classes suivantes.

1°. Hydrophytes que la marée couvre et découvre chaque jour.

2°. Hydrophytes que la marée ne découvre qu'aux syzygies.

3°. Hydrophytes que la marée ne découvre qu'aux équinoxes.

4°. Hydrophytes que la marée ne découvre jamais.

5°. Hydrophytes qui appartiennent à plusieurs des classes précédentes.

6°. Hydrophytes qui ne croissent qu'à une profondeur de cinq brasses au moins, ou vingt-cinq pieds.

7°. Hydrophytes qui ne croissent qu'à une profondeur de dix brasses, ou cinquante pieds.

8°. Hydrophytes qui ne croissent qu'à une profondeur de vingt brasses ou de cent pieds.

9°. Hydrophytes qui ne croissent que sur des terrains sablonneux.

10°. Hydrophytes qui ne croissent que sur des terrains calcaires.

11°. Hydrophytes qui ne croissent que sur des rochers.

« Plus les côtes sont rapprochées, ajoutoit M. Lamouroux, plus leur végétation offre d'analogie : prenons pour exemple les mers du Nord. Il existe les plus grands rapports entre les plantes de la baie d'Hudson, de celle de Baffin, du Spitzberg, de l'Islande et de la Norvège boréale. La différence augmente avec les distances; la végétation marine du Danemarck et de Terre-Neuve, de France et des Etats-Unis, a moins de rapport que celle des côtes opposées sous le cercle polaire. L'on trouve cependant quelques espèces semblables dans des pays éloignés l'un de l'autre de plus de 1500 lieues; ils sembleroient liés par des bas-fonds qui existeroient entre l'Angleterre et l'Amérique septentrionale; leur végétation participe de celle des deux pays. Il n'en est pas ainsi de l'hémisphère austral : les terres y sont trop éloignées, et les Hydrophytes du détroit de Magellan n'ont plus d'identiques à la Nouvelle-Hollande ou sur la côte de Van-Diemen. »

Comme le nom du savant dont on vient de transcrire quelques lignes fait autorité, il importe de réfuter, avant qu'elles prennent possession d'état dans la science, les erreurs dont ces lignes sont remplies. 1°. Des rivages très-voisins produisent souvent une végétation totalement différente, lorsqu'adossés pour ainsi dire, ils dépendent de deux bassins différens quoique contigus : c'est ce que nous avons démontré lorsqu'il a été question de la Méditerranée colombienne. (*Voyez* pag. 25.) 2°. Ce n'est pas en raison de l'éloignement des rivages, mais en conséquence de leurs rapports réciproques, qu'on doit présumer la ressemblance de leur Flore marine, et non-seulement les Hydrophytes de l'Islande, du Spitzberg, de la Norvège boréale, se ressemblent beaucoup, mais la ressemblance s'étend bien plus loin : Terre-Neuve, le nord de l'Ecosse et la Méditerranée de Béring, principalement sur les côtes du Kamtchatka, y participent très-sensiblement. 3°. Ce qui pourra surprendre les personnes qui attachent beaucoup d'importance aux distances, et dont cependant nous avons récemment acquis la certitude, c'est que la végétation marine des Etats-Unis d'Amérique et de l'Europe est beaucoup plus analogue sous les mêmes latitudes, que cette végétation sur nos côtes occidentales de France ne l'est avec celle des rivages méditerranéens du Languedoc et de la Provence. 4°. Rien n'autorise à supposer l'existence de ces basfonds de liaison qui contribueroient à propager sous les eaux des plantes anglaises en Amérique; on ne croit plus en géographie à ces chaînes sous-marines dont on surchargeoit les mappemondes vers la fin du siècle dernier; 5°. Enfin, loin que, dans l'hémisphère austral, la botanique marine soit totalement différente à de grandes distances, et qu'on ne trouve aucune identité entre les Hydrophytes des terres de Magellan, de la Nouvelle-Zélande et de la côte de Van-Diemen, nous trouvons une ressemblance frappante entre la végétation de toutes les pointes méridionales des terres de l'hémisphère austral. Les îles Malouines, le Cap Horn, les côtes du Chili, la Nouvelle-Zélande, l'Australasie du Sud, et jusqu'au Cap de Bonne-Espérance, présentent des rapports frappans quand il n'y existe pas une identité parfaite.

C'est ici le lieu de soumettre aux navigateurs naturalistes qui voudroient s'occuper de l'histoire de la Mer sous le rapport de la station des créatures végétantes qu'elle nourrit, diverses considérations relatives à la coloration de ces créatures. C'est d'une profondeur d'à peu près 200 pieds en arrivant aux Canaries, que MM. de Humboldt et Bonpland retirèrent cette précieuse Caulerpe à feuilles de vigne, si remarquable par sa belle couleur verte. C'est de 500 pieds environ aux approches de la terre de Leuwin, que Maugé et Péron ramenèrent, au moyen de la drague, des Rétépores, des Sertulaires, des Isides, des Gorgones, des Eponges, des Alcyons, des Fucacées et des Ulves brillantes de phosphorescence qui manifestoient une chaleur sensible. C'est de 600 pieds environ qu'entre les îles de France et de Mascareigne, nous obtînmes une touffe enracinée de *Sargassum turbinatum*, en tout semblable à celle que nous avions recueillie au rivage; c'est enfin après 1100 pieds, par 79 degrés de latitude nord, à 80 milles des côtes du Groënland, que fut déraciné par un baleinier, ce Polype extraordinaire figuré par Ellis (*Act. Angl.* 48. p. 305. t. XII, et *Coral.* t. 37.), et devenu le *Pennatula encrinus* (*Syst. nat.* XIII. t. 1. p. 3867.), animal de six pieds de long, gigantesque dans sa tribu, ombelle vivante formée d'hydres qui brilloient de la plus belle teinte jaune; autre preuve qu'un être organisé peut se colorer sans la participation du jour, à moins qu'on n'admette que des rayons de lumière pénètrent jusque dans l'abîme.

Le physicien qui voudra vérifier ce qui en est, remarquera que vers la surface des eaux, brillent de toutes les couleurs de l'arc-en-ciel les tentacules de ces Actinies, que leur beauté changeante fit appeler *Anémones de mer*, nos Iridées, des Padines en plumes de Paon et des Cystosceires, produisant l'effet du prisme; le carmin tendre, le bleu d'azur, y parent des Méduses, les Physales, les appendices des Porpites, des Thalies et des Glaucus, tandis que les Béroés et les Amphinomes y agitent leurs cirres étincelantes. Au-dessous de cette zône presque superficielle, où pénètre en se décomposant et pour colorer fortement les corps chaque série de rayons lumineux, apparoît la multitude des Fluridées, où le rouge avec le pourpre étalent toutes leurs nuances, ainsi que le corail couleur de sang, qui commence avec cette zône. Le vert tendre, mais souvent si brillant, qui pare les Ulves et les Conferves depuis la surface des marais, règne indifféremment dans les deux couches pour persévérer jusqu'à la plus grande profondeur, où elle s'est retrouvée sur le *Caulerpa vitifolia*. Le brun-jaunâtre, qu'on remarque plus superficiellement encore, par l'apparition des espèces du genre *Lichina*, humectées seulement contre les flancs des rochers riverains par l'écume des vagues durant la haute marée, persiste au-dessous de la région de verdure, puisqu'imprimant sa monotonie à la plupart des Fucacées, des Spongiaires et des Sertulariées, nous l'avons observé dans une Sargasse croissant vers 600 pieds d'enfoncement; le jaune pur, qu'on ne trouve guère dans la région superficielle, ne se montre que plus bas, où il dore, à 236 brasses, ce *Pennatula encrinus*, devenu l'*Umbellularia Groenlandica* de M. de Lamarck. Quant au blanc pur, on ne l'a point encore observé dans les Hydrophytes ou dans les Polypes, mais peut-être le doit-on rencontrer, si l'on parvient jamais à sonder jusqu'aux plus grandes profondeurs. Alors le blanc formeroit, s'il est permis d'employer cette comparaison, les deux extrémités du diapason de la coloration pour les productions des eaux, à la surface marécageuse desquelles s'épanouissent en corolles d'albâtre les fleurs de Nénufar, de l'Hydrocaride et des Renoncules aquatiles.

†† ANIMAUX INVERTÉBRÉS.

En même temps que les premiers Hydrophytes et des animalcules improprement appelés *Infusoires*, se développèrent primitivement au sein des eaux, et par la raison qui fait que les plantes aquatiques, croissant à de grandes distances les unes des autres, présentent plus d'analogie entr'elles que les Phanérogames, les Microscopiques, que nous nous plaisons à nommer les ébauches de l'existence animale, durent préparer de bonne heure l'existence des Poissons. Ils sont à peu près les mêmes à toutes les latitudes, du moins en avons-nous observé d'identiques sur divers points du Globe, où nous avons appelé le verre grossissant au secours de nos foibles organes; nous avons observé les mêmes Navicules, des Cercaires et des Volvoces pareils dans les eaux du Niémen et dans celles de l'île de France. Des animalcules obtenus de l'infusion de corps organisés rapportés de Terre-Neuve, du Japon, de la Nouvelle-Hollande, de la presqu'île de l'Inde, des Antilles et de l'Amérique méridionale, nous ont, comme on l'a vu plus haut (pag. 22), donné les mêmes animalcules, avec un petit nombre d'espèces différentes propres à chacune de ces infusions, espèces qui, peut-être recherchées de nouveau, se retrouveront ailleurs comme les autres. Nous en avons conclu que le mode d'organisation animale dans la plupart des Microscopiques étoit le même en chaque lieu dans les circonstances pareilles; plus compliqués, les Acalèphes sont moins les mêmes dans les diverses régions de l'Océan. Le nombre en paroît augmenter vers les régions équatoréales. C'est là aussi que les Polypiers préparent de grands changemens dans la figure et dans la profondeur des mers, ils s'y multiplient en quantités énormes; leur superposition forme des écueils, effroi du navigateur, là même où la sonde ne trouvoit naguère point de fond. Les petites espèces de Polypiers flexibles paroissent être plus fréquentes dans les régions tempérées; leurs dimensions diminuent à mesure qu'on approche des pôles; elles augmentent au contraire dans les mers chaudes, qui seules produisent ces magnifiques Madrépores, ces élégantes Gorgones, ces Antipathes en arbustes ou bien en éventail, dont nos collections d'histoire naturelle empruntent de si beaux ornemens. Les Eponges sont aussi plus nombreuses vers l'équateur ; quelques-unes persistent jusque sur nos côtes ; elles disparoissent entièrement dans les régions glaciales. Les Acalèphes, d'une animalité presque problématique, n'ayant pas, comme les Polypiers, besoin d'appui, et ne végétant pas à l'égal des Hydrophytes, s'égarent à la surface des mers, où l'on rencontre les Médusaires particulièrement, isolées ou par bancs considérables. La plupart ne s'éloignent pas de l'équateur ; d'autres ne flottent qu'en dehors des tropiques. Un petit nombre d'espèces est propre aux mers circumpolaires, où les individus de ces espèces se multiplient à l'infini, comme pour attirer dans les parages qu'ils remplissent, des bandes innombrables de Clupées et de Gades qui s'en nourrissent, et qui, à leur tour, attirent des Squales avec des Cétacés qui les dévorent.

Ces Acalèphes informes sont souvent teints des plus belles nuances d'un azur qu'ils empruntent du milieu dans lequel on les voit flotter. La plupart répandent, au sein des nuits, des lueurs phosphoriques qui trahissent leur existence. Dans ces parages de la ligne, où des calmes désespérans arrêtent si souvent les vaisseaux, on en rencontre fréquemment des légions innombrables que le moindre grain fait disparoître ; ces légions ne se revoient que lorsque l'orage est passé. A quelles profondeurs se retirent-elles ? Des Acalèphes et des Polypiers peuplent-ils aussi les abîmes de l'Océan ? Nulle expérience certaine ne peut fixer nos idées sur ces points de Géographie naturelle, mais on voit déjà des Polypes succéder aux Microscopiques dans les eaux douces ; la terre n'en sauroit produire d'aucune espèce.

Comme si les Psychodies, les Polypiers, les Mollusques et les Conchifères eussent tous originairement été conçus par l'Océan, le nombre des espèces appartenant aux basses limites de l'animalité est bien plus considérable dans les mers que dans les eaux douces ; aussi trouve-t-on à peine quelques Spongiaires, des Vorticellaires, des Hydres, des Alcyonelles dans nos lacs et dans les marais, pour les mettre en parallèle avec tant d'autres créatures analogues qui composent la Faune pélagienne, et l'on peut ajouter que le nombre des coquilles fluviatiles et terrestres n'est pas à celui des coquilles marines dans l'état actuel de nos connoissances, comme un à vingt. On ne sait rien de satisfaisant sur la distribution des Mollusques dans l'Univers ; on n'en rechercha long-temps que la demeure brillante, objet de commerce ; les coquilles s'accumuloient de tous les points du Monde chez les curieux, sans qu'on tînt compte de leur *habitat*, et dans l'Essai qu'a donné M. le baron de Ferussac (tome VIIe. du *Dictionnaire classique d'Histoire naturelle*) sur la répartition géographique des Mollusques, on ne trouve guère qu'une longue liste d'ouvrages où il fut question de Mollusques, avec des axiômes qui ne présentent de particulier que la manière dont l'auteur les a numérotés. A cet égard, comme sur mille autres points des sciences naturelles, nous demeurons dans une ignorance à peu près complète. Les Echinodermes sont essentiellement marins, ainsi que les Acalèphes fixes ou libres ; ils sont du nombre des êtres qui apparurent les premiers dans l'Univers : les restes de ceux que leur mollesse ne condamnoit pas à une prompte dissolution, sont les plus anciens monumens qui nous soient restés de l'organisation animale en son berceau. Des Eponges et jusqu'à des Alcyons sont devenus, malgré le peu de consistance de leur tissu, comme des médailles d'un monde primitif d'essai, dont la physionomie ne devoit avoir que peu de rapports avec celle du monde actuel perfectionné, et même d'un monde des temps intermédiaires.

††† ANIMAUX VERTÉBRÉS.

Aux débris dont il vient d'être question, et auxquels succèdent ceux de quelques Crustacés, succèdent plus tard encore ceux de Poissons, puis ceux de Reptiles, animaux vertébrés des eaux, qui dûrent s'y montrer quand les Hydrophytes, les Polypes, les Acalèphes et les Mollusques destinés à les nourrir, s'y furent suffisamment multipliés. Les Poissons, beaucoup plus que ces êtres, leurs prédécesseurs, sont doués de moyens de dispersion ; aussi la patrie de chaque espèce est-elle chez eux moins limitée que celle des animaux terrestres et des autres créatures marines. Plusieurs sont des cosmopolites qu'on retrouve depuis un pôle jusqu'à l'autre et sous tous les méridiens. La plus grande égalité de température des eaux explique comment beaucoup de Poissons purent sans inconvénient passer à travers les trois zônes. A la facilité de traverser sans obstacle un élément où l'influence du froid et du chaud paroît être peu considérable, le Poisson joint l'avantage de trouver à vivre partout : souvent égaré à la poursuite de sa proie, il s'éloigne de plusieurs centaines de lieues du point qui le vit éclore ; il peut jeter son frai en tout climat où le besoin de se reproduire vient à le surprendre ; il colonise ainsi son espèce. Les races qui voyagent par troupes doivent être celles qui se déplacent le plus et qui sont répandues en un plus grand nombre de lieux ; consommant beaucoup sur leur route, elles changent de canton pour trouver une nourriture suffisante, comme le font ces peuples pasteurs qui sont obligés de voyager de pâturages en pâturages : c'est aussi dans toute l'étendue de l'Océan septentrional qu'on trouve ces Morues et ces Harengs, dont l'Homme et les Poissons voraces ne peuvent diminuer le nombre, malgré la guerre acharnée qu'ils leur font ; les espèces qui vivent sédentaires, se tiennent entre les limites au contraire restreintes ; plusieurs ne quittent pas le fond ou la plage qui leur produit un genre de nourriture approprié. C'est par cette raison que les Chœtodons, par exemple, qui se plaisent entre les rochers couverts de Madrépores, s'éloignent peu de la Torride où croissent ces ornemens de la Mer ; mais plusieurs de ces espèces domiciliées se trouvent indentiquement les mêmes sur les côtes du Brésil, dans les parages arabiques et dans cette Polynésie indienne dont les écueils se multipliant chaque jour, préparent sans cesse des îles nouvelles. On ne peut cependant supposer que de telles espèces coutumières des rivages aient pu se hasarder à traverser la profondeur pélagienne pour se coloniser, et l'on doit conclure qu'elles ont été créées en plusieurs lieux à la fois, ainsi qu'ont dû l'être toutes les espèces identiques qui se retrouvent séparées à des distances énormes, par des obstacles physiques insurmontables.

C'est ici le lieu de remarquer combien l'homme, dont nous avons déjà signalé le pouvoir sur la physionomie des continens (pag. 9), a contribué à changer celle des eaux. Nous ne citerons pas ces Cyprins brillans que, de la Chine, il répandit dans toutes les eaux douces de l'hémisphère boréal, ces Gouramis que de l'Inde il transporta jusque dans les rivières des îles américaines, ces Marènes qu'un roi philosophe, poète, guerrier et amateur de bonne chère, introduisit dans les lacs de la Poméranie ; nous ne parlerons que des races puissantes ou carnassières de l'Océan, que les navigateurs ont presque partout dépaysées. Les Requins demeuroient originairement confinés entre les tropiques, et de grands Cétacés habitoient les mers de notre zône tempérée. Ce fut dans la Méditerranée que les Anciens connurent la Baleine, et sur les côtes de la France aquitanique que les Basques lui firent d'abord la guerre. Les voyageurs qui, sur les traces des Gama et des Colomb, se fami-

liarisèrent avec le passage de la ligne ou des tropiques, en rencontroient fréquemment, et voyant le Requin jusqu'alors ignoré, admiroient la force et la férocité de cet animal des mers les plus chaudes ; mais les expéditions de pêche étant devenues familières à une multitude de peuples, qui, avant le quinzième siècle, ne possédoient pas une nacelle, les procédés pour conserver le Poisson s'étant multipliés pour en répandre la chair dans toute l'Europe, où la religion en fait une nourriture obligée deux fois la semaine, et durant une quarantaine de jours d'abstinence, les Poissons poursuivis sans relâche, s'éloignèrent des côtes où tant de dangers les menaçoient ; les Baleines également tourmentées suivirent leur proie, pensant éviter leurs ennemis. Le Nord devint pour elles une nouvelle patrie, où les Européens les atteignirent encore : on les y voit de nouveau diminuer de nombre, et chercher quelque sécurité en d'autres parages, où les pêcheurs les atteindront toujours. Quant aux Requins, ils s'aperçurent bientôt que les vaisseaux, desquels d'abord ils s'étoient effrayés, portoient des hommes sujets à mourir pendant leur traversée, et de qui les flots devenoient le sépulcre ; ils suivirent ces vaisseaux, dont les ordures leur assuroient aussi des repas ; ils suivirent surtout ceux qui faisoient le commerce de chair humaine, et c'est ainsi qu'ils se sont répandus d'un Monde à l'autre, et du Midi au Nord. Nous les rencontrons aujourd'hui dans la Manche, où nos aïeux n'en virent jamais.

Si les Poissons grands nageurs de l'eau salée ont pu se répandre dans toutes les mers, il en est autrement de ceux des eaux douces. Comment ceux-ci ont-ils pu se propager d'un lac dans un autre, et peupler d'espèces identiques des fleuves sans aucune communication entr'eux, et que séparent d'inaccessibles monts ou de brûlans déserts ? L'examen de cette question est de la plus haute importance ; nous avouons notre insuffisance pour la résoudre ; il suffira de faire remarquer ici, qu'alors que le Brochet vulgaire de l'Europe (*Esox Lucius* L.) a été retrouvé par M. Bosc dans les eaux douces de l'Amérique du Nord, et que nous avons observé dans les rivières de Mascareigne notre Anguille commune (*Murena Anguilla* L.), le Gobie Arrona est comme cantonné dans les ruisseaux d'Otaïti, et n'a point été trouvé ailleurs. Les premiers de ces animaux auroient-ils été formés en plusieurs lieux à la fois, et le Gobie Arrona n'auroit-il apparu que sur un point du Globe seulement ?

Aux Poissons succédèrent enfin les Reptiles aquatique, essai d'un ordre de création plus avancé.

Les premiers Reptiles des eaux, dont on trouve les débris dans certaines couches du Globe, furent de la plus grande taille. Le Monitor de Maëstricht, pris par Faujas pour un Crocodile, et les Gavials primitifs, surpassoient en longueur les plus grands Crocodiles de nos jours. Les Plésiosaures et les Ichtyosaures atteignoient presque à la longueur des Baleines. Un Protée d'alors avoit de telles proportions, que des savans du dernier siècle en ont pris les restes pour ceux d'un contemporain du patriarche Noé.

Nous ajouterons à ce paragraphe de notre Illustration des cartes de la Géographie physique que M. Desmarest avoit fait graver (*voyez* Pl. 8), un plan de la route que tiennent les Harengs dans le nord de l'Océan atlantique. Ce qui en est tracé n'est pas entièrement conforme à ce qu'en dit le même savant au mot HARENG du Dictionnaire, mais n'en paroît pas moins être assez conforme à ce qu'on sait des migrations de ces Poissons, qui, partant des régions du cercle polaire arctique, à l'est de l'Islande, font le tour des îles britanniques, débouchent dans la grande Mer par la Manche et par le canal Saint-Georges, pour passer au couchant de Madère, descendre obliquement jusqu'au-dessous du vingtième degré, tourner alors vers l'ouest pour remonter en dehors des Antilles le long des côtes de l'Amérique, et pour revenir enfin à leur point de départ en longeant le sud de Terre-Neuve.

§. VI. *De la diminution des Mers.*

Sur quelque point du Globe qu'on porte ses regards, on aperçoit des traces irréfragables de l'antique séjour des eaux. Aux cimes sourcilleuses des Pyrénées, des Alpes et du Caucase, dans l'ancien Monde, sur celles des plus hautes Cordillères, dans le nouveau, existent des bancs coquilliers ou d'autres débris d'animaux marins. Frappés d'étonnement à la vue de telles reliques d'un Océan qui dut tout recouvrir, les hommes qui, les premiers, y devinrent attentifs, imaginèrent de grands cataclismes pour expliquer leur transport sur les montagnes. L'usage d'appeler au secours de notre ignorance quelqu'intervention surnaturelle pour expliquer le fait, s'est perpétué depuis les âges primitifs jusqu'à nos jours; il n'est pas un livre, entre ceux même où la possibilité de changemens à vue, dignes de l'Opéra, se trouve justement vouée au ridicule; où, néanmoins, les mots de déluge universel, de grandes révolutions physiques, et de cataclismes, ne soient parfois employés comme argumens. Il seroit temps, cependant, de faire disparoître toutes suppositions gratuites du langage réservé, qui seul convient dans la science : il est incontestablement arrivé à la surface du Globe des brisemens de terre, des irruptions de mer, des ruptures de lacs, des débordemens de fleuves, des écartemens de montagnes, des engloutissemens et des formations d'îles volcaniques, des écroulemens de rochers, et jusqu'à des bouleversemens qui purent changer les rapports qu'avoient entr'elles de vastes régions continentales; mais ces catastrophes toutes locales, prodigieuses par rapport à notre petitesse microscopique dans l'immensité de l'Univers, n'y ont pas opéré de subversion totale. La destruction de la grande Atlantique elle-même, à laquelle nous croyons fermement, ne fut pas, sur le Globe, un événement proportionnellement plus important que ne le seroit à la surface de l'Europe, ou dans les forêts marécageuses du Canada, la destruction d'une fourmilière ou d'une cité de Castors. Lorsque le détroit de Gibraltar se forma, quand l'Angleterre se sépara du continent, si quelques cabanes d'Atlantes ou de Celtes s'élevoient sur les portions de terre qu'entraînoient les flots, le petit nombre d'habitans qui purent échapper au désastre ne manquèrent pas de croire à quelque perturbation survenue dans l'ordre de la Nature : ils attribuèrent au courroux des dieux l'épouvantable destruction de leur patrie; ils se soumirent à des expiations, élevèrent des autels dans l'espoir d'appaiser le Ciel, au nom duquel leurs prêtres ne manquoient pas de promettre que de semblables malheurs ne se renouvelleroient pas, tant que les peuples s'abandonneroient aveuglément aux volontés d'en haut, qu'ils se réservoient de transmettre et d'interpréter. Cependant des déchiremens pareils, ou même plus dévastateurs, ont eu lieu en mille autres points du Globe; mais selon que le théâtre de ces événemens étoit ou non peuplé, ils demeuroient ignorés, ou bien l'histoire en perpétua le souvenir. Il seroit facile de remonter à la source de chaque tradition de déluge en examinant l'état physique des lieux que ces prétendus déluges dûrent noyer. On verra dans cet ouvrage sur quel point de l'Afrique se reconnoissent les traces du déluge dont il est fait mention dans les anciens livres des hommes d'espèce arabique (*voyez* RACES D'HOMMES au Dictionnaire). Les autres déluges dont parle l'histoire profane eurent probablement lieu lors de l'irruption de la Mer-Noire dans la Propontide, et de celle-ci dans la Méditerranée proprement dite, à travers la contrée qui s'entr'ouvrit de toutes parts pour devenir la Mer-Egée.

L'usage d'expliquer par des déluges universels le séjour des flots au-dessus des plus hautes montagnes étoit bien digne de l'esprit grossier des temps primitifs, où des hommes abrutis par la superstition s'en pouvoient seuls contenter. Mais on a peine à concevoir comment on y revient encore aujourd'hui. En admettant qu'une cause subite eût pu ajouter à la masse des mers une quantité d'eau suffisante pour que les plus hautes montagnes en fussent recouvertes, et qu'une si grande inondation eût disparu assez promptement pour que Deucalion et Pyrrha, par exemple, échappés miraculeusement au désastre, aient eu le temps de repeupler la Terre telle qu'elle est, on seroit toujours dans l'impossibilité de rendre raison d'une multitude de faits géologiques dont l'examen prouve que beaucoup de calme et des milliers de siècles furent nécessaires pour façonner, sous les eaux, la croûte du Globe où nous vivons. Dans ces amas de pétrifications, qui n'ont pu se former qu'au sein des mers primitives, et qui sont si élevés au-dessus des mers actuelles, on n'observe rien dont la répétition n'ait lieu dans les amas analogues que nous voyons se former maintenant sur nos rivages ou dans les profondeurs océaniques. Des Polypiers pierreux et des coquilles se superposoient alors, une génération couvrant de ses débris les débris d'une génération précédente, et ainsi de suite, en formant des couches régulières mêlées tout au plus avec d'autres couches de sédimens paisiblement déposées et généralement parallèles entr'elles, toutes les fois que des causes locales ne venoient pas déranger l'ordre naturel. Les bancs calcaires, pénétrés de débris jadis animés, aux plus grandes élévations où les naturalistes en aient observé, ne présentent-ils pas absolument la même physionomie que les falaises de nos bords, ou que les récifs qui, dans les parties chaudes de l'Océan Pacifique, s'élèvent journellement et ne tarderont pas à fournir des supplémens à la Terre ?

Réaumur, observateur ingénieux autant que circonspect, remarqua le premier, dans certains faluns, que si les coquilles dont ces faluns se composent y eussent été brusquement accumulées, on les trouveroit toutes entassées confusément et sans ordre ; ce qui n'arrive pas, puisque la plupart sont placées dans la position où elles dûrent vivre et mourir par le seul effet de l'âge. Cette découverte fut des plus fécondes, et les naturalistes que n'enchaînoit aucun préjugé, commencèrent à distinguer dès-lors dans les prétendus monumens

de confusion qu'on disoit dater d'un cataclisme assez récent, l'effet des siècles et du repos ; ils y virent surtout les preuves de cet ordre inaltérable établi dans le vaste ensemble de la Nature, où le temps, qui manque sans cesse à l'accomplissement de nos œuvres, demeure éternellement à la disposition de la puissance créatrice, laquelle n'éprouva jamais la triste nécessité de compter avec cet agent, pour changer, modifier ou consolider le produit de ses conceptions.

Ainsi, nul cataclisme universel ne put, de mémoire d'homme, bouleverser la surface entière du Globe, et si les méticuleux trouvoient que cette assertion porte en soi quelque témérité, nous leur répondrions que l'Histoire du déluge universel dans les livres sacrés, ne concerne qu'une partie de la Terre, celle qui s'étend vers l'Abyssinie et le détroit de Babelmandel ; et ce seroit dans ces livres mêmes que nous trouverions les preuves irréfragables du séjour primitif des mers autour du Globe entier. Les Pères de l'Eglise les y ont reconnues ces preuves ; et nous pourrions appeler à l'aide de notre opinion S. Jean Damascène, S. Ambroise, S. Basile, et le grand S. Augustin particulièrement. L'ESPRIT DE DIEU, abstraction sacrée qu'on peut ici traduire par sa VOLONTÉ CRÉATRICE, se mouvoit alors à la surface des eaux, et rien ne sauroit être plus conforme à ce qui résulta de son mouvement impulsif dans la création, que cette RÉVÉLATION précieuse.

Mais que sont devenues les eaux environnantes, ont demandé les incrédules ? Quelques auteurs ont imaginé, pour leur répondre, qu'il s'étoit tout-à-coup formé de profondes cavernes dans le sein de la terre pour en engloutir la surabondance ; d'autres ont eu recours à l'évaporation. Van-Helmont, que ses contemporains ne comprenoient pas, et qu'ils regardèrent comme un extravagant, parce que son génie le rendoit déjà contemporain d'un siècle plus éclairé, Van-Helmont entrevit le pourquoi de cette diminution des eaux que les docteurs expliquoient par des impossibilités ; il en trouva les causes dans une sorte de décomposition chimique, et l'immortel Newton adopta les idées du savant Belge, puisqu'il pensoit « que les parties solides de la Terre s'accroissent sans cesse, tandis que ses parties fluides diminuent journellement, et qu'elles disparoîtront enfin totalement du Globe terrestre, comme elles semblent avoir disparu du Globe lunaire, où n'existe plus même d'atmosphère dans le genre du nôtre, c'est-à-dire composé de fluides vaporisés. » D'où ces petits Radiaires muqueux, à peine visibles, et dont les parties molles se dissolvent si aisément, pourroient-ils tirer les matériaux des bancs énormes dont ils encombrent l'Océan en entrelaçant leurs rameaux de pierre? D'où les Mollusques et les Conchifères, entre lesquels une valve de Tridachne peut contenir autant de phosphate calcaire que dix squelettes humains, pourroient-ils tirer les élémens de leurs coquilles destinées à former des pierres de taille? Enfin, d'où tant d'autres créatures dont l'organisation repose sur un système osseux et solide, tirent-elles les principes dont leurs os et leurs parties solides se composent? La succession de toutes ces créatures fut la cause de la diminution qui nous occupe, et nous répétons ici ce que nous disions dans l'un de nos précédens ouvrages, parce qu'il est de vérité qu'on doit reproduire jusqu'à ce que personne ne le conteste plus. « Les êtres organisés ne semblent être doués de la faculté nutritive et organisatrice, en vertu de laquelle ils croissent et se perpétuent, que pour préparer durant leur vie des augmentations au règne minéral. Ainsi le fœtus de tout animal que soutient une charpente osseuse, où le Mollusque et le Conchifère naissant n'offrent dans leur état rudimentaire aucune trace de phosphate calcaire, doivent, en se développant, préparer une plus ou moins grande quantité de cette substance qu'à l'heure de la mort les uns et les autres rendront au sol : ainsi parmi les plantes, la Prêle avec ses aspérités rugneuses, les Graminées avec leur enduit vitreux, le Bambou avec son tabaxir, auront également préparé de la silice. Tout végétal, tout animal devant laisser après lui, et pour monument de son existence, une quantité quelconque de détritus appartenant au règne inorganique, peut donc être comparé à ces appareils que l'homme, rival de la Nature, imagina pour changer en apparence la substance des corps, et par le secours desquels il fait du verre avec des métaux, des huiles essentielles avec des plantes, et du noir d'ivoire avec des os. » Celsius, que nous avons déjà cité au sujet de l'abaissement de la Méditerranée Baltique (pag. 21), attribuoit cet abaissement à la décomposition de l'eau, opérée par la végétation qui la convertit en parties solides, d'où résultent des parties terreuses par la putréfaction des végétaux. « Cette opinion de Celsius, dit Patrin, qu'il est permis de citer quand il ne s'égare pas dans ses volcans, est aujourd'hui prouvée par l'expérience, et l'on peut y joindre comme preuve l'action vitale des testacés et autres animaux marins à enveloppe pierreuse, qui,

suivant l'opinion de Buffon, ont la propriété de convertir l'eau de la Mer en terre calcaire. » En effet, n'a-t-on pas vu dans ce qui a été dit sur la nature des eaux de la Mer, que tous les élémens de création se trouvoient comme dissous dans ces eaux, afin qu'ils y pussent servir de base à la spontanéité des premières créatures d'essai, dans un milieu où la mobilité ajoute aux chances de rapprochemens nécessaires pour déterminer les divers modes d'organisation rudimentaire ?

En reconnoissant l'intervention de la vie et des siècles dans la diminution des eaux de la Mer, on sent que cette diminution n'a pu être que graduelle et très-lente. Elle a lieu sans altérer cet équilibre, l'une des premières nécessités résultantes des lois de la Nature, en vertu duquel les fluides recherchent le niveau ; aussi les mers ne s'abaissent pas de la plus petite portion de leur masse, que l'abaissement ne soit réparti proportionnellement dans toute sa superficie ; c'est en vertu de cette règle, que d'immenses quartiers de rocs, obéissant aux soulèvemens, occasionnés au fond d'un océan primitif sans bornes par des volcans sous-marins, dûrent apparoître successivement au-dessus de cette superficie, en raison de leur élévation qui avoit eu lieu aux dépens de la substance même de la croûte planétaire ; ces vastes fragmens de la roche vierge n'étoient point encore encroûtés de substances calcaires préparées par une antique animalité : aussi sont-ils devenus chacun, l'un après l'autre, les sommets de ces montagnes que nous appelons *primitives*, parce que l'on n'y reconnoît rien qui ait vécu. Entre les fissures occasionnées dans le fond des mers par ces volcans dont la chaleur pouvoit encore contribuer, si loin de l'influence solaire, au développement des premiers Hydrophytes, des premiers Polypiers et des premiers coquillages ; ces premières créatures, en quelque sorte préparatoires, commencèrent à se propager abondamment, protégées qu'elles étoient contre la violence d'un courant général qui devoit agir, d'abord sans obstacle en sens inverse de la rotation du Globe. Les pentes des Alpes naissantes leur offroient aussi des asyles où, par l'accumulation de leurs restes, se sont préparées ces plus anciennes formations calcaires que nous voyons aujourd'hui s'appuyer aux grands systèmes de montagnes, amas de rochers qui furent éternellement bruts et de rochers où les moindres particules vécurent, et dont les crêtes étoient dès-lors tellement battues des vagues, que nul être organisé ne s'y pouvant attacher, ces crêtes chenues sont demeurées sans fossiles comme pour nous faire connoître de quelles roches

roches se compose la croûte réelle du Globe, à laquelle la succession de ses habitans n'ajouta qu'une croûte factice et moderne en comparaison du support.

Nous sortirions du cadre que nous nous sommes tracé dans cette Illustration, si nous entreprenions de suivre dans tous ses effets une diminution dont rien n'interrompt le cours. D'après ce qui vient d'être établi, il est peu de faits généraux en géologie qui ne s'expliquent aisement; il ne nous reste qu'à faire voir que s'il existe en quelque point du Globe des accidens d'où l'on ait pu inférer que les mers changeant de place, diminuoient en divers lieux et s'accroissoient en d'autres, de tels accidens sont eux-mêmes des preuves en faveur de la diminution graduelle et continue dont on a précédemment établi la théorie; en vain l'on argueroit encore d'Aigues-Mortes, qui n'est plus un port, et des inondations si fréquentes en Hollande, pour soutenir que si la Mer perd d'un côté, elle gagne de l'autre. Cette vieille erreur, comme tant d'autres adages, n'est un point de fait que pour l'ignorance routinière.

La Hollande, à l'embouchure du Rhin et de ses grands affluens, comme l'île de la Nogat, à l'embouchure de la Vistule, se compose d'alluvions formées aux dépens des montagnes d'où naissent la Vistule et le Rhin, ou des plaines traversées par ces fleuves; successivement déposés sur la ligne de contact formée par les courans d'eau douce qui les charient et par les flots qui leur font obstacle, les matériaux de ces alluvions constituent d'abord des barres dans le genre de celles qu'on retrouve à l'embouchure des moindres ruisseaux qui se déchargent dans la Mer; ces barres s'étendent; leur surface finit par demeurer à découvert dans les basses marées; les hommes, pour les incorporer à leur domaine, les environnent aussitôt de digues et les mettent ainsi à l'abri du flux. Mais de telles usurpations n'en sont pas moins demeurées au-dessous du niveau réel des moyennes eaux. Quand, soulevée par les tempêtes, aux grandes marées des équinoxes, la vague furieuse brise les barrières élevées par l'industrie pour inonder les polders; la Mer ne fait pas de conquête, elle rentre dans le domaine dont elle se laissa dépouiller. La Mer ne se retire pas davantage sur les côtes provençales, qu'elle n'empiète sur les plages bataves. Le Rhône comme le Rhin entraîne, en dépouillant la vallée qu'il s'ouvrit, des cailloux, du sable, de la terre, avec toutes sortes de débris; ces matériaux sont déposés au point où le courant pluvial lutte avec les flots de la Méditer-ranée avant de s'y perdre (*voyez* Pl. 21); il se forme un delta en ce lieu, delta qui, ne cessant de s'accroître, recule de plus en plus les rivages. La même chose a lieu à l'embouchure du Pô, où se comblent annuellement quelques lagunes vénitiennes; à l'embouchure du Nil, dont les nombreux canaux s'obstruent de jour en jour; en un mot, dans tout l'Univers, en chaque endroit, où des cours d'eau sont comme les moyens employés par la Nature pour niveler les continens et pour hâter l'encombrement des mers. Les deux cas que nous venons de citer ne présentent d'ailleurs aucun rapport avec la question de la diminution générale et continuelle des eaux à la surface du Globe; ils n'y déterminent que des modifications locales, d'une grande importance par rapport aux hommes, mais de peu d'importance dans l'immensité de l'Univers.

On peut conclure de la diminution graduelle des eaux à la surface du Globe, que les continens ou les îles que nous habitons maintenant, ne présentoient pas toujours les formes que nous leur voyons. Des fragmens du noyau planétaire, immenses par rapport à nous, mais dont la hauteur est si peu considérable par rapport au diamètre de notre planète, ayant, ainsi qu'on l'a dit tout à l'heure, été soulevés par les plus anciens volcans, formèrent, dans la ligne d'action de ceux-ci, soit des ceintures continues de murailles brisées, soit des pointes plus ou moins écartées les unes des autres, et dont les intervalles usés par des courans, s'étant remplis de débris des générations marines, sont devenus ce que nous appelons *des chaînes de montagnes*; le reste des accidens qu'on aperçoit dans la contexture de ces chaînes, vient des causes plus récentes, c'est-à-dire dont l'effet semble postérieur à l'émersion de chacune. Pour expliquer la plupart de ces accidens, on doit tenir compte du dessèchement des couches qui s'y trouvent comme interposées ou qui en supportoient les bases; dessèchement qui, ne suivant pas une marche uniforme, à cause de la nature diverse des couches, causa, après l'apparition de diverses chaînes de montagnes, de nombreux affaissemens, des écartemens, des brisemens nouveaux et secondaires dont les eaux pluviales ont profité pour creuser le lit des torrens et les vallons, pour arrondir les angles des cassures, pour défigurer le produit des fracassemens primitifs, pour en déterminer d'autres, enfin pour former les lacs en s'accumulant dans plusieurs cavités demeurées sans issues au sein des premières montagnes. Ajoutons à ces causes de changemens récens et con-

7

tinus, qui ne permettent plus de reconnoître l'état primitif des choses, qu'il existe, dans les couches superficielles de la Terre, des bancs de substances facilement pénétrables par l'eau, couches inférieures dont plusieurs ont été détruites souterrainement par l'effet des infiltrations, et qui, ayant laissé, par leur disparition, des vides immenses, ont donné lieu à des affaissemens dont plusieurs ont pu rendre à la Mer ou bien à l'eau douce de vastes espaces qu'avoient long-temps parés la verdure terrestre et peuplés des légions animées. Des réservoirs et des canaux d'eau douce dûrent, comme on va le voir dans le chapitre suivant, se former dès qu'il exista des montagnes, et l'addition de ces eaux douces fut un élément nouveau d'organisation végétale et animale à la surface d'un monde naissant, et, s'il étoit permis d'employer cette expression, comme sortant de son amnios.

CHAPITRE IV.

DE L'INFLUENCE ET DE LA DISTRIBUTION GÉOGRAPHIQUE DES EAUX DOUCES A LA SURFACE DU GLOBE.

§. Ier. *Des eaux vives ou courantes.*

† EAUX PLUVIALES.

LES eaux douces, soit qu'elles se trouvent à la superficie de la Terre réunies en amas appelés *lacs*, soit qu'elles y circulent dans les canaux naturels nommés *fleuves* et *rivières*, viennent des pluies qui sont le résultat de la chute des nuages; elles tirent conséquemment leur origine de la Mer, au moyen du double mécanisme de la vaporisation et de la condensation. Il dut y avoir un temps où les eaux douces ne couloient pas sur le Globe, ou n'y formoient pas de masses stagnantes; et l'auteur de la Genèse a fort bien exprimé cette probabilité dans les versets 5 et 6 du chapitre second, où nous lisons: « L'Eternel Dieu n'avoit pas fait pleuvoir sur la » terre..... et il ne montoit pas de vapeurs de la » terre pour en arroser la surface. » En effet, ce ne put être qu'après l'apparition de ce que l'auteur sacré appelle l'*aride*, que l'attraction des points culminans de la terre nouvelle y attirant les vapeurs, les pluies en vinrent sillonner les flancs bien plus qu'ils ne les arrosèrent. On a vu tout à l'heure, lorsqu'il a été question de la diminution des mers et de l'élévation des montagnes, combien l'in-

tervention des eaux pluviales dut être nécessaire pour imprimer aux inégalités premières du Globe la physionomie que n'a point effacée leur vétusté; physionomie néanmoins essentiellement mobile, encore que, dans un style figuré qu'on est étonné de trouver dans les ouvrages les plus sérieux, il soit rarement question de montagnes, sans que ce mot se trouve accompagné des épithètes d'*immuables*, d'*éternelles*, d'*indestructibles*, etc. On peut assurer, au contraire, qu'il n'est pas une ondée dont l'influence ne s'exerce sur le point terrestre où elle tombe, et qu'elle ne défigure, soit par le transport des corps étrangers qu'elle y charie, soit en lui arrachant des parties qu'elle entraîne ailleurs.

La chute des eaux douces et la sorte de circulation qui en fut la suite, modifièrent d'autant plus la superficie de la terre que celle-ci étoit plus molle; les dépôts marins qui en formoient le revêtement n'étant probablement qu'une vase peu liée, ou des sables et des galets mobiles. Telle fut l'une des principales causes de l'encaissement des torrens et de la formation du lit des rivières; l'eau, dont les masses exondées étoient pénétrées, descendant d'ailleurs vers la base des montagnes vierges en vertu de son poids, des fissures, des éboulemens desquels profitèrent encore les pluies, s'y formèrent promptement; les hauteurs du Globe prirent aussitôt cette forme alpine que des causes analogues doivent reproduire partout, et qui furent pour nous le sujet de méditations profondes. (*Voyez* pag. 68.)

La chute des eaux douces produisit un autre grand résultat, en modifiant d'abord le mode de végétation qui, jusqu'à l'apparition des îles et des continens, ne pouvoit être que le mode propre aux Hydrophytes; elle modifia également l'existence animale, qui, dès-lors, cessa d'être subordonnée à l'influence d'une habitation marine. Des espaces considérables d'eaux salées, Caspiennes primitives, dont le soulèvement de la croûte terrestre ou la retraite de l'Océan avoient déterminé la formation sur plusieurs points, s'adoucirent bientôt; les Végétaux, les Mollusques et les Poissons qui s'y trouvoient captifs, se modifièrent en raison de cet adoucissement; plusieurs passèrent de fleuves en fleuves en s'y modifiant davantage; et lorsque les eaux marines, qui avoient nourri de telles créatures, devinrent marécageuses par la cumulation des restes de bien des générations successives, des modifications plus considérables eurent lieu jusque dans un nouveau mode de respiration insensiblement introduit : alors, les terrains d'eau douce se formèrent au milieu des terrains d'origine océanique, comme pour préparer des tortures d'esprit à ces géologues des temps actuels, qui, voulant tout expliquer d'après un système de leur invention, sont obligés de faire alterner des irruptions de mers et de lacs à la surface de toute contrée où quelque Cérithe se trouve en contact avec une Lymnée fossile. Nous sortirions des limites que nous assigne la Géographie physique pour entrer dans le domaine de la Géologie, si nous entreprenions d'examiner ce qui en est ; il ne doit être question ici que des modifications apportées par les eaux douces à la croûte terrestre, et de la manière dont ces eaux s'y trouvent distribuées. Les amas qu'elles forment à la surface du sol sont les LACS, qui diffèrent des Caspiennes, dont nous les regardons comme des restes par l'absence de toute salure. On en trouve dans l'Amérique septentrionale principalement, de si considérables, qu'on les prendroit pour des mers. L'énumération des principaux se trouve au mot LACS dans le Dictionnaire de la présente Encyclopédie, où nous renverrons le lecteur, ainsi qu'au mot TCHAD, où sera traitée par M. Huot l'histoire de ce vaste amas d'eau douce nouvellement exploré au centre de l'Afrique par MM. Denham et Clapperton, voyageurs anglais, les Colomb de l'époque.

La diminution des eaux qui se fait si puissamment ressentir à la surface du Globe, n'est pas la seule cause à laquelle on puisse attribuer la disparition d'un grand nombre de lacs dont on retrouve les traces dans certaines plaines circonscrites de hauteurs : on trouvera les causes de ce desséchement dans l'histoire de ces bassins généraux, dont nous devons dire quelques mots avant de nous occuper des canaux naturels qui en arrosent l'étendue.

†† BASSINS GÉOGRAPHIQUES.

Nous entendons par bassins : une surface de terrain plus ou moins étendue, où les eaux, suivant des versans divers, finissent par se réunir en un seul courant qui les conduit dans un réservoir commun, soit l'Océan, soit une mer intérieure, soit enfin quelque lac. De tels bassins généraux se composent de bassins partiels ; et les vallées par lesquelles les rivières ou les torrens portent aux fleuves un tribut permanent ou variable, ne sont que des bassins secondaires, ou de petits bassins primordiaux, ordinairement plus étroits ou plus encaissés.

Les crêtes des monts sont parfois des points de partage entre les bassins, mais n'en sont pas les limites indispensables ; ces limites existent partout où les eaux pluviales prennent, en tombant sur les pentes de la terre, une direction différente. On en trouve sur des plateaux où l'œil saisit à peine l'aspect d'une différence de niveau. Aussi, pour peu qu'on s'occupe de Géographie physique, on reconnoît combien étoit erroné le système de ces faiseurs de cartes, qui naguères encore environnoient de grandes chaînes les bassins naturels. Depuis qu'on ne trace plus au hasard, et sur de fausses données, des élévations en pains de sucre, ou comme des colliers de perles enfilées, dans la Topographie, on s'est aperçu que les cours d'eau les mieux connus n'avoient pas toujours leur bassin circonscrit par des montagnes, et que plusieurs d'entr'eux, donnant de perpétuels démentis aux dessinateurs routiniers, sembloient se plaire à couper successivement des chaînes considérables, qu'au premier coup d'œil on eût supposé devoir être plus faciles à tourner qu'à rompre ; il suffit de suivre la marche d'un grand fleuve pour se convaincre de cette vérité. Qu'on examine le Danube, par exemple ; son cours se compose de bassins successifs, qui furent originairement des lacs dont les écluses s'étant creusées jusqu'au-dessous du niveau du fond primitif, donnèrent passage à la totalité de leurs eaux. Le fleuve Saint-Laurent offre encore, dans le nouveau continent boréal, une image de ce que fut d'abord le bassin du Danube ; et nous pourrions citer en France beaucoup de localités où se reconnoîtroient les mêmes dispositions du sol. Pour s'en former une idée, il suffit de jeter les yeux sur la Planche 11, qui représente ce qu'on nomme, vers la Haute-Loire, la Plaine ou le Bassin de Montbrison. Le fleuve, sorti des grandes hauteurs du Mézin, a circulé péniblement dans un pays anfractueux, jusque vers Saint-Rambert : à partir de ce point, la Loire arrosera une vaste plaine circonscrite par des hauteurs qui la séparent, vers le levant, du bassin du Rhône, et vers l'ouest, de celui de l'Allier. La Mare, la Coize, la Loise et la Vizezy, grossies de ce Lignon célébré par le marquis d'Urfé, y circuleront mollement, alimentés par une multitude de ruisseaux qu'interrompent de petits étangs de retenue. Le sol, comme nivelé à sa surface, mais profond, est d'une extrême fertilité, parce que d'anciens débris de corps organisés le forment par leur mélange avec la meilleure terre charroyée des cimes voisines. Ce terrain, maintenant si bien cultivé, fut préparé sous les eaux qui s'échappèrent vers les regions inférieures du bassin de la Loire, c'est-à-dire dans le golfe où Roanne s'élève maintenant, lorsque se brisa la digue de retenue formée par la série de coteaux qui se rapprochent dans la direction de Néronde à la Galonnières, et Gregneux sous Saint-Germain.

Toutes les Méditerranées, et la plupart des golfes très-enfoncés dans les terres, avec un orifice rétréci, peuvent être considérés comme des bassins généraux ou partiels, qui, tôt ou tard, n'offriront que des séries de lacs, et enfin que le lit de rivières plus ou moins considérables. En effet, notre Méditerranée ne prend-elle pas déjà une forme analogue à celle du cours du fleuve Saint-Laurent cité plus haut ? la Mer d'Azof, la Mer-Noire et celle de Marmara n'y sont-elles pas comme des lacs subordonnés qu'on peut comparer aux lacs Supérieur, Huron et Michigan ? Un jour les îles de la Mer-Egée en intercepteront vingt autres; l'Adriatique, devenue la continuation de la vallée, ou bassin secondaire de l'Eridan ; l'espace contenu entre la côte de Syrie, de Lybie, et une ligne tirée de la Calabre à la pointe Punique, par la Sicile, seront encore de nouveaux lacs, après lesquels en viendra un plus vaste où les Baléares, la Corse et la Sardaigne, diversement liées par l'accroissement de leurs rivages, prépareront encore d'autres lacs à venir; et toutes ces successions d'eaux captives alimenteront, par leur enchaînement, un grand fleuve, dont l'embouchure sera entre Calpé et Abila; tandis que le Nil, l'Oronte, le Don, le Danube, le Pô, le Tibre, le Rhône et l'Ebre, rabaissés au rang de rivières, n'y seront que de simples tributaires comparables à l'Oise, à la Marne, ou même à la rivière des Gobelins par rapport à la Seine.

La Baltique dont nous avons dit (pag. 11) que la diminution paroissoit être si prompte, et dont les eaux sont déjà fort radoucies, est l'une des mers dont la métamorphose en simple bassin fluvial se prépare le plus évidemment. On trouve dans la Planche 10e. la représentation du golfe de Bothnie qui en est la partie supérieure, et qui ne méritera pas long-temps ce nom de golfe. Sous le 60e. degré de latitude septentrionale, l'île d'Aland en intercepte déjà la communication en se liant avec une multitude innombrable d'autres petites îles qui l'environnent, surtout du côté d'Abo; plus haut, entre les 63e. et 64e. degrés, une autre série d'îles entre lesquelles se distinguent celles de Wergo, de Valsgame, de Biorko et de Holmön, s'étend de Wasa à Uméa pour former encore une écluse, de sorte que deux lacs successifs, l'un Lapon et l'autre Finlandais, remplaceront bientôt le golfe de Bothnie sur les cartes du Nord.

Deux exemples que le voyageur géographe et géologue pourroit étendre à beaucoup d'autres points du Globe, même dans les derniers détails de terrain, suffiront pour prouver la non-existence comme règle générale de ces chaînes de monts ou de collines manifestes dont on a si long-temps établi la présence dans les cartes tout autour de ces bassins, que dans les Traités géographiques on divisoit verbeusement en divers ordres, comme si des choses de pareille nature étoient susceptibles de classification. Nous chercherons le premier de ces exemples en Amérique où, dans les parties supérieures de la Virginie, du Maryland et de la Pensylvanie, les fleuves semblent se plaire à couper des chaînes parallèles de montagnes qui sont successivement et en grand nombre disposées perpendiculairement au cours de ces fleuves. Cette disposition de terrain, bien plus fréquente qu'on ne le croit, est représentée dans la Planche 14, où l'on ne sauroit reconnoître de bassin à Jamesriver, à Cohongrontariver, non plus qu'au Susquehannah, du moins d'après l'idée que les géographes ont jusqu'ici donnée de ce qu'ils entendoient par un Bassin.

La Péninsule Ibérique nous fournira le second exemple. Dans cette contrée géographiquement si intéressante et que nous croyons avoir fait connoître mieux qu'on ne l'avoit fait encore, existent des fleuves qui s'échappent vers l'Océan en coulant à l'ouest, et d'autres qui prennent leur cours vers la Méditerranée, par des pentes contraires, exposées à l'influence orientale. On crut conséquemment qu'il étoit indispensable de ramifier les Pyrénées sur toute la surface du pays, afin d'établir entre les sources de ces divers cours d'eau glissant sur des pentes opposées, de ces murailles que l'imagination supposoit isoler jusqu'aux moindres ruisseaux. C'est particulièrement afin de séparer les versans méditerranéens des versans océaniques, que les graveurs multiplièrent les crêtes, les pics, les anastomoses, les contre-forts, et tout ce que le burin pouvoit imaginer de noir, pour rendre sur le cuivre une physionomie alpine. Cependant de vastes plaines, où les gouttes de pluie, comme indécises du choix de leur route, coulent vers la Méditerranée par le Xujar, et vers l'Océan par le Guadalquivir, s'étendent précisément où devraient exister ces chaînes imaginaires ; et plus d'une fois « trompé par de telles indications, avons-nous dit ailleurs (Résumé géographique de la Péninsule, etc., pag. 7), le militaire calcule sur des obstacles ou sur des points de défense qu'il ne doit pas trouver ; le naturaliste rêve un terrain coupé propice à ses recherches, mais qui se métamorphose en une aride et horiozontale étendue ; enfin, le voyageur qui craignoit de parcourir des chemins dangereux, est agréablement surpris en rencontrant des routes ouvertes et commodes. »

L'histoire et la politique ne doivent pas moins que la géologie, s'occuper de la nature des bassins et de leur circonscription. Les dominations humaines ont, en général, été d'autant plus durables, que leur assiette et leur pourtour étoient mieux adaptés à des bassins naturels. Une foule innombrable d'Etats, augmentés ou démembrés par la violence ou par des alliances de familles régnantes auxquelles les peuples servoient de dot, n'ont jamais eu qu'une existence précaire et subordonnée à la durée des circonstances qui avoient produit les amalgames, dans lesquels n'avoient point été consultées les convenances physiques. Mais lorsque les républiques ou les monarchies se sont trouvées établies dans des limites où ces convenances demeuroient observées, les efforts des siècles ont vainement attaqué leur existence, ou n'en ont triomphé que lorsque, s'étendant au-delà de leurs montagnes, les républiques ou les monarchies s'affoiblirent en s'agrandissant.

Pour se convaincre de cette vérité fondamentale, il suffit de prendre une carte d'Europe, et de la diviser selon les grands cours d'eau, en pentes générales, que l'on pourra considérer comme des bassins naturels plus ou moins étendus. Chacun de ces bassins présentera dans toute sa surface une physionomie particulière, des productions à peu près analogues, et des hommes qui, aux exceptions près résultantes d'invasions postérieures, auront des caractères communs. Ces hommes, quelles que soient les révolutions qui les firent passer d'une domination à une autre, conservent des traits indélébiles ; ils seront ordinairement identiques sur les rives opposées des cours d'eaux emprisonnées dans chaque bassin, tandis qu'ils seront presque toujours fort différens aux deux revers d'une même chaîne de montagnes : d'où l'on doit conclure que les limites géographiques marquées par le canal des rivières rompent beaucoup plus de rapports entre les nations, que celles qu'établissent les points de partage des eaux. Ces points de partage isolent en général trop les peuples ; ils interceptent trop souvent les communications que tenteroient d'établir entr'eux les habitans de pentes adossées. Ce n'est qu'à l'aide de routes difficiles à établir, conséquence d'une civilisation fort avancée, qu'on peut ordinairement se rendre d'un revers à un autre. Les fleuves et les rivières,

au contraire, facilitent les moyens de rapprochement, et contribuent à lier les hommes. Quels que soient, par exemple, les obstacles que cinq ou six démarcations politiques opposent au bonheur de ceux-ci d'un fleuve tel que le Rhin, les hommes qui en fertilisent les bords n'en sont pas moins unis par des convenances naturelles de toute espèce ; on reconnoît en eux la race teutone, depuis les glaciers sourcilleux d'où se précipite le fleuve, jusqu'aux marais bataves, au sein desquels on le voit se perdre ; et le Rhin avec toutes les eaux qui se jettent dans la mer du Nord, compose un grand bassin germanique dont mille révolutions et le plus absurde lacérement de territoire ne purent altérer la physionomie propre. Les productions agricoles y sont généralement pareilles ; les distances en longitude et en latitude y portent peu de modification, et dans les extrémités de son étendue, on trouve encore plus de rapports physiques, qu'il n'en existe avec les points contigus des bassins limitrophes. La raison de ce phénomène s'explique par l'influence de l'exposition générale, selon des pentes communes qui, avec d'autres influences qu'exercent les diversités d'élévation au-dessus du niveau de la Mer, contribuent encore plus que la distance à l'équateur, à fixer la nature du climat.

La même observation acquerroit de nouvelles preuves de certitude si nous la généralisions au reste de la surface du Globe ; on trouvera, en s'y arrêtant, comment des croyances religieuses se sont étendues dans certains bassins généraux sans avoir pu s'acclimater en d'autres ; pourquoi le résultat de mille conquêtes s'est évanoui, et comment tant d'empires se sont succédés sur la Terre, tandis que les nations y demeurent à peu près les mêmes, tout en changeant de nom, à la convenance des dominateurs.

††† DES COURS D'EAU.

Après ce que feu M. Desmarest nous avoit laissé à dire sur les bassins, il nous reste à parler des eaux qui circulent dans l'étendue de ceux-ci : ce sont les torrens, les ruisseaux, les rivières et les fleuves. On entend par ce dernier mot un canal naturel plus ou moins considérable, qui, après avoir arrosé quelque partie d'un continent, se jette dans une mer. Cette définition exacte met au rang des fleuves, des cours d'eau, tels que la Somme, la Charente et l'Hérault en France, le Xuxar ou Jujar, et le Guadalète en Espagne, qu'on avoit généralement, mais à tort, rangés parmi les rivières, lesquels ne sont que des canaux secondaires par qui les fleuves sont alimentés. Les ruisseaux et les torrens sont à leur tour les ramifications des rivières, dont ils ne diffèrent guère que par leur moins d'étendue et le plus petit volume du tribut qu'ils portent dans la circulation. On distingue aussi la rivière et le ruisseau du torrent, en ce qu'alimentés par quelque source, l'un et l'autre ne tarissent point habituellement, tandis que le torrent impétueux et irrésistible, quand l'orage le grossit, ne laisse d'autres traces de son existence, dans les temps de sécheresse, qu'un lit fracassé, creusé à travers les rochers et encombré de débris.

Il n'existe point d'exemple de cours d'eau qui prennent le nom de Fleuve dans les îles, quelle que soit leur étendue ; ainsi, la Tamise en Angleterre, le Benjarmassen à Bornéo, le Managourou à Madagascar, sont réputés rivières. Cet usage n'est point conséquent, mais paroît néanmoins tacitement établi. L'importance des fleuves est ordinairement en raison des hauteurs qui leur donnent naissance, de l'abondance des rivières qu'ils absorbent, et de l'étendue de pays qu'ils parcourent. Ceux d'Europe, à l'exception du Danube, qui peut se comparer aux plus grands fleuves du reste du Globe, sont en général les moins considérables : le Guadalquivir, le Guadiana, le Duéro et l'Ebre en Espagne ; le Tibre et le Pô en Italie ; le Rhône, la Garonne, la Loire, la Seine en France ; l'Elbe, l'Oder, la Vistule, le Rhin lui-même, qui se jettent dans les mers du Nord, sont bien peu de chose, comparés aux fleuves de l'Asie septentrionale, à ceux de la Chine et de la presqu'île orientale dans l'Inde, au Gange, à l'Indus, au Nil, à l'Orénoque, au fleuve des Amazones, au Saint-Laurent et surtout au Mississipi, qui reçoit des affluens, tels que l'Ohio et le Missouri, beaucoup plus considérables que ne le sont tous nos fleuves européens, encore que ce Missouri et cet Ohio soient réputés de simples rivières. On ne conçoit pas sur quel fondement quelques écrivains ont avancé que la plupart des fleuves, parallèles aux chaînes de montagnes qui les alimentent, couloient de l'est à l'ouest. Rien n'est plus faux ; le Rhône, le Nil, l'Obi, le Jenisei, la Léna, prouvent positivement le contraire : les fleuves suivent des pentes totalement dépendantes de la conformation générale des pays qu'ils sillonnent, se dirigent dans tous les sens, et nous avons même vu tout à l'heure (pag. 52 et Pl. 14) qu'ils semblent se plaire à briser les chaînes de montagnes qu'on supposoit autrefois avoir été faites pour circonscrire et contenir leur cours. Comme destinés

à transporter le sol des montagnes, les fleuves et leurs affluens dépouillent une partie des lieux qu'ils parcourent, tandis qu'ils en engraissent ou en agrandissent d'autres, au moyen des dépôts qu'ils y abandonnent, et qu'on nomme *alluvions* ou *attérissemens*.

Ce sont ces attérissemens et ces alluvions qui forment à l'embouchure des fleuves ces contrées nouvelles proportionnées en étendue à l'importance des courans qui les déposèrent, et entre lesquels le Delta du Nil est célèbre par sa fertilité. La plus grande partie de la Belgique, et la Hollande presqu'en totalité, sont une sorte de Delta formé par le Rhin aux dépens des Alpes. L'embouchure du Rhône présente, avons-nous dit déjà (pag. 49), un phénomène semblable, d'autant plus remarquable, que l'augmentation du sol y a lieu avec une singulière rapidité ; ce qui fait dire aux gens du pays, que la Mer se retire des côtes méditerranéennes. La Mer ne se retire nulle part dans l'acception rigoureuse du mot, ainsi qu'on l'a vu précédemment ; mais les fleuves qui s'y jettent n'en concourent pas moins puissamment à modifier la forme de ses rivages.

Le Rhône, que nous choisirons pour donner un exemple des attérissemens formés par les fleuves à leur embouchure (*voyez* Pl. 21), présente, à des inondations périodiques près, de grands rapports avec le Nil. Ces deux fleuves coulent en ligne droite, l'un du sud au nord, l'autre du nord au sud. A partir d'une grande distance de la même mer, ils descendent le long d'une étroite vallée, et où leurs cours étant rapides, la plus grande partie des corps étrangers qu'ils charient ne peut guère se précipiter qu'au point où la masse des eaux salées se précipiter qu'au point où la masse des eaux salées arrête la force qui les tenoit en suspension. Nous n'y voyons qu'une différence, c'est que les Mahométans, réputés si grossiers et si paresseux, ont conservé dans le Delta les pratiques qui en firent au temps des antiques Egyptiens l'une des contrées les plus fertiles du Monde, tandis que les Provençaux, qui se glorifient d'une origine grecque, abandonnent la Camargue, l'un des plus grands terrains d'alluvions de l'Univers, à sa fétide stérilité. Aigues-Mortes en perdant son port de mer, ne l'a point remplacé par de fertiles campagnes ; des dunes de sables, quelques pins d'Alep, de la vase, des roseaux et les galets de la Crau, donnent un aspect de désolation à l'un des points de la France qui pourroit devenir une source de richesses au moyen de canaux et de défrichemens bien entendus. On voit dans notre carte de l'embouchure du Rhône, les traces de la côte primitive assez bien marquées d'un côté par la route qui conduit de Lunel à Beaucaire par Saint-Gilles, et de l'autre par des hauteurs éparses entre le Rhône et la Durance de Tarascon à Orgon. Ces hauteurs dûrent même être des îles à une époque encore assez récente, quand la Mer s'étendoit jusqu'où nous voyons Avignon, ville qui n'est encore élevée que d'une vingtaine de mètres au-dessus du niveau de la Méditerranée. Lorsque le cours du Rhône et celui de la Durance se joignoient dans la Mer sur ce point, au fond de l'angle formé par la côte d'alors, leurs charrois s'y trouvoient subitement arrêtés par le mécanisme au moyen duquel se forme partout ce qu'on appelle *barres* à l'embouchure des fleuves, et tout le Delta du Rhône n'est qu'une continuité de barres successives déposées au-devant de chaque sinuosité du fleuve, luttant contre les obstacles accumulés par l'opposition des flots.

Les déserts aquitaniques, c'est-à-dire la partie méridionale du département de la Gironde, et le nord du département des Landes, sont encore sur une plus vaste échelle, un attérissement analogue à celui des Bouches-du-Rhône. Nous croyons avoir prouvé qu'au temps où le détroit de Gades, aujourd'hui de Gibraltar, ne s'étant point ouvert, la Méditerranée présentant une figure très-différente de celle que nous lui voyons aujourd'hui, s'écouloit dans l'Océan par un détroit dont on a profité pour établir en France le canal du Midi; son trop-plein suivoit la dépression qu'on trouve entre Castelnaudary et Villefranche, dans la direction où nous voyons aujourd'hui Toulouse; les charrois de ce trop-plein, et ceux que mille affluens descendus par la droite du Cantal, et des Pyrénées par la gauche, arrêtés au sommet de l'angle formé par la côte océanique, déposèrent d'abord le sol de ces belles plaines de la Haute-Garonne et du Tarn et Garonne, qui furent long-temps comme le fond du grand golfe que nous appelons aujourd'hui qu'il est très-restreint, le *golfe de Gascogne.* Le rivage de cette époque est encore parfaitement reconnoissable dans les hauteurs calcaires qui bordent à droite le lit de la Garonne, et par les pentes mourantes des Pyrénées au côté opposé. Une rive plus moderne est ensuite indiquée d'une manière plus ou moins exacte, par la grande route de Bordeaux à Bayonne, en passant à Basaz et au Mont-de-Marsan. En suivant ce grand chemin, on laisse d'abord de l'autre côté de la Garonne jusqu'à Langon, un pays formé de coteaux élevés, contre lesquels battoient les vagues; viennent en-

suite les hauteurs de l'Agenois, de l'Armagnac et de la Chalosse, tandis qu'à droite s'étend la monotone surface des Landes, dans l'abaissement de laquelle se reconnoît un vaste dépôt de sable marin. En quelque point qu'on creuse le sol dans la direction que nous venons de tracer, on trouve des amas de coquilles qui, depuis Graduignan, Saucats et autres villages de ce qu'on nomme *les petites Landes*, se continuent sans interruption en décrivant un grande courbe jusqu'à Dax, célèbre par des fossiles si nombreux. En dehors de cette courbe, indice de la côte antique secondaire, est une autre Camargue dont l'aspect attire les regards du voyageur, et qui occupe, sous le nom de *Grandes Landes*, un espace très-considérable dans la carte de France. Il suffit de faire remarquer ici que la Garonne, dont le lit étoit d'abord la continuation d'un détroit, étoit en rapport avec la Méditerranée primitive, puisqu'elle transporta principalement sur les rives océaniques des coquilles qu'on reconnoît aujourd'hui être identiques avec celles de la Méditerranée actuelle.

Outre ces transports de corps organisés, destinés à former des bancs coquilliers ou des rochers calcaires, des sables, qui s'amoncèlent en dunes, et des galets, premiers matériaux des poudings, les fleuves charient encore de précieux sédimens, principes de fertilité pour les contrées favorisées où s'en forment les dépôts. La Garonne, dont il vient d'être question, nous en fournit un exemple (*voyez* Pl. 22). Tandis que la rive gauche du côté des Landes se compose d'infertiles débris de coquilles mêlées à de l'arène, des alluvions de terre végétale forment, vers le confluent de la Dordogne, l'une des plus fertiles contrées de la France. On l'appelle, selon son élévation ou son abaissement, *Entre deux mers* ou *Palues de Montferant;* elle se termine par le Bec d'Ambez. Sur la rive opposée commence le pays de Médoc, également composé par l'accumulation de dépôts terreux; l'un et l'autre canton sont, comme le Delta de l'embouchure du Rhône, remplis de marais; mais l'habitant industrieux s'occupe avec activité de l'assainissement du sol; des colonies flamandes lui ont enseigné à creuser des canaux, ainsi qu'à diguer des polders; et comme du gravier s'y mêlant à la vase, rend celle-ci beaucoup moins compacte que partout ailleurs, la vigne y réussit à merveille et donne des vins plus ou moins légers, selon que le sol est plus ou moins pénétré de ce que les habitans nomment de la *grave.*

En général, tel est l'effet du confluent de deux cours d'eau, que c'est en ce point de leur étendue que s'accumulent le plus de dépôts sur lesquels se puisse établir une riche végétation; les sables, les galets et autres stériles débris de roches sont ordinairement rejetés sur les parties latérales, mais le sol de ce qu'on appelle le *bec*, dans certains cantons méridionaux de la France, est ordinairement vaseux et propre à la culture. M. Desmarest a cité comme exemple de ce fait la Mésopotamie, vaste mais véritable bec du confluent de l'Euphrate et du Tigre dans le golfe Persique, lequel n'est en grand pour ces fleuves que ce qu'est la Gironde par rapport à la Dordogne et à la Garonne. Notre prédécesseur fit aussi la remarque suivante sur le confluent de la Loire et du Cher, dont on trouve ici la figure (*voyez* Pl. 20). Après la jonction de ces deux cours d'eau dans une vallée commune, le lit des deux rivières n'en demeure pas moins distinct depuis Tours jusque vers l'embouchure de la Vienne, de sorte que l'on peut dire que l'Indre tombe plutôt dans le Cher que dans la Loire. L'une et l'autre s'anastomosent et forment plusieurs îles durant leur parallélisme; mais on ne les sauroit confondre. Le cours de la Loire demeure le plus fort avec ses îles particulières et garde la droite; l'autre ne tient encore dans la vallée que le rang secondaire, et occupe la gauche; on doit néanmoins remarquer que ce n'est guère quand les confluens ont lieu par la décharge à angle droit d'un cours d'eau dans un autre que se forment de ces attérissemens, dont la Gironde depuis le Bec d'Ambez, et la Loire, grossie du Cher, viennent de nous fournir deux exemples. En pareil cas le plus grand cours d'eau entraîne les charrois du plus foible, sans qu'il en résulte d'accroissement pour le domaine de l'agriculture. Il suffit, pour s'en convaincre, de jeter les yeux sur les Planches 18 et 19, où M. Desmarest fit représenter les confluens de la Marne, de l'Oise et de la Seine, au-dessus et au-dessous de Paris. Le terrain d'alluvion qu'on y voit de Villeneuve-Saint-Georges au Port-à-l'Anglais, ou la plaine riveraine au nord de la forêt de Saint-Germain, ne doivent rien aux deux rivières secondaires; mais on observe ici, en plus petit seulement, la persévérance du cours d'eau tributaire : sur le côté de fleuve, jusqu'au-devant de Bercy, de petites îles oblongues, maintenant réunies, forment encore un petit bras qui est un prolongement de la Marne, et l'Oise est encore distinguée dans la Seine par une série d'autres îles qui tendent à s'unir depuis Andresis jusqu'au-dessous de Dononval.

Il résulte de l'examen des fleuves et de leurs affluens, un autre fait de Géographie physique qu'on ne doit pas omettre d'annoter, et il consiste dans le rapport où se trouvent les sommets des sinuosités du lit avec les escarpemens latéraux de la vallée où ce lit est creusé. En jetant les yeux sur la Planche 17, qui représente la Seine au sortir de Paris, on voit Montmartre d'un côté, contre la base duquel venoit tourner le fleuve avant que les constructions des hommes, accumulées durant près de vingt siècles, aient changé la physionomie primitive des lieux. Arrêté par un tel obstacle, le courant repoussé brusquement à gauche, trouve bientôt les hauteurs opposées de Meudon qui l'arrêtant encore, le renvoient au pied du Mont-Valérien, lequel le renvoie à son tour jusqu'aux hauteurs régnant d'Epinai à Argenteuil; de ce point, la Seine encore repoussée, vient baigner la base des coteaux de Marly, d'où (*voy.* Pl. 19) elle s'écoule vers les côtes de Cormeil, puis vers celles de l'Otty, et ainsi de suite, d'où vient que le poëte Santeuil a dit :

Sequana cùm primum Reginæ allabitur urbi,
Tardat præcipites ambitiosus æquas,
Captus amore loci cursum oblivisitur, anceps
Quò fluat, et dulces nectit in urbe moras.
Hinc varios implens fluctu subeunte canales,
Fons fieri gaudet, qui modo flumen erat.

Ce sont de telles sinuosités de rivières que M. Desmarest appela *oscillations*. Il s'en occupa particulièrement dans l'article CHARENTE du Dictionnaire, pour l'intelligence duquel il fit graver les Planches 13, 15 et 16, sur l'explication desquelles il devient en conséquence inutile de s'étendre.

Il n'en est pas des rivières et des fleuves comme de la Mer, dont les eaux amères semblent faites pour limiter la propagation des végétaux en dépit des théories que nous avons réfutées plus haut (*voyez* pag. 8). Leur cours bienfaisant contribue, en arrosant la terre, à la dispersion des plantes, et l'on trouve sur leurs rivages jusqu'à des espèces alpines qu'entraînèrent leurs cours. Nous avons remarqué au bord de certains fleuves du Nord, tels entr'autres que la Vistule et l'Escaut, des végétaux qui appartiennent à des climats plus chauds que ceux où nous examinions le cours de ces fleuves, mais qu'on ne retrouveroit point à quelque distance de leurs rives ou dans les marais voisins. On se rend raison de cette anomalie en considérant que les débordemens de la froide saison couvrant de plusieurs pieds d'eau les racines des végétaux expatriés, les empêchent de se geler en les tenant comme en serre tempérée. Ce fait de Géographie végétale est analogue à celui que nous observerons bientôt aux limites

mites des glaciers, où sur les plus hautes montagnes, croissent abrités des hivers rigoureux par d'épaisses couches de neige, des végétaux qui seroient infailliblement gelés s'ils étoient cultivés à la surface du sol dans les plaines inférieures, où la température est pourtant censée bien plus chaude que sur les grandes cimes alpines (*voyez* pag. 64).

Nous terminerons ce qui concerne les cours d'eau considérés sous les rapports de la Géographie physique, par l'explication des Planches 12 et 13, où sont représentées deux particularités qui méritent toute l'attention des géologues, parce qu'elles rendent raison de plusieurs accidens terrestres dont on a cherché les raisons dans les grands cataclismes et autres révolutions physiques, quand des infiltrations en furent les causes toutes simples.

On a vu (pag. 51 et Pl. 11) comment les bassins des fleuves et des rivières dûrent se composer dans l'origine par le dessèchement de lacs superposés. Pour briser les digues qui retenoient les eaux des lacs, le poids de ces eaux sur la rive inférieure n'étoit pas toujours suffisant, mais en s'infiltrant à travers quelques couches des parois, elles purent en dissoudre des parties peu liées, qui s'échappant, selon la loi des pentes, quand l'infiltration les eut suffisamment amollies, donnèrent lieu à ces ponts naturels ou plutôt à ces engouffremens de rivières qu'on voit tour à tour disparoître ou se remontrer. La Grèce et le Péloponèse offrent, à ce qu'on prétend, beaucoup d'exemples d'un tel phénomène. Le Guadiana en Espagne fut célèbre la plus haute antiquité par un fait analogue, mais qui n'est pas tout-à-fait du même genre. Les eaux d'une série de lagunes, appelées *de Ruidéra*, qu'on regarde comme les sources du fleuve, ne se perdent pas sous terre pour reparoître de l'autre côté d'une série de collines qui les interceptoit ; elles s'épandent dans un terrain marécageux pour se remontrer tout-à-coup en abondance au point du marécage où la pente générale les accumule en trop grande quantité pour qu'elles puissent demeurer captives dans la boue.

Ce qu'on nomme le *Trou du Han*, dans le pays de Namur, est l'un des conduits souterrains de rivière qui présente le plus d'importance. On en voit la topographie figurée avec celle de quatre autres dans la Planche 12. M. Quételet, mathématicien distingué, membre de l'Académie royale de Bruxelles, en a donné une description excellente, accompagnée de cartes, et nous y renverrons le lecteur, qui nous saura bon gré de lui avoir indiqué l'intéressant ouvrage du savant Belge.

Dans le département de Sambre et Meuse, une petite rivière, appelée *Rivière noire*, se perd au-dessous de Couvin, tout près de la forge de Saint-Roch, entre Fraine et Pétigny, pour reparoître à 1500 mètres environ au lieu appelé *Nismes*, et se réunir, non loin de Marienbourg, avec une autre petite rivière appelée *la Blanche*, qui forme avec elle le Virouin.

Dans le département de l'Arriège, l'Arize, tout près de sa source, se perd dans la ceinture d'un vallon fermé près d'Alzein, vallon qui fut évidemment un petit lac. Elle passe sous un pont naturel assez étroit ; coulant, après sa réapparition, dans un pays assez accidenté, elle rencontre encore, après deux lieues de cours environ, une autre ceinture au lieu appelé *Roque-Brune*, et, disparoissant à la base de celle-ci, elle se remonte de l'autre côté, au lieu nommé le *Mas-d'Azil*.

L'Ardèche, dans l'ancien Vivarais, est également interrompue assez près de Vallon, au hameau de Chames, et, non loin de ce point d'interruption, existe ce qu'on nomme le *Gouffre de la Goutte*, où disparoissent deux ruisseaux qui viennent, l'un du village de Vagnas, l'autre de celui de la Bastide.

Enfin, dans le département du Calvados, on trouve le trou de Soucy, que nous avons attentivement examiné, et sur lequel nous donnons le résultat de nos propres observations. La Drôme et l'Aure, qui sont de petites rivières de six à dix lieues de cours, se réunissent après avoir arrosé un pays assez anfractueux dans un vallon où règne la route de Bayeux au Port-en-Bessin, à trois quarts de lieue environ de ce dernier lieu, qui est bâti sur le rivage de la Mer, dans une sorte de petite gorge entre deux séries de hauteurs coupées à pic par des falaises du côté de la Manche, mais dont les pentes sont adoucies vers l'intérieur. En venant de Bayeux on s'élève d'abord insensiblement vers la Mer au lieu de descendre ; parvenu à la pente qu'on va trouver pour gagner le port, on aperçoit un petit bassin devant soi, très-distinct et séparé de celui dont on sort, par une colline en ceinture, à la base de laquelle s'étendent des prairies et des champs très-unis. Au pied de la colline, dans la terre grasse et fertile d'alluvion qui forme le sol, à peine trouve-t-on, en été, les traces du lit des petites rivières ; ce n'est que lorsque l'eau y abonde qu'on voit cette eau disparaître en s'infiltrant contre les rochers et non en s'engouffrant, comme le feroient croire des récits exagérés. De l'autre côté de la colline, au fond du bassin dont

8

il a été question tout à l'heure, et à l'ouverture duquel se voit le Port-en-Bessin, on retrouve les rivières enfouies rendues au jour, qui, sortant de terre presqu'au niveau de la haute mer, y arrivent à peu près stagnantes, ou du moins par un cours si ralenti, que la plupart du temps les galets de la plage en encombrent l'embouchure comme pour en former une mare couverte d'ulve intestinale. Pour se confondre avec la Mer, l'eau de la fosse de Soucy tend à filtrer intérieurement, et disparue de nouveau sous le galet du Port-en-Bessin, elle reparoît à quelque distance sur la plage caillouteuse en jets abondans, où les habitans vont puiser l'excellente eau douce qu'ils consomment, pendant la basse mer; car, à marée haute, ces fontaines littorales sont recouvertes par les vagues. Nous avons vu quelques fucus et l'ulve comprimée, croître sur les galets où cette eau douce bouillonne; la présence des flots salés durant quelques heures suffisoit pour favoriser leur végétation. Des infiltrations pareilles ayant lieu tout le long de la côte à la base des falaises, jusqu'à deux mille toises environ à l'est de Port-en-Bessin, y ont donné lieu à des affaissemens longitudinaux fort remarquables, d'où sont résultées des alpes en diminutif, présentant absolument ces accidens qu'on regarde comme caractéristiques des hautes montagnes. On diroit l'une des chaînes des Alpes avec ses prairies, ses plateaux, ses contre-forts, ses vallées, ses anastomoses, ses lacs et ses torrens. De la cime de la falaise nous avons dessiné la topographie de ces petites alpes dans la manière de la grande carte de Suisse, et notre croquis appliqué sur plus d'une partie de ce magnifique travail, s'y adaptoit au point qu'on eût pu croire qu'il y faisoit suite. Il n'existe rigoureusement, quant aux formes, d'autre différence que dans les proportions; les plus hautes cimes de ces lieux ayant de quinze à vingt-cinq pieds de haut au lieu de quinze cents à deux mille cinq cents toises. Chaque grande pluie, les tempêtes et les hivers, produisent de grands changemens dans ces montagnes, où des prêles fluviatiles nous paroissoient comme des forêts de sapin au-dessus d'humbles graminées qui figuroient les pâturages de la Suisse ou des Pyrénées; mais la physionomie alpine, en s'y modifiant, n'y disparoît jamais. L'examen du rivage de Port-en-Bessin est conséquemment fort propre à donner, sans avoir recours aux grands cataclismes, des idées justes sur plusieurs des causes qui ont contribué à imprimer aux pays de montagnes la configuration que nous leur voyons.

Dans la Planche 13, M. Desmarest a fait représenter la naissance et le cours de la Touvre, qui mérite le nom de rivière à cause du volume de ses eaux, quoique sa longueur ne soit guère que de quatre mille toises, à partir du point où elle sort tout-à-coup de terre, jusqu'à sa chute dans la Charente, un peu au-dessus d'Angoulême. Nous avons, en plusieurs endroits, vu d'autres rivières qui sembloient naître subitement. La Kocher en Souabe, la rivière d'Antéquéra sur les confins du royaume de Grenade, sortent du sol comme la Touvre, des rivières toutes formées, avant qu'aucun tribut leur soit porté par des affluens latéraux. Il est probable que de telles rivières ont reçu souterrainement les tributs qui les alimentent, comme elles les eussent recueillis en circulant à la surface du sol; on connoît plusieurs exemples d'autres rivières cachées sous le sol, s'écoulant dans l'obscurité, et qui menacent souvent les travaux des mineurs.

§. II. *Des eaux mortes ou stagnantes.*

Ayant précédemment dit un mot sur les lacs, et renvoyé à ce qu'on en trouve dans le Dictionnaire encyclopédique, on sent que nous ne les comprenons point ici parmi les eaux sans cours qui sont, à la surface du Globe, les marais et les mares, choses qu'en Géographie physique on doit se garder de confondre. Les lacs ont leurs courans, soit que des fleuves et des rivières les alimentent en les traversant, soit qu'ils absorbent des cours d'eau qui n'en sortent pas. Ils sont des Caspiennes d'eau douce; cette définition doit être toujours présente, si l'on veut faire la distinction d'une étendue marécageuse et d'un lac.

† DES MARAIS.

Nous définirons les marais: tout espace de terrain que délayent des eaux sans cours. Une botanique particulière les caractérise; il est dans les diverses classes du règne végétal des espèces qui sont propres aux marais, depuis les arbres les plus élevés jusqu'aux mousses les plus humbles: on les nomme *palustres*. Les champignons y sont cependant extrêmement rares: cette végétation des marais est en général pompeuse et d'un aspect frais et verdoyant; elle frappe surtout par son éclat et sa richesse, lorsque les marais s'étendent le long d'un sol que revêt une végétation telle que celle de nos Landes aquitaniques, coutte, rigide, luisante, formée d'arbustes ou de pins.

Les marais étendus sur de vastes surfaces de pays

indiquent le fond de quelqu'ancien lac, ou d'une Mer intérieure dont les eaux avoient nourri des plantes inondées jusqu'à l'époque où le détritus de ces plantes ayant formé une vase substantielle jusqu'au voisinage de la surface, produisit des Scirpes, des Roseaux, des Ménianthes, des Nénufars, dont les racines ou les tiges ajoutèrent, par leur destruction, à la consistance du sol. A ces plantes succèdent quelques Ombellifères, des Lysimaques, des Salicaires, de Prêles, plusieurs Fougères, des Laiches, des Massettes, qui veulent un peu moins d'inondation, et enfin, quand les débris de ces plantes mortes ont porté le terrain au niveau de la surface des eaux absorbées, des arbustes dont la plupart sont fort élégans, tels que les Miricas, des Andromèdes, des Airelles, des Lédums, des Kalmies, viennent ajouter, par l'entre-croisement de leurs racines prodigieusement divisées, un élément de plus au terrain qui bientôt supportera de profondes forêts.

Les marais ont aussi une zoologie qui leur est propre; des vers y sillonnant la vase, attirent des oiseaux dont les formes sont appropriées à la nature des lieux où ils se peuvent nourrir. Ainsi, la plupart (Échassiers) sont perchés sur de longues pattes que terminent des doigts considérables et ouverts, de façon à couvrir une telle surface du terrain amolli, que l'animal ne puisse s'y enfoncer. Le bec des Echassiers, au contraire, sera propre à pénétrer dans la boue; pointu et généralement grêle, il n'a pas besoin d'être fort dur: aussi beaucoup d'oiseaux de marais ont le bec flexible comme du cuir; plusieurs n'introduisent pas seulement cet organe dans la vase où se cache leur proie, ils y enfoncent encore tout le cou pour parvenir à de plus grandes profondeurs, et alors cette partie finit par se dépouiller de plumes.

L'entrelacement des racines produit souvent comme des îles flottantes à la surface d'étangs prêts à se métamorphoser en terrains humides; d'autres fois il compose sur des espaces considérables un sol mouvant.

On trouve des marais partout; mais lorsqu'ils sont peu étendus, et qu'ils ne doivent leur existence qu'à la présence de quelques ruisseaux dont le cours se ralentit, on les appelle simplement *marécages*. Un des marais les plus curieux de ce genre, est celui de quatre à cinq lieues d'étendue qu'on observe au milieu de la Manche, l'une des provinces centrales de l'Espagne, très-élevée au-dessus du niveau de la Mer. Il est formé, comme on l'a vu plus haut (pag. 57), par la disparition d'un cours d'eau considérable sorti d'un chapelet de lagunes dites *de Ruidéra*, et qu'on regarde comme l'origine du Guadiana. A l'autre extrémité du marécage, jaillissent tout-à-coup plusieurs grosses fontaines bouillonnantes, appelées *Ojos* (yeux) dans le pays, et par où le fleuve renaît déjà considérable.

Une lisière de marécages, d'un quart de lieue à une lieue de largeur, borde les rives orientales des étangs formés à la base des dunes mobiles de nos Landes aquitaniques, dans une longueur de trente lieues environ du nord au sud; tantôt herbeuse, tantôt ombragée de petits bois d'aunes et de saules, tantôt couverte de forêts de chênes; cette région donne une idée fort exacte des vastes marais dont se couvrent des contrées immenses du reste de l'Univers. Elle mérite d'être étudiée et visitée par un naturaliste; on y trouvera encore bien des objets nouveaux pour la Flore et pour la Faune européenne.

Les régions riveraines du nord de l'Europe, depuis Calais jusqu'au golfe de Finlande, dans la Baltique, doivent être considérées comme un seul et vaste marais qui s'étend dans la direction du sud-ouest au nord-est, dans l'espace de près de 30 degrés en longitude; les hauteurs calcaires de la Belgique, du Cap Grinés à Maëstricht, sur la gauche de la Meuse; celles qui, de la rive opposée, par Fauquemont, Roldhuc, Stolberg, Duren et Bonn, s'étendent jusqu'à la droite du Rhin pour se ramifier un peu vers la Westphalie septentrionale, en se liant ensuite au Hartz et aux monts de la Saxe, fixent les côtes primitives de l'ancienne Mer du Nord, qui, plus récemment qu'on ne le croit, couvroit encore ce qu'on nomme, à juste titre, les Pays-Bas, la totalité des pays d'Oldenbourg, du Hanovre et du Danemarck, le Mecklembourg, la totalité des Marches brandebourgeoises, les Poméranies, tout le bassin de la Vistule et du Niémen, la Livonie et l'Esthonie. Il suffit d'avoir visité ces lieux pour être convaincu de cette vérité; et l'on retrouve aisément jusqu'à la série non interrompue des dunes de sable qui bordoient le rivage d'alors. La totalité de ces contrées est basse et marécageuse; ce n'est qu'à force de canaux et de saignées que les hommes sont parvenus à les rendre cultivables. Ils n'y ont pas réussi partout, et, à de grandes distances des rivages artificiels construits à grands frais, ils ne sont pas toujours à l'abri des retours d'un élément qui semble vouloir reprendre l'espace dont il se laissa déposséder. Des lacs sans nombre y demeurent comme monument de l'ancien règne de Neptune, et comme ces lacs se

touchent presque les uns les autres, et s'anastomosent par de petits cours d'eau depuis la Prusse
ducale, au sud de la Baltique, jusqu'à la Mer-
Blanche, on reconnoît que ces deux Mers furent
naguère unies.

La Scandinavie étoit alors une île, et les changemens récens qui ont eu lieu dans toutes ces régions, expliquent des points de Géographie historique qui sont demeurés très-obscurs jusqu'à ce
jour, où des savans, totalement étrangers à la
Géographie physique, ont cherché à retrouver le
berceau des peuplades germaines connues par les
Romains dans un temps où l'Allemagne étoit de
moitié plus étroite qu'aujourd'hui, sur l'Allemagne
actuelle, qui ne ressemble plus du tout à l'antique
Germanie. Peu avant cette époque, cette même
Mer du Nord, qui environnoit la Suède et la
Norvège, communiquoit à l'Euxin et à la Caspienne. En effet, de Pétersbourg à l'Euxin et à
Astracan, on voyage toujours par un pays tellement plat, qu'excepté dans les lieux défrichés, et
en divers points légèrement accidentés, on ne
sort pas d'un marais, qu'on est obligé, la plupart
du temps, afin de ne pas s'y perdre, de couvrir de
gros troncs d'arbres en travers qui font comme des
routes pontées. Il en est de même des sources de la
Narew et du Bug, affluens de la Vistule, et de
celles du Boristhène qui tombe dans la Mer-
Noire; ces sources se confondent dans des marais sans fin, pour couler cependant dans deux
Mers opposées. Les troupes de Charles XII et
de Napoléon firent la triste expérience des dif-
ficultés que présente encore un tel pays demeuré en litige entre la terre et les eaux. Des
marais semblables se prolongent jusqu'en Sibérie,
où Patrin nous apprend qu'ils sont infects et
impénétrables. On trouve bien dans l'étendue de
ces marais quelques monts dont les racines sont
plus marécageuses encore, parce que les cours
d'eau descendus des rochers les viennent délayer;
mais ces monts furent des îles quand les marais
appartenoient à la Mer.

Le Nouveau-Monde présente également des
marais immenses; ceux de l'embouchure du Mississipi, de l'Orénoque et du fleuve des Amazones,
sont les plus vastes. On doit à M. de Humboldt
des détails fort intéressans et instructifs sur ces
derniers, peuplés de reptiles extraordinaires, d'insectes variés, et la plupart du temps ombragés
d'arbres pressés, dont, au temps des inondations,
les familles humaines disputent les cimes aux tribus de singes pour en faire leur habitation. Ici la
vie et la végétation se montrent dans tout le luxe

de développement qui peut résulter de la chaleur
et de l'humidité, c'est-à-dire de l'eau fécondée
par les flots de lumière émanés d'un soleil ardent.

Partout les marais desséchés et défrichés deviennent des terres fertiles; mais la culture n'en
est pas d'abord sans danger. Les exhalaisons qui
s'en élèvent causent des maladies graves, auxquelles
des populations entières finissent cependant par
s'habituer. Ainsi les habitans de la Zélande et des
bords fangeux de la Flandre vivent avec des fiè-
vres endémiques qui abrègent à peine leurs jours;
tandis que, comme à Batavia, autre possession
hollandaise des Indes, les étrangers y meurent
assez promptement par une cause qui ne produit qu'une simple incommodité pour les indigènes.

Les tourbières, pénétrées d'eau et devenues
boueuses, peuvent présenter une apparence de
marais, mais cependant ne sont pas la même
chose : elles offrent leur végétation particulière;
peu d'animaux les habitent, et jamais elles ne
deviennent fertiles par le défrichement.

On a appelé *Marais salans*, des marais riverains où le flot monte et qu'il imprègne d'un
sel qu'on y vient recueillir au moyen de travaux
particuliers qui appartiennent à l'art du saulnier.
On y pratique des digues pour retenir les eaux
dans divers bassins d'évaporation et de graduation.
Le sol de ces digues, fortement imprégné de
chlorure de sodium, présente une végétation sensiblement distincte de celle des rivages ordinaires,
et comme qu'il s'y trouve beaucoup de plantes
communes, il en est aussi de particulières; les premiers prennent un aspect plus rigide ou plus succu-
lent, selon chaque famille. Aussi quand les Graminées y sont plus dures, les Soudes et les Chénopo-
diées y sont épaisses et charnues. L'*Aster tripolium*
est chez nous une plante comme essentielle aux marais salans; aux environs de Cadiz, c'est un Mé-
sembrianthème africain, des Statices charnus, et
le *Cressa* de Crète.

†† DES MARES.

Il ne faut pas confondre les mares avec les marais; celles-ci sont des enfoncemens peu considérables à la surface du sol, dans lesquelles séjourne de
l'eau qui y tombe de l'atmosphère ou y suinte de la
terre. Elles ne se rencontrent pas seulement dans
les lieux bas et humides, il en existe sur les plateaux élevés et jusque sur les monts les plus sourcilleux. Les Landes aquitaniques en présentent un grand

nombre, et leurs formes y sont généralement arrondies ; on les nomme *braus* quand elles sont herbeuses dans toute leur étendue, *lagunes* quand elles ne le sont que sur leurs bords, et que leur milieu ressemble à celui d'un étang ; il ne faut pas confondre non plus de pareilles flasques d'eau avec les lagunes des rives de la Mer, et surtout avec celles que Venise rendit si célèbres ; ces dernières sont dues aux empiétemens des marais fluviaux sur le domaine des flots salés.

Les environs de Paris offrent un exemple remarquable de la situation de mares sur des plateaux élevés. Dans les plaines hautes qui de Versailles s'étendent au midi vers la Beauce, dit M. Constant Prevost, au milieu des champs cultivés, on rencontre çà et là beaucoup de mares séparées entièrement les unes des autres, et qui, dans plusieurs endroits, paroissent être disposées sur des lignes presque continues, de manière à faire présumer qu'elles ont pu être anciennement réunies lorsque la culture n'avoit pas encore modifié et nivelé le terrain qui les entoure et les sépare. Ces petits amas isolés nourrissent des Mollusques d'eau douce, tels que des Lymnées et des Planorbes, entre quelques plantes aquatiques. Chaque année le nombre de ces mares diminue, et la culture s'enrichit de leur sol vaseux. Dans les fouilles qu'on y a faites pour se procurer des engrais après les avoir desséchées, on a rencontré d'abord sur plusieurs pieds d'épaisseur, des couches d'une marne très-fine, d'un blanc jaunâtre ou bleuâtre, avec des lits minces de matière charbonneuse provenue de la décomposition de feuilles d'arbres dont on a retrouvé quelques troncs entiers ; de ce nombre étoient des chênes, des châtaigniers, des noisetiers très-reconnoissables avec leurs fruits. Le tout étoit pénétré d'un sédiment vaseux, rempli de débris de coquilles d'eau douce, analogues à celles qui se retrouvent aujourd'hui dans l'eau des mares.

La *stagnance* des eaux douces, s'il est permis d'employer cette expression, est peut-être l'un des moyens les plus puissans qu'emploie la Nature pour élever le sol. Une épaisse végétation se multiplie bientôt dans les eaux mortes ; aux tiges épaisses des Ménianthes, des Nymphea, mal-à-propos prises pour des racines, se joignent des Massettes, des Carex, des Iris, des Scirpes sans nombre qui préparent le sol vaseux sur lequel ne tarderont pas à s'établir les plantes palustres ; les Mousses entr'autres, les Fontinales et les Sphaignes y préparent de ces Fondrières, sur lesquelles M. Desmarest a rapporté d'intéressantes particularités dans la partie du Dictionnaire qu'on lui doit.

CHAPITRE V.

DES PARTIES EXONDÉES DU GLOBE OU DE SA CROUTE TERRESTRE.

§. Ier. *Des Continens.*

LA surface de notre planète que ne couvrent pas les eaux de la Mer, se compose de continens et d'îles ; ces continens sont au nombre de deux sur les anciennes cartes ; sur la nôtre (*voyez* Pl. 1) on en trouve cinq ; et qu'on n'imagine pas que ce nombre soit arbitraire. Comme il y a cinq grandes régions océaniques caractérisées par leur physionomie particulière et par la nature de leurs productions naturelles autant que par leur position relative sur la sphère : de même avons-nous déjà dit (pag. 19) : il existe quatre grands continens opposés à deux avec un cinquième impair plus petit, et dont l'existence est beaucoup plus moderne que celle des quatre autres. Ces continens sont :

1°. L'ANCIEN CONTINENT BORÉAL, le plus vaste de tous, qui se compose de l'Europe et de l'Asie, qu'en Géographie physique il est impossible de séparer. Sa plus grande longueur, prise du cap Tchuktchi, vers l'extrémité de la Russie asiatique, sur le détroit de Béring, au cap Saint-Vincent, vers l'extrémité occidentale de la Péninsule Ibérique, n'a pas moins de 180 degrés de longitude ; sa plus grande largeur est la ligne qu'on peut tirer du cap Taimour à l'extrémité du pays des Samoïèdes, vers le cercle polaire arctique, jusqu'à l'extrémité de la presqu'île de Malac, peu éloignée de l'équateur.

2°. Le NOUVEAU CONTINENT BORÉAL, le plus grand après le précédent, qui lui est opposé en même temps qu'il lui est le plus analogue par ses productions. Il s'étend sous les mêmes influences climatériques ; sa forme générale est celle d'un grand triangle, au sommet méridional duquel le Mexique forme un prolongement irrégulier.

3°. Le NOUVEAU CONTINENT MÉRIDIONAL, ou l'Amérique du Sud, dont la plus grande partie s'étend dans l'hémisphère austral, et qu'unit au précédent l'isthme de Panama.

4°. L'ANCIEN CONTINENT MÉRIDIONAL, ou l'Afrique, que l'équateur coupe en deux parties moins inégales, qui passe pour la contrée la plus chaude de l'Univers, et que lie l'isthme de Suez à l'ancien continent boréal.

5°. L'AUSTRALASIE, d'abord appelée *Nouvelle-*

Hollande, qui s'agrandira probablement un jour d'une partie de l'Océanie et de la Polynésie, pour s'incorporer enfin aux régions asiatiques de l'ancien continent boréal.

Les continens dont il vient d'être question s'avancent beaucoup plus vers le pôle arctique que vers le pôle opposé, où, sur l'autorité de Buffon, on crut long-temps qu'il devoit exister un continent glacial pour servir de contre-poids aux terres boréales. Des conjectures de ce genre ne feroient plus fortune aujourd'hui. Des contre-poids d'invention humaine ne sont pas nécessaires sur le Globe pour y maintenir l'équilibre, ou pour en régulariser la marche. L'ordonnateur souverain a pourvu à tout ; et comme quelques toises de terre de plus ou de moins sont peu de chose relativement à la totalité du Monde, les continens et les îles ne doivent être considérés en Géographie physique que comme ce qu'ils sont, et non comme ce qu'ils devroient être. Il suffit de rechercher les lois qui ont déterminé la distribution des corps naturels à leur superficie ; et pour obtenir des résultats satisfaisans dans ce genre de recherches, on doit premièrement en décrire les principaux accidens, entre lesquels les montagnes ont d'abord appelé notre attention.

§. II. *Des Montagnes.*

On entend généralement par ce mot un ensemble d'inégalités plus ou moins considérables, élevées sur la croûte du Globe ; il s'étend de la généralité de ces grandes masses qui, tout imposantes qu'elles puissent paroître, ne sont immenses que relativement à notre petitesse. En effet, les plus sourcilleuses cimes de ces gigantesques reliefs ne sont pas à la surface raboteuse de notre planète ce que les plus petites aspérités d'une orange sont à la peau de ce fruit ; du moins, selon le *Traité de géognosie* de M. J.-F. d'Aubuisson des Voisins, où l'on n'en lit pas moins, à quatorze lignes de là, « que les montagnes montrent à dé » couvert la structure intérieure de la Terre. » La plus haute montagne de l'Univers n'équivaut guère au trois millième de son diamètre. Peut-on, d'après une telle donnée, déduire raisonnablement la moindre conjecture sur la nature de ses profondeurs ? Si l'on vouloit figurer les cavités et les élévations du sol sur la grande sphère de carton qui se voit dans une des salles de la Bibliothèque royale, les Andes tant citées ne s'y éleveroient pas d'une ligne au-dessus de l'Océan verni qui en borderoit les bases.

Comme l'aspect de la Mer, pour qui l'aperçoit la première fois, est un objet d'étonnement profond, de même les montagnes produisent, sur qui n'en a voit jamais vu, un sentiment indéfinissable d'admiration. Il n'est pas surprenant que, dans leur admiration pour les montagnes et dans l'effroi qu'inspirent de tout temps celles qui s'embrassent, les géologues aient donné tant d'importance à ces inégalités de notre Terre remplissent dans son histoire. On a regardé les unes comme sa charpente ou son ossature ; on attribua aux autres des révolutions physiques par lesquelles la contexture de l'Univers auroit été bouleversée ; mais pour qui se sera familiarisé avec les montagnes à force d'en revoir, les idées changeront totalement ; l'importance de leur étude, par rapport aux données qu'on en pourroit obtenir pour l'histoire physique de l'Univers, diminuera beaucoup, et lorsqu'on sera parvenu, par la réflexion, à se prémunir contre toute espèce d'illusion, et surtout contre ce penchant qui entraîne trop souvent les géologues à tirer des conséquences générales des faits de localité, on sentira combien de théories publiées sur la contexture des montagnes, sur les causes de leur figure et de leur subordination géographique, sur leur enchaînement ou leur distribution à la surface de la Terre, avec les variations atmosphériques qui doivent résulter de leur élévation ; on sentira, disons-nous, combien de pareilles théories, tant célébrées qu'elles aient été, sont vaines et assises sur des bases fragiles. On a vu des physiciens et des géologues, pour avoir gravi sur le Mont-Blanc, et pour avoir visité quelques autres points des Alpes proprement dites, décider quelle devroit être la constitution de toutes les autres inégalités de l'Univers. On en a vu, pour avoir mesuré d'autres points plus éloignés, et compilé quelques relations de voyages, assigner l'influence de l'élévation du sol en Islande ou au Thibet, sur la totalité de la Nature organisée. Enfin, il en est qui, au retour d'une promenade au Vésuve ou dans le Vivarais, firent l'histoire des volcans ; par les efforts desquels, si on les en croit, toute notre planète auroit changé de face.

L'examen d'une étendue de la Terre, toujours très-bornée par rapport à l'immensité de sa surface, de quelques couches confuses, et d'un ou deux systèmes de montagnes, ne suffit pas pour discourir sur la formation du Globe et sur les substances dont il est composé intérieurement ; la science, sous ce rapport, est tout-à-fait dans l'enfance : ceux qui font de la géologie sur de telles données, construisent la tour de Babel, au sommet de laquelle se trouvera nécessairement la confusion des langues. Ils seront probablement démentis par les voyageurs à venir, dans la plupart de leurs assertions, avant que le siècle présent ne se soit écoulé ; nulle branche de la Géographie physique n'a été encore plus imparfaitement traitée, et la principale cause des erreurs où l'on est tombé à l'égard de l'importance des montagnes, est l'esprit dans lequel on se hâta d'en découvrir et de les tracer sur les cartes. On a vu, lorsqu'il a été question des bassins (pag. 51), combien il étoit irréfléchi d'en marquer aux sources des moindres cours d'eau, ou pour circonscrire les régions qu'arrosent les fleuves et les rivières. En parlant de la Mer, nous avons prouvé combien il étoit déraisonnable de faire faire le tour du Monde à des chaînes qui ne sauroient exister; et lorsqu'on s'est occupé dans cette Encyclopédie de la Géographie physique, sous le rapport de l'histoire naturelle, on a démontré combien l'influence des montagnes, tout importante qu'elle puisse être sur les productions de la Nature, est loin d'être soumise à des règles aussi fixes qu'on l'a prétendu. Le peu de données certaines auxquelles on se doive arrêter dans l'état actuel de nos connoissances, sont les suivantes.

Les montagnes ne sont point liées les unes aux autres de manière à former de grandes chaînes non ou peu interrompues ; elles se distribuent au contraire en masses irrégulièrement ramifiées, la plupart du temps s'appuyant sur des plateaux que leurs cimes surmontent, mais qui paroissent en être comme les noyaux. Peu d'îles montueuses ont fait partie des grandes chaînes voisines ; ce ne sont que les plus rapprochées qui dans certains cas purent en être arrachées par suite de commotions locales survenues à diverses époques : on ne sauroit trouver dans les montagnes de preuve qu'elles aient été formées à la fois. La plus grande confusion se montre partout dans leur ensemble, les unes doivent être beaucoup plus modernes que les autres, et n'ont pas dû surgir aux mêmes époques. Chercher dans leurs flancs entr'ouverts et dans les accidens qui en caractérisent les coupures, les pentes ou les cimes, à reconnoître l'état primitif des choses, est une occupation à peu près vaine, en ce sens qu'elle ne peut rien établir de réellement commun à toutes, et qui puisse décider de la composition de la masse planétaire, par rapport à laquelle on a vu que les montagnes n'étoient presque rien ; et puisqu'un géologue a comparé ces montagnes aux inégalités de la peau d'une orange, nous ferons remarquer à l'auteur de la comparaison, combien

il se seroit fait une idée fausse de la contexture interne d'un tel fruit, s'il ne lui eût été donné que d'en connoître l'écorce ; eût-il compté toutes les petites glandes qui s'y élèvent, sondé la profondeur de chaque pore et pénétré au-dessous de la couche colorée, sans passer les limites de la partie blanchâtre qui vient au-dessous, il ne pourroit avoir la moindre notion de la pulpe et des semences.

On a surtout eu tort d'imaginer que les montagnes, nécessairement enchaînées les unes aux autres, ou enfilées pour ainsi dire en manière de collier de perles, suivissent des directions générales et différentes dans l'ancien et le nouveau Monde. C'est Buffon qui crut découvrir qu'en Amérique les grandes chaînes couroient du nord au sud, et dans l'ancien, de l'est à l'ouest. La fausseté de cette proposition bizarre est tous les jours de plus en plus démontrée. Il est pourtant assez constant que les enchaînemens de montagnes ont l'un de leurs côtés plus escarpé que l'autre ; les Pyrénées donnent une idée palpable de cette disposition générale ; vers le midi, ces Pyrénées s'élèvent, principalement le long du royaume de Léon, comme des murailles aussi énormes que brusques, tandis que du côté du nord le système s'abaisse en pentes souvent fort adoucies. Une telle disposition dans les masses montagneuses paroît indiquer un soulèvement propre à chacune de ces masses, et dont l'action eût été directe sous la base de l'escarpement. Il arrive ordinairement que des contre-chaînes plus basses s'élèvent à peu près parallèlement, vis-à-vis le flanc abrupte, et lui opposent au loin des escarpemens bien moins considérables, comme si ces contre-chaînes étoient l'autre côté du sol rompu par le soulèvement d'où résultât chaque système de montagnes. Ailleurs, de vastes contrées montagneuses n'offrent point d'escarpement général sur l'un des côtés de leur longueur ; elles s'abaissent indifféremment de tous les côtés pour se terminer en monticules. On peut y reconnoître alors d'anciennes bosses de la croûte terrestre, sillonnées par les cours d'eau qui, en rayonnant à peu près de la circonférence au centre, y ont causé les anfractuosités par lesquelles un plateau plus ou moins étendu devint un composé de gorges, de pics, de contre-forts et d'anastomoses. Nous avons, en parlant de la diminution des eaux de la Mer (voyez pag. 48), indiqué quelle fut la cause de l'élévation de ces montagnes, dont les sommets dûrent saillir d'abord au-dessus des flots pour faire de la Terre d'alors divers archipels représentés aujourd'hui, à quelques modifications près, par l'ancien et le nouveau Continent. Nous ne reviendrons pas sur ce chapitre, n'entendant point donner une théorie de la Terre ; nous n'examinerons pas non plus quel rôle la charpente pierreuse, d'où résulte la solidité des montagnes, joue dans l'ensemble de celle-ci ; c'est au mot ROCHES que M. Huot en traitera dans l'ordre alphabétique. Il suffit, dans cette Illustration, de dire un mot sur la distinction qu'on a dès long-temps établie entre divers ordres de montagnes sous le nom de *primitives*, de *secondaires*, de *tertiaires*, etc. ; encore que la propriété de telles désignations ne pût soutenir l'examen grammatical, elles sont généralement adoptées : exprimant d'ailleurs à certains égards ce que voulurent dire leurs inventeurs, force nous est de les conserver. Ces noms prouvent en outre, qu'au fond, tout le monde est frappé des preuves multipliées que fournissent les montagnes à la manière de voir de ceux qui croient fermement à la diminution lente, continue et graduelle des eaux. En effet, on entend par *primitives*, les montagnes les plus élevées, celles conséquemment dont les sommets apparurent avant tout autre à la superficie de l'amnios terrestre ; par *secondaires*, *tertiaires* (et l'on pourroit augmenter ce nombre de noms comparatifs), celles à qui leur hauteur ne permit d'apparoître que dans l'ordre successif de la diminution des eaux.

Les montagnes dites primitives étant les plus élevées, atteignant aux sereines limites de l'atmosphère où les conditions nécessaires à l'organisation végétale et animale n'existent plus, leurs sommets demeurent frappés de mort, silencieux et dépouillés. Lorsqu'un froid rigoureux ne les revêt pas de frimas éternels, pareils à ceux des pôles, ces hautes régions sont encombrées de glaciers qui ne se fondent jamais, et de neiges durcies dont la masse, en beaucoup d'endroits, paroît augmenter, parce que chaque hiver en ajoute plus que les étés n'en rendent à l'état aqueux. Ces glaciers et ces amas de neiges sont comme des réservoirs placés au-dessus de la terre pour son arrosement : ce n'est jamais par leur surface qu'on les voit diminuer ; cette surface, au contraire, est, la plupart du temps, très-dure, inégale comme une mer clapoteuse, polie et brillante ; le pied le plus affermi risque d'y glisser, et l'on ne peut la parcourir qu'à l'aide d'une chaussure armée de crampons. Nous l'avons vue souvent aussi résistante, aussi sèche aux rayons du soleil de midi qui la rendoient éblouissante et faisoient monter le thermomètre de Réaumur jusqu'à quinze degrés au-dessus de zéro, qu'elle l'étoit pendant la nuit, où le mercure descendoit au-dessous de six. Aux

mêmes lieux, quelque cassure profonde dans la masse du glacier, quelqu'écartement de ses parois, quelqu'affaissement général, laissoient entrevoir des espaces de sol mis à nu, exposés au jour, et devenus de petites prairies de mousses et autres timides plantes alpines, ou bien des lagunes d'une admirable pureté ; on reconnoissoit dans ces lagunes et dans les filets d'eau courante qui arrosoit la végétation, le résultat d'une fonte intérieure s'opérant aux limites contiguës du glacier et du sol. C'est toujours par-dessous que les couches de neiges se fondent sur les monts, où leur séjour est très-long ou continuel ; c'est par l'influence de la chaleur exhalée du Globe même que cette opération a lieu, et peu ou point par l'influence solaire, annihilée pour ainsi dire à la surface des glaciers. Ce fait, que nous donnons pour certain, est donc encore une preuve de l'erreur étrange où tomba Péron, qui, n'ayant peut-être jamais gravi sur une montagne de deux cents toises, n'en imprimoit pas moins : « La source unique de la chaleur de notre Globe, c'est le grand astre qui l'éclaire ; sans lui, sans l'inflence salutaire de ses rayons, bientôt la masse entière de la Terre congelée sur tous les points ne seroit qu'une masse interne de frimas et de glaçons : alors l'histoire de l'hiver des régions polaires seroit celle de toutes les planètes. » Nous ne savons pas ce qui se passe dans les autres planètes, où nous n'avons jamais été, et quels y peuvent être les effets de l'influence du grand astre qui les éclaire; mais nous savons fort bien, pour l'avoir éprouvé sur quelques-unes des grandes hauteurs de la nôtre, que le grand astre, dont la présence radieuse fait resplendir la surface des glaciers, la fait rarement fondre ; c'est de la planète au contraire que vient évidemment la chaleur, comme on le verra dans la suite du présent chapitre : aussi voit-on les Primevères, les Saxifrages, les Androsaces, les Salbines, les Silènes, les Violettes et autres mignonnes parures d'une nature plus hâtée de former des fleurs que des feuillages, s'épanouir avec une surprenante promptitude à la racine des glaciers, à mesure que la masse de ceux-ci se fond pour découvrir le sol ; tandis qu'on voit geler ces plantes dans nos jardins de botanique, quand on a l'imprudence de les y cultiver en pleine terre.

Dans nos régions inférieures, où le grand astre exerce une si grande puissance, ce n'est pas la chaleur qui tue de tels végétaux, elle peut les y modifier seulement s'ils parviennent à s'y acclimater ; c'est le froid au contraire qui les fait périr, parce qu'ils ne le connoissent pas, sur leurs montagnes,

gnes, où la neige et la glace les tiennent abrités comme en orangerie, et réchauffés par la douceur de la température du sol ; c'est encore à cette chaleur terrestre qu'on peut attribuer la chute des avalanches si fréquentes dans les montagnes à glaciers. Si la chaleur attribuée au grand astre par Péron étoit l'agent unique qui rend l'eau congelée à sa forme liquide, celle-ci accumulée sur les montagnes, où le soleil brille du plus vif éclat, fondant à sa présence de l'extérieur à l'intérieur, s'écouleroit naturellement sans entraîner la moindre partie de la masse concrète : mais la surface pétrifiée du glacier repousse, en les réfléchissant, les rayons du jour, tandis qu'en dessous s'opèrent, par une fonte perpétuelle qui a souvent lieu dans une complète obscurité à d'assez grandes profondeurs, des cavités considérables, d'où suivent les plus épouvantables affaissemens. D'énormes quartiers d'eau solide ainsi déplacés, se détachant, vont rouler avec fracas vers les régions inférieures, entraînant avec d'autres glaçons les arbres des forêts inférieures, et jusqu'aux rochers gisans dans le trajet. Ce sont encore ces affaissemens du dessous qui causent, dans l'étendue des amas de neiges éternelles durcies, ces larges fissures qui ne permettent guère d'en parcourir la totalité, et qui, dans leur profondeur, présentent comme des précipices où le bleu le plus beau passe pour toutes les teintes, depuis celle de l'azur du ciel le plus tendre jusqu'à celle de l'indigo. Dans certains aspects, les cassures des grandes masses d'eau congelée offrent constamment la même couleur, et les lagunes qui se forment à leur base, ou dans plusieurs de leurs cavités, partagent cette propriété de n'absorber que des rayons bleus, la surface réfléchissant probablement les autres.

Autant on est frappé de la dureté extérieure d'un glacier brillant à l'ardeur du soleil, autant on l'est de voir le sol sur lequel il repose, lorsque des rochers nus ne lui servent pas immédiatement de support, réduit en boue qu'entraînent en coulant des milliers de petits filets d'eau formés par les gouttes de la glace fondant en dessous ; c'est ce que, dans certains cantons, on nomme *sourcillement*, c'est à dire l'effet de très-petites sources, et cette expression, pour n'être point admise, n'en rend pas moins fort bien la chose ; c'est ce sourcillement qui forme bientôt, à peu de distance, d'innombrables ruisselets, et qui alimente ces beaux lacs d'azur, origine et premiers réservoirs des rivières. Le rôle de ce sourcillement, dans l'économie du Globe terrestre, peut être comparé à celui que remplissent, dans

l'économie animale, les premières ou dernières ramifications veineuses en préparant le retour du sang vers l'organe qui en est le réservoir. Nous n'y trouvons point d'analogie directe avec un système artériel, c'est l'évaporation exercée sur les mers et sur l'évaporation qui ne se met pas plus directement en rapport avec les *sourcilles*, sortes d'oscules veineux, que les extrémités artérielles ne s'y mettent avec les petites sources de nos veines. Voici comment a lieu la circulation par l'intermédiaire des glaciers : l'eau, après s'être évaporée à la surface des mers et des terres humides, se cristallise en neige qui vient se déposer à la surface des glaciers, sous la forme d'une couche destinée quelque jour à se trouver inférieure, quand celles où elle s'est superposée se seront successivement fondues. Les pluies demeurent étrangères à cet intéressant phénomène ; elles ne tombent point ou ne tombent que très-extraordinairement au-dessus de la région des neiges éternelles, où l'atmosphère, raréfiée, semble s'être purgée de ces vapeurs que leur poids retient flottantes sur les couches assez épaisses pour les soutenir, et que le vulgaire appelle *l'air*. Les pluies étoient d'ailleurs inutiles où nulle végétation n'avoit besoin d'arrosement ; elles sont réservées pour ces pentes inférieures, où la Nature paroît se montrer d'autant plus prodigue de végétaux magnifiques, qu'à peu de mètres au-dessus elle devient totalement stérile.

La limite des neiges éternelles et des glaciers n'est pas la même sous toutes les latitudes dans les hautes montagnes primitives ; elle commence à diverses élévations, selon qu'on s'éloigne de la zône torride pour remonter vers le nord. On a imaginé que cette limite marquoit une grande courbe partant des pôles et passant entre deux mille quatre et deux mille cinq cents toises au-dessus de la surface de l'Océan sous l'équateur ; on a ensuite imaginé au dessous de cette ligne, d'autres lignes *Isothermes*, ou d'égale température annuelle moyenne, en supposant que ces isothermes circonscrivoient exactement les zônes de propagation ascendante des plantes et des animaux. Cette théorie a fait fortune, mais on ne doit pas y accorder plus d'importance que ne lui en accorde probablement son auteur lui-même, qui a fort bien senti que le phénomène de la hauteur à laquelle se conservent les neiges dans la saison la plus chaude de l'année, est très-compliqué et dépend autant des inflexions de ses lignes isothermes, que de celles des inflexions des *Isothères*, lesquelles sont des lignes de température égale des étés. Tant de circonstances locales influent sur l'état de l'atmosphère, qu'il est presqu'impossible d'établir des règles certaines sur de tels points de Géographie physique. Les observations exactes ne sont d'ailleurs pas assez nombreuses ; quelques faits partiels, recueillis par Pallas, Saussure, Dolomieu, Ramond, Deluc, Cordier, Humboldt, Breislak, de Buch, et par nous-mêmes, pourroient un jour servir de matériaux à quelque bon ouvrage de ce genre ; mais quel voyageur vit et compara assez de montagnes pour étendre à toutes celles de l'Univers des raisonnemens faits d'après l'examen de quelques points élevés des Cordillières, du Mexique, des îles africaines de la Péninsule Ibérique, y compris les Pyrénées, de l'Auvergne, des Alpes, de l'Italie, de l'Etna, du Hartz, des monticules de la Saxe ou de la Bohême, des chaînes scandinaves et des hauteurs de l'Empire britannique ? Que sait-on de très-positif sur le Caucase, dont pourtant on a beaucoup écrit, sur le plateau d'Asie, sur les sommets de la Chine, sur cet Hymalaya, dont on exagère probablement la hauteur ? Qui mesura les Gates, le Bélour ou le Bucktiri ? et qui nous pourroit dire à quels systèmes se rattachent ces monts asiatiques, ou s'ils sont isolés ? Sait-on rien des chaînes de l'Arabie ou de ces sommets de l'Abyssinie, dont Bruce rapporte que les entassemens sont si étranges, et que nous croyons avoir fait primitivement partie de la même terre que la presqu'île arabique ? Quant aux autres inégalités de l'Afrique et de l'Atlas lui-même, si voisin de nous, ces montagnes, dont aucune ne fut mesurée authentiquement, sont tracées au hasard sur les cartes. En jetant les yeux sur le catalogue des hauteurs connues du Globe, on ne trouvera qu'une soixantaine de points connus pour le Nouveau-Monde, dont près des deux tiers, vers son milieu seulement, ont été déterminés par M. de Humboldt. Le reste, soit au sud, soit au nord, moins quatre ou cinq sommets des Etats-Unis ou de la côte Nord-Est, est absolument inconnu. Une telle pauvreté de renseignemens ne commande-t-elle pas la plus grande économie de comparaison entre l'inconnu et le connu ?

Pour terminer ce qui concerne le chapitre des montagnes primitives, généralement les plus hautes du Globe, nous donnerons un aperçu de l'élévation des limites de la neige permanente sur leurs pointes ou sur leurs cimes, et selon les climats géographiques, qu'il ne faut pas confondre avec ce que, dans notre Résumé de la Géographie d'Es-

pagne, nous avons appelé *climats naturels*. Nous devons faire observer que cette ligne des neiges permanentes n'a guère été calculée que pour l'hémisphère boréal ; qu'elle sera probablement plus basse pour l'hémisphère austral ; qu'elle s'abaisse ou s'élève sur les mêmes systèmes de montagnes, selon l'exposition du nord ou du sud, et qu'il se trouve des cimes sous un même parallèle, où se remarquent de grandes variations, ainsi que nous l'avons signalé au sujet de l'Etna. Nous avons de fortes raisons de croire qu'on renoncera quelque jour à l'idée de mesurer la limite dont il est question d'après la latitude des lieux, et qu'on se bornera à exprimer ce phénomène, si remarquable dans l'histoire des montagnes, en signalant, pour chacune individuellement, le zéro perpétuel, sauf à faire monter ou descendre ce terme sur chaque sommet, selon que l'été aura été plus ou moins chaud.

	toises.	mètres.
Sous l'équateur aux Andes	2460	4795
Sous le 19e. degré, au Mexique,	2350	4580
Sous le 28e. 17 min., au Pic Ténériffe.	1700	3313
Sous le 30e. degré, pentes méridionales de l'Hymalaya........	2605	5077
Sous le 30e. degré, pentes septentrionales des mêmes montagnes.	1950	3800
Sous le 37e. 45 min. à l'Etna.	1300	2534
Sous le 37e. 10 min. à la Sierra-Nevada d'Andalousie, pentes septrionales seulement............	1418	2766
Entre les 41e. et 43e. au Caucase.	1650	3216
Entre les 42e. et 43e. sur les Pyrénées, pentes méridionales.....	1450	2826
Entre les 42e. et 43e., pentes septentrionales.............	1300	2534
Entre les 45e. et 47e. dans les Alpes................	1370	2670
Entre les 61e. et 62e. en Norvège.	850	1657
Sous le 65e. en Islande........	550	1072
Entre les 65e. et 70e. en Laponie....................	366	713
Entre les 75e. et 78e. à la Nouvelle-Zemble et au Spitzberg....	150	296

Contre les monts primitifs, au noyau desquels on ne sauroit retrouver les moindres indices de rien qui ait vécu, s'appuient des montagnes moins élevées, où se lient et s'anastomosent des chaînes, des contre-forts et des éperons qu'isolent en partie des cols et des vallées plus ou moins larges. Ces systèmes, dont le calcaire semble former la masse, sont appelés *secondaires*. Ils dûrent être, en effet, postérieurs à l'élévation des masses qui viennent de nous occuper, et auxquelles l'observation prouvera tôt ou tard que tous les systèmes secondaires se rattachent ou furent originairement subordonnés. La substance constitutrice s'y montre souvent tellement homogène et compacte, qu'en la désignant sous le nom de *calcaire alpin*, on lui étendit le nom de *primitif*. En effet, le calcaire ainsi désigné est primitif par rapport à tout autre calcaire que nous offre la croûte terrestre; mais de ce qu'on n'y retrouve nulle trace reconnoissable d'êtres organisés quelconques, il ne s'ensuit pas qu'une création d'êtres organisés, absolument effacés quant aux formes, n'en ait pas préparé la modification matérielle, c'est-à-dire la masse.

Buffon avoit pensé que tout calcaire possible devoit l'existence aux débris animaux. Cette grande idée qui a trouvé des approbateurs et des antagonistes, nous paroît fondée à certains égards. L'animalité ne créa point le calcaire, mais elle l'extrait des fluides qui en tiennent les élémens en solution, et quand le Globe fut recouvert par les eaux, des animaux marins ayant commencé le dépôt de cette substance, il est très-possible que des changemens survenus plus tard dans la nature de ces eaux par quelque catastrophe physique dont nous n'essayerons pas de rendre raison, aient opéré son remaniement comme il arrive dans ces fosses où des maçons éteignent des pierres calcinées remplies de cérites ou autres coquilles parfaitement reconnoissables, lesquelles disparoissent à jamais pour se délayer en une masse de chaux entièrement homogène. C'est postérieurement à une telle opération, faite en grand dans la Nature, que la vie put recommencer pour servir d'agent à la reconstruction d'un nouvel Univers autour d'un premier Monde dissous et précipité en dépôts sédimenteux sur les rochers qui formoient son noyau. Ces rochers servant de support aux sédimens d'un autre vieux Monde, soulevés au-dessus de l'Océan d'alors, comme on l'a vu quand nous avons parlé de la diminution des Mers, portoient sur leurs pentes de vastes couches de calcaire de remaniement aujourd'hui nommé *primitif*, et à travers lesquelles les eaux pluviales ne tardèrent pas à creuser des vallées, tandis que le desséchement y causoit d'immenses crevasses; celles-ci, agrandies par le temps, séparent aujourd'hui de plusieurs lieues des fragmens qui furent autrefois contigus, ou sont devenues ces vastes cavernes si connues dans le calcaire alpin; de tels accidens prouvent que la masse pâ-

teuse a éprouvé un retrait considérable par le desséchement; l'affaissement des souterrains résulté d'une telle cause, a changé et modifié à plusieurs reprises la croûte terrestre, dans le silence des âges effacés. D'innombrables débris, détachés par des milliers de convulsions, ont recouvert, en glissant les uns sur les autres, des espaces où la roche primitive présentoit originairement sa surface aride, et l'on dit aujourd'hui que tel ou tel calcaire y est superposé à telle ou telle autre roche primitive; d'autres fois, de ces roches éternelles, de qui les parties constitutives semblent présenter le type de la matière brute, ont au contraire roulé en masses considérables, et loin des cimes qu'elles couronnoient; leurs quartiers anguleux ont tracé des sillons profonds quand ils ne bondissoient point, et s'étant plus ou moins enfoncés aux lieux où les retint enfin leur poids, y formèrent ces blocs usés par les influences atmosphériques, et qu'on trouve épars ou entassés dans certains cantons granitiques comparables au champ de bataille des Titans.

De là cette idée bizarre qu'une certaine école de géologie tente d'accréditer, que les granites sont partout supérieurs aux calcaires; on établit cette théorie en généralisant les conséquences de deux ou trois accidens partiels dont la cause s'explique cependant d'une manière très-contraire. On s'étaie pour prouver la prétendue disposition superficielle ou calcaire de roches primitives, de ce que l'on a trouvé des fragmens de celles-ci gisans jusque sur des coulées de laves. Pour nous, qui avons vu des masses de basalte très-dur et très-compacte, grosses comme l'arc de triomphe du Carrousel, soulevées majestueusement par les flots incandescens d'une coulée en marche, demeurer surnageantes au-dessus des scories, s'y encroûter à moitié, tandis que la coulée se refroidissoit à leur base, s'y élever en forme de monticule d'un bleu ardoisé, quand la surface sonore et spongieuse des scories fut entièrement figée; nous pensons qu'il est très-imprudent de prétendre renverser une théorie reçue comme incontestable, à l'aide de faits qui ne prouveroient rien, les exemples en fussent-ils plus multipliés qu'ils ne le sont. Nous le répétons, les auteurs qui écrivent sur ce qu'on appelle *formations* et sur les montagnes, se font une idée trop importante des points du Globe qu'ils ont examinés; ils n'ont donc pas vu le beau plan en relief d'une partie de la Suisse et des Hautes-Alpes, qu'avoit très-habilement construit le général Pfyffer, et dont il y a vingt ans environ, on montroit à Paris, sur le quai Voltaire, une copie perfectionnée. Ce chef-d'œuvre topographique représentoit avec une merveilleuse perfection quatorze lieues de pays à peu près à une telle échelle, que les grands sommets s'y élévoient de deux à trois pouces au-dessus d'une table donnée comme le niveau de la Mer; les lacs et les cours d'eau y étoient représentés par de petites portions de miroirs parfaitement ajustées; les forêts y étoient très-bien marquées avec de la râclure de draps verts de diverses nuances; la végétation inférieure s'y trouvoit exprimée avec discernement; les glaciers surtout étoient distinctement rendus avec leur teinte de lait et d'azur; on avoit poussé l'exactitude jusqu'à tailler les rampes abruptes dans les propres roches qui composent les coupures correspondantes sur les Alpes. Dans ce temps on bâtissoit quelques maisons à côté du lieu où se voyoit la Suisse en miniature; des tombereaux y venoient bouleverser le sol et transporter des décombres sur un pavé culbuté. Après tout le désordre causé par les pieds des chevaux et par les roues des voitures, survint une pluie d'orage : du sable, de la boue, de la chaux, du mortier délayé, des pierres de diverse nature, avec les crêtes des ornières, ne tardèrent pas à former des alpes en diminutif parfaitement pareilles à celles de Pfyffer; on y voyoit leurs cimes, leurs contre forts, leurs rocs, leurs vallées, leurs rivières avec leurs lacs; et quand deux jours de soleil eurent occasionné, dans cette formation d'un cataclisme de l'avant-veille, des crevasses et des éboulemens, la ressemblance devint complète. Nous avons depuis observé bien souvent de ces alpes du moment, et pris, en considérant sérieusement ce qui n'étoit que de méprisables tas de boue aux yeux des passans, une profonde idée du néant et de l'orgueil humain; nous avons toujours reconnu les substances qui concouroient aux formations nées sous nos pas, et suivi leurs transports au point de pouvoir nous dire : ce petit attérissement a été créé aux dépens de telle ou telle élévation; ce fragment appartient à cet autre; ce caillou, qui représente ici un rocher, s'est détaché de cette pierre. Mais, lorsque multipliant l'échelle de nos monts de pygmées, nous la portions à celle du Mont-Blanc, par exemple, quelques pouces de distance devenant des milliers de toises, nous concevions comment des terrains qui, séparés de plusieurs lieues et placés à des niveaux très-différens, eussent été regardés par les géologues comme d'époque et d'origine diverses dans un vaste système de hauteur, se trouvoient dans ce gâchis, objet de nos méditations, le résultat des affaissemens et transports occasionnés par quelques gouttes de pluie; ailleurs, des

quartiers de pierre arrachés du pavé, tout en désordre, formoient des pics saillans à nos pieds; et comme nous connoissions leur origine, nous résolûmes de nous tenir en garde contre quiconque viendroit soutenir que les roches constitutrices du noyau des monts primitifs doivent être partout superposées à des roches qui ont vécu, parce que ces roches qui ont vécu, nous cachent quelquefois les racines de celles dont la composition précéda toute existence organique.

Les géographes, qui jusqu'ici n'ont pas adopté une nomenclature uniforme, ainsi que nous l'avons fait sentir lorsqu'il a été précédemment question de la Mer, ayant appelé *Chaînes* les massifs de montagnes, quelques-uns ont imaginé que toutes les montagnes s'enchaînoient. Cette erreur, provenue d'un abus de mots, a donné lieu à ces bizarres planisphères, où nous avons déjà dit qu'on fit faire aux Alpes le tour du Monde, tantôt par-dessus, tantôt par-dessous les flots. En dépit de telles rêveries, on observe dans la plupart des groupes de montagnes qu'on lioit les unes aux autres, des séparations très-considérables qui proscrivent toute idée d'unité : la division la plus naturelle qu'on en puisse faire, doit consister en SYSTÈMES, et nous désignerons sous ce nom : des amas de grandes inégalités de la surface du Globe, composés de points culminans d'une même formation de roches, d'où rayonnent ou descendent parallèlement, causés par des fracassemens, ou désunis par l'action des eaux courantes, des contre-forts de nature diverse, lesquels s'abaissent graduellement jusqu'aux coteaux qui en forment comme les racines, et que bornent des plaines ou des mers. Chaque système fut originairement une île, et apparut à la place continentale qu'il domine à son tour, et en raison de la quantité d'eau dont l'Océan environnant s'étoit appauvri; qu'on suppose une diminution de deux ou trois cents toises encore, plusieurs archipels seront métamorphosés en systèmes de montagnes, ou des îles actuelles se trouveront des sommets, tandis que les détroits y deviendront des cols, et de ces Dépressions dont il sera question ci-après; ce qui, cependant, n'établit pas que ces systèmes existent déjà tous formés sous les eaux; il faudra, pour en compléter la physionomie alpine, que le dessèchement y cause des crevasses au moyen desquelles plus d'une couche calcaire, que préparent horizontalement des animaux, sera soulevée, renversée et déchirée par les eaux pluviales après l'exondation.

On a appelé *Tertiaires* les hauteurs dont la formation paroît être plus moderne encore que celle des systèmes secondaires. La confusion qui règne souvent dans les fragmens dont ces montagnes tertiaires se composent, prouve que leur origine résulte de révolutions physiques qui ne pouvoient avoir lieu avant que des monts antérieurs eussent existé, et qu'il se fût même opéré de grands fracassemens dans ceux-ci. Des montagnes de ce genre, c'est-à-dire postérieures à toutes autres, se peuvent aussi former chaque jour aux dépens d'un sol qui s'élève ou qui s'affaisse, et que travaillent les eaux pluviales, ou quelqu'un de ces débordemens appelés *déluges* par les historiens. Quant à l'élévation ou bien à l'abaissement du sol, que nous croyons capable de changer la physionomie de la croûte du Globe en divers lieux, il est impossible d'en révoquer en doute les immenses effets. Nous ne connoissons pas assez la nature des couches dont se forme la croûte du Globe, même à peu de profondeur, pour prononcer qu'il n'est pas de ces couches qui, sur de grandes étendues, ne puissent absorber de l'eau et s'en pénétrer au point de se gonfler comme le font des éponges préparées, introduites dans les plaies d'un blessé, et qui les dilatent. On sent que par un pareil mécanisme, opéré en grand dans l'Univers, des contrées entières ont dû se soulever ; et nous avons ouï dire qu'un géologue, dont plusieurs opinions ont acquis beaucoup de poids, attribuoit à de telles causes le soulèvement général des régions scandinaves, en expliquant par elles la diminution en profondeur des eaux de la Baltique. Quoi qu'il en puisse être de l'élévation générale attribuée à ces régions du Nord, on en eut des exemples ailleurs ; tandis qu'au contraire des couches inférieures, plus facilement pénétrables par l'eau que celle où cet élément ne produisit que de la dilatation, ont dû être entraînées en se délayant : il est alors demeuré des vides inférieurs dont l'effondrement a produire en petit ce que nous retracent en grand les systèmes primitifs, c'est-à-dire des cassures abruptes, des précipices, et l'élévation de quartiers de terrain qui ont, plus tard, reproduit toutes les formes que nous reconnoissons dans les montagnes antérieures. Il n'est pas jusqu'aux vents qui n'aient le pouvoir de modifier le terrain au point de produire des espèces de montagnes, mais celles-ci sont mobiles et changeantes comme la cause qui les élève, qui les abaisse ou qui les promène. M. Desmarest en a longuement traité au mot DUNES, où nous renverrons le lecteur, afin d'éviter les répétitions.

Pour mettre le lecteur en état d'apprécier la figure que devoit offrir la Terre, lorsque quelques centaines de toises d'eau y étoient en plus, et avant de rechercher quelle pouvoit être cette figure, nous commencerons par donner une liste, beaucoup plus considérable que celles qu'on a imprimées jusqu'ici, de hauteurs calculées. Ces hauteurs seront disposées dans notre travail selon les rapports qu'elles nous paroissent offrir avec les grandes îles primitives, dont nous chercherons tout à l'heure à reconnoître l'antique existence pour établir les berceaux respectifs et les points de départ des grandes familles qui se reconnoissent parmi les êtres organisés.

Hauteurs déterminées de quelques points du Globe, entre lesquelles se trouvent celles des principales montagnes (1).

DANS L'OCÉAN ARCTIQUE.

	toises.	mètres.
Pointe-Noire (Spitzberg)	703	1370
Le Parnasse (île Saint-Charles)	618	1204
Snœfiels-Jockul * (Islande)	800	1559
Ronaberg (île Schéland)	644	1255
L'Heckla * (Islande)	519	1013
Mont Skaling (îles Féroër)	340	662
Ile Kilda	300	585

DANS L'OCÉAN ATLANTIQUE.

	toises.	mètres.
Pic de Ténériffe *	1920	3742
Monton de Trigo * (Ténériffe)	1482	2888
Pic des Açores *	1237	2412
Monts de Guimar * (Ténériffe)	1225	2387
Pic de los Muchachos * (île de Palme, dans les Canaries)	1193	2316
Pic de San-Antonio * (îles du Cap-Vert)	1157	2255
Pico Ruivo * (île Madère)	965	1880
Volcan de Fuégo * (îles du Cap-Vert)	667	1319
Sommet de Tristan d'Acugna *	550	1072
Pic de Diane * (Sainte-Hélène)	420	819
Enchold *	419	816
Mont de Hallay *	386	752
Montagnes Saint-Pierre * (l'Ascension)	347	676
Volcan de Lancerotte * (Canaries)	292	569
Pic de la Corona * (île de Palme, dans les Canaries)	292	569

(1) Les astérisques indiquent les monts volcaniques, soit brûlans, soit éteints.

	toises.	mètres.
Longwood *	275	537
Laguna * (Ténériffe)	264	514

DANS L'OCÉAN INDIEN.

	toises.	mètres.
Piton de neiges * (île de Mascareigne)	1955	3810
Le Bénard*	1900	3703
Montagne d'Ambotisméne (Madagascar)	1800	3508
Cimadef * (île Mascareigne)	1700	3313
Le Volcan) *	1400	2729
Plaine des Chicots, au sommet *	1200	2339
Pic d'Adam (île Ceylan)	1166	2273
Plaine des Fougères, au sommet* (Mascareigne)	871	1700
Couly-Candy * (île Ceylan)	847	1651
Morne du Bras Panon * (île Mascareigne)	800	1559
Piton de Viller *, sur la plaine des Cafres (Mascareigne)	625	1217
Piter-Bot * (île de France)	431	841
Le Pouce *	424	826
Montagne du corps-de-garde* au signal	394	769

DANS L'OCÉAN PACIFIQUE ET LA POLYNÉSIE.

	toises.	mètres.
Mowna Roa * (île Sandwich)	2577	5024
Mont Egmon (Nouvelle-Zélande)	2371	4621
Ophir (île de Sumatra)	2026	3950
Principal sommet d'Otahiti *	1704	3323
Parmazan (île Banca)	1572	3063
Mont Tobrou * (Otahiti)	1500	2923
Mont d'Arfack (Nouvelle-Guinée)	1488	2901
Mont Gété (île Java)	1327	2588
Pic de Jesso (Empire du Japon)	1184	2307
Sommet de Bourou* (Moluques)	1088	2121
Sommet de la Nouvelle-Calédonie	533	1030
Corne du Buffle (île Waigiou)	485	945
Piton de Borabora * (île de la Société)	365	712
Piton d'Oualan (îles Carolines)	337	657

DANS LE CONTINENT AUSTRALASIEN.

	toises.	mètres.
Plateau dans la Terre de Van-Diémen	1000?	1950?

	toises.	mètres.
Plus haute cime des montagnes Bleues (Nouvelle-Hollande)	591?	1152?
La Tête-Noire, dans les mêmes montagnes	548	1068
Hauts de la rivière des Poissons	415	809
De celle de Cambell	347	676
De celle de Cox	336	661
Lac George	331	645
Lac Bathurst	326	636

DANS LE CONTINENT AMÉRICAIN MÉRIDIONAL.

	toises.	mètres.
Le Chimborazo* (dans les Andes)	3350	6530
Le Cayambé *	3110	6083
L'Antisana *	2992	5832
Le Cotopaxi *	2950	5750
L'Altar de los Collados *	2730	5320
Hinissa *	2717	5294
Le Sangay *	2678	5219
Le Sinchulahua *	2570	5009
Le Cotocachi*	2570	5009
Le Tingarahua *	2543	4958
Le Rucu Pichincha *	2490	4853
El Corazon *	2469	4814
El Carquairazo *	2450	4776
Plaine de Tapia	1490	2904
Volcan d'Arequipa *	1371	2693
Sommet du Turimiquiri (montagnes de la Nouvelle-Andalousie)	1050	2046
Cuchilla de Guana-Guana	548	1068
Plateau de San Augustin	533	1039
Plateau de Cocollar	408	795
Cerro de l'Impossible	297	579
Pic Duida, dans la Sierra de Parima	1309	2551
La Silla (Caracas)	1350	2631
Le Brigantin	1255	2446
Collado de Buenavista	835	1627
Point le plus élevé du chemin de la Gayra à Caracas	763	1487
La Venta	622	1212
El Salto	465	906
Paramo de Mucuchies (Sierra-Névada de Mérida)	2120	4132

Quelques lieux habités des mêmes régions.

	toises.	mètres.
Métairie d'Antisana (dans les Andes)	2104	4101
Ville de Micuipampa (au Pérou)	1856	3618

	toises.	mètres.
Tusa (sur le plateau de Quito)..	1517	2957
Quito, sur la grande place.....	1491	2908
Ville de Caxamarca (au Pérou).	1467	2860
Santa-Fé de Bogota (Colombie).	1365	2661
Cuenca..................	1351	2633
Popayan.................	910	1775
Mérida..................	826	1610
Village de San Pedro........	584	1138
Caracas.................	446	869
Truxillo.................	420	818
Tocuyo.................	322	627
La Vittoria..............	284	583
Villa de Cura...........	266	518
Nueva Valencia...........	247	481

DANS LES ANTILLES.

Montagnes Bleues (Jamaïque).	1137	2218
La Soufrière * (Guadeloupe)...	778	1557
Montagne Pelée* (Martinique).	665	1298
Volcan de Saint-Vincent *.....	500	975

DANS LE CONTINENT AMÉRICAIN SEPTEN-TRIONAL.

Le plus haut Pic des Monts-Rocailleux.................	2905	5662
Le mont Saint-Elie * (côte nord-ouest).................	2828	5513
Potosi.................	2052	4000
Volcan de Propocatepetl* (Mexique)..................	2771	5400
Pic d'Orizaba *..........	2717	5295
Sierra-Névada...........	2255	4786
Névado de Toluca........	2372	4621
Montagne du Beau-Temps (côte nord-ouest).............	2334	4549
Pic James (montagnes rocailleuses)...............	1873	3652
Le Washington (Etats-Unis)..	1037	2021
Pic l'Otter (Virginie).......	666	1297

Quelques lieux habités des mêmes régions.

Mexico.................	1168	2277
Valladolid..............	1001	1951
Xalapa................	677	1319
Cincinnatus (Etats-Unis).....	85	165

(Les lacs Supérieur, Erié et Ontarjo, dans le bassin du fleuve Saint-Laurent, sont à 100, 88 et 34 toises, 195, 171 et 68 mètres.)

DANS L'ANCIEN CONTINENT MÉRIDIONAL.

AFRIQUE.

Point culminant des monts	toises.	mètres.
Géesh.................	2553?	4679?
L'Atlas, au sud d'Alger....	1231?	2400?

(La hauteur moyenne des cols de la chaîne de l'Atlas est évaluée à 500 toises.)

	toises.	mètres.
Monts Karrec (Afrique méridionale)..................	1050	2046
Schwecberge.............	917	1787
Montagne de la Table........	601	1190
Kamberg...............	452	881
La Sierra-Léone (Guinée)....	435	848
Pic de sucre (dans la Sierra-Léone).	394	769
La Tête du Lion..........	370	721
La Croupe du Lion (Cap de Bonne-Espérance)............	178	347

DANS L'ANCIEN CONTINENT SEPTEN-TRIONAL.

ASIE.

	toises.	mètres.
Dhawalagiri (Hymalaya)...	4390?	8556?
Jawahir................	4026	7848
Jamaatri..............	3987	7772

(La hauteur moyenne des cols de ce système est de 2462 toises.)

	toises.	mètres.
Petcha ou Hamar (Chine)....	3286	6404
Autre Pic sur la frontière de Chine..................	2634	5135
Montagnes de Sochoudta......	1988	3874
L'Altaï, au sommet d'Isatitz-Koi (Tartarie)..............	1678	3270
Petit Altaï.............	1093	2130
Elburz (dans le Caucase).....	2795	5447
Kasbeck................	2399	4677
Mont Ararat *.............	1800	3500
Plateau de Daba..........	2334	4549
Mont Olympe (Malaca).....	1900	3703
Volcan d'Awatscha * (Kamtchatka)...............	1501	2925
Tumel-Mazecb............	1482	2910
Montagne de Me-Lin........	1282	2498
Mont Ida (dans l'Anatolie)...	907	1768
Le Liban...............	1500	2924
Mont Carmel.............	344	670
Mont Thabor.............	313	610

(En Asie, le désert de Coby, qui représente le fond d'une ancienne Caspienne, est élevé de 550 toises ou 1072 mètres, et le plateau du pays de Mysore a 400 toises ou 779 mètres ; les steppes de Bucharie passent pour avoir 186 toises ou 362 mètres seulement.)

Quelques lieux habités de l'Asie.

	toises.	mètres.
La ville de Beidara..........	1185	2309
Le village Kergen (Caucase)...	941	1834
La vallée du Népaul.........	640	1247
La ville d'Aumenour (Caucase).	445	865

EUROPE.

Les montagnes de cette partie de l'ancien continent boréal ayant été beaucoup plus visitées que celles du reste du Monde, sont mieux connues sous le rapport de leur hauteur respective, mais on ne les en a pas mieux figurées sur les cartes; aussi la classification que nous allons proposer pour les étudier ne manquera pas de paroître extraordinaire à certains géographes qui, n'ayant jamais quitté leur cabinet, écrivent sur la figure de la Terre d'après des images dont le burin et l'enluminure font souvent tout le mérite.

SYSTÈME OURALIEN qui, séparant l'Asie de l'Europe, s'étend du sud au nord, depuis le 50e. degré de latitude environ, jusque vers le cercle polaire arctique.

	toises.	mètres.
Pawdinskoi-Kamen..........	1057	2036
Kamcheslskoi.	1416	2761

(Le plateau de Waldaï, au centre de la Russie d'Europe, dont les eaux s'écoulent dans la Caspienne, dans la Mer-Noire et dans la Baltique, passe pour avoir 208 toises, ce qui nous paroît être fort exagéré.)

SYSTÈME HYPERBORÉEN. Parfaitement isolé du reste des montagnes de l'Europe, il s'étend de l'extrémité sud-ouest de la Norvège, jusqu'au Cap-Nord ; le centre, appelé *Chaîne Dofrine*, en est le point le mieux caractérisé. Le reste se compose de hauts plateaux sur lesquels s'élèvent çà et là d'autres chaînes à peu près indépendantes les unes des autres.

	toises.	mètres.
Dofre (Norvège centrale, glacier).......................	1161	2263
Snée-Hoettan ou Bonnet de Neige.	1389	2606

	toises.	mètres.
Sylt-Field.	1109	2161
Koël-Field	1069	2073
Tron-Field.	1004	1957
Swucku (Mont Sévons).	803	1565
Transtrund.	549	1070

(Entre la Suède et la Norvège existe ici le désert de Swarteborg, élevé de 300 toises.)

	toises.	mètres.
Sogne Field (glacier dans la Norvège occidentale).............	1229	2395
Folgefond.	1131	2204
Lang-Field.	1128	2179
Fille Field.	1007	1963
Hallingdal.	1002	1953
Snée-Breen ou de Dome Neige.	1000	1949
Hardanger.	984	1818
Suletind.	920	1793
Gousta.	846	1649
Gura-Field.	816	1592

(Le plateau qui supporte cette chaîne entre environ pour 500 toises dans la hauteur des sommets qui viennent d'être mentionnés.)

	toises.	mètres.
Sulitielma (Laponie).........	960	1871
Linayëgna.	948	1794
Tulpayegna.	675	1312
Saalo.	634	1235

(Le plateau de Laponie entre pour 232 toises dans la hauteur des montagnes de la contrée.)

Une chaîne maritime forme parallèlement à la côte de Norvège, depuis le 68e. degré environ jusqu'au Cap-Nord, vers le 70e. et demi, un système d'îles ou promontoires fort élevés et qui sont :

	toises.	mètres.
Joke Field (péninsule).	683	1331
Le glacier de l'île de Waag. ...	666	1298
Le glacier de l'île de Hind.	666	1298
Le glacier de l'île de Seyland....	650	1257
Voriedader.	616	1200
Strovands-Field.	616	1200
Le Cap-Nord.	261	509

(La Suède méridionale offre des plateaux élevés, entre lesquels la Ramsgilla et le Taberg dans le Smoland ont 179 et 171 toises, et le Kinekulle dans la Westrogothie 156 ; les lacs Vetter et Venner y sont à 49 et 24; l'île de Bornholm dans la Baltique s'élève à 65.)

Montagnes britanniques.

Ce sont des hauteurs qui méritent à peine le nom de montagnes, même en Ecosse, qui est toute

toute hérissée, et où se voient les plus considérables qui paroissent former un système complétement isolé, composé de chaînes à peu près parallèles du nord-est au sud-ouest. Les Orcades et les Hébrides se rattachent à ces chaînes ; l'Irlande n'offre guère que des collines prononcées.

	toises.	mètres.
Ben-Névis (Ecosse).........	686	1337
Cairn-Grom...............	675	1315
Ben-Lawer...............	625	1218
Ben-Moor................	602	1174
Ben-Wevis...............	581	1132
Ben-Lomond..............	504	982
Ben-Vorleih.............	530	1033
Cheviot-Hill.............	414	807
Sommet de Hoy (îles Orcades)..	270	523
Cross-Fell en Angleterre, Comté de Cumberland...............	522	1017
Hellwyl.................	511	995
Snewdon et Shehalien (au pays de Galles)................	533	1039
Cader-Idris.............	555	1082
Skiddan.................	392	697
Pen-Ladi...............	515	1004
Blacklarg...............	451	887
Macgillicuddy (en Irlande)....	532	1037
Silabh-Donard............	525	1023
Knockmeldown.............	450	877
Chroug-Patrick...........	444	865

(On prétend qu'un sommet appelé Cahir-Canningh s'élève à près de 700 toises, mais le fait est douteux. Les îles d'Arran et de Mull, l'une à l'ouest, l'autre à l'est de l'Irlande, passent pour avoir à leur point culminant 460 et 272 toises.)

Montagnes germaniques.

SYSTÈME SCLAVONIQUE. Encore que plusieurs savans, et M. Beudant entr'autres, aient fort bien fait connoître certains points de ce système, sa masse et sa circonscription sont cependant des choses hypothétiques sur nos meilleures cartes, tant la Géographie physique est peu avancée, même dans les Etats européens. On y rattache les monts qui, formant les parties orientales de la Transylvanie, ont fait évidemment partie des monts de la Grèce avant l'époque où le Danube en ait opéré la disjonction près de Neu-Orschova. Il seroit possible qu'une grande dépression qui existeroit vers les limites de la Buchowine, partie de la Gallicie, séparât encore les monts Transylvains des Krapacks, qui distinguant, en forme d'arc, la Hongrie de l'ancienne Pologne, sont le noyau du système sclavonique. Malgré qu'on ait coutume d'unir ces Krapacks au système suivant, comme dans les plus modernes Traités de géographie on s'obstine à unir les Alpes aux Pyrénées, et celles-ci au mont Caucase, une vaste dépression, dans le sens où le général Andréossy emploie ce mot, ne les en sépare pas moins. Cette interruption notoire est un plateau simplement accidenté, car il ne faut pas imaginer que les sources de la Vistule ou des affluens opposés à l'Oder et de la Waag, tributaire du Danube, s'échappent de sommets fort élevés. Les vainqueurs d'Austerlitz qui parcoururent la Moravie d'une extrémité à l'autre, et ceux qui, sur la trace des fuyards, pénétrèrent vers la Silésie autrichienne, ou qui ont été de Brunn à Cracovie, savent fort bien qu'il n'y a proprement pas de chaîne à traverser, et que le sol de ces lieux, pour être assez profondément anfractueux, ne peut être raisonnablement appelé un pays de montagnes.

	toises.	mètres.
Ruska-Poyana (groupe oriental appelé *Alpes Bastaniques* par M. Malte-Brun)................	1550	3021
Gailuripi................	1500	2923
Buthest, du côté de la Transylvanie)................	1360	2651
Buthest, du côté de la Valachie.	1066	2077
Rétirzath................	1330	2592
Leutschitz...............	1323	2578
Budislaw................	1248	2433
Uénokar................	1232	2401
Sural..................	1187	2322
Kukuratzo..............	780	1520

(La ville de Kronstadt, vers le centre du groupe et vers des frontières de la Valachie, est élevée, dit-on, de 316 toises.)

	toises.	mètres.
Lomnitz (groupe karpathique ou central, selon M. Beudant)......	1324	2580
Krywan.................	1859	3623
Piétrosz................	1137	2216
Présiba................	1004	1957
Babia-Gora..............	905	1760
Krykan de Thurecz.........	902	1758
Czerna-Gora.............	800	1559
Gurabor................	746	1454

(Le lac Vert, dans cette région, est élevé de 790 toises environ.)

	toises.	mètres.
Alt-Vater (groupe occidental, s'abaissant vers la Moravie et la Silésie)...................	751	1464
La Baude................	740	1442

10

	toises.	mètres.
Peterstein.............................	736	1434
Lissa-Hora près de Teschen.	711	1385
Hackscha	680	1325

(Le plateau du pays est évalué, dans ces hauteurs, à près de 200 toises ; celui de la Moravie, entre les monts qui viennent de nous occuper et une partie des suivans, est, à Brunn, de 86 toises.)

SYSTÈME SILÉSIEN. Celui-ci, distingué du précédent par des plateaux tourmentés qui sont loin de l'y rattacher comme système, est distingué du suivant par la coupure brusque par où s'échappe l'Elbe. Il sépare le haut bassin de ce fleuve de la vallée supérieure de l'Oder, et s'étend dans une ligne à peu près droite du sud-est au nord-ouest : un contre-fort assez puissant s'en échappe dans la direction du sud-ouest, comme pour isoler la Bohême de la Moravie ; ce contre-fort s'abaisse vers le Danube, qui en rompit entre Lintz et Passau les dernières pentes long-temps rattachées à cet autre contre-fort qui, descendu du Camergut, lioit les monts de Bohême aux Alpes, frontières de Saltzbourg et de Styrie, par Wolfseck, Gmunden et Halstadt.

	toises.	mètres.
Schneckuppe (Riegen-Gebürge).	825	1608
Sturmhaube, ou le grand Casque.	786	1531
Hohe-Eule	557	1085
Otterstein.................................	526	1025
Schnèeberg.............................	511	995

(La ville de Glatz, dans la principale vallée de cette région, est à 210 toises ; le Leuchberg, sommet basaltique, en a, selon M. de Buch, 457 environ.)

	toises.	mètres.
Kreuszberg (dans le contre-fort entre la Bohême et la Moravie)...	340	662
Rotschotte	237	462
Steinberg..................................	546	1064
Plœckenstein..............................	696	1357
Le rocher d'Hohenstein...................	670	1306
Postling (vers le Danube, vis-à-vis la ville de Lintz)...........	301	586

Dans le plateau de la Bohême s'élèvent quelques montagnes isolées, qui s'écroulèrent sans doute des systèmes voisins. La plus remarquable est le groupe appelé Mittel-Gebürge, dont les sommets sont :

	toises.	mètres.
Donneberg.............................	418	815
Hœltsch ·.................................	359	700

(La ville de Budweis est sur une plaine de 196

toises : l'observatoire de Prague, vers le centre du bassin, est à 92 ; et l'on cite, non loin de cette capitale, un coteau de vignobles à Melnieck, au-dessus de 50 degrés nord, qu'on estime à cent toises, ce qui est beaucoup sous un tel parallèle.)

SYSTÈME TEUTONIQUE. Celui-ci, fort sinueux dans son étendue, séparé du silésien par la fracture qu'occasionne l'Elbe, forme le véritable noyau central de l'ancienne Germanie. Descendant du nord-est au sud-ouest, il limite d'abord la Bohême et la Saxe, et vient s'identifier au plateau de cet ancien Palatinat, qui fait maintenant la partie septentrionale du royaume de Bavière. Le Hartz en forme le centre avec les hauteurs de Thuringe ; il vient enfin se fondre sur les rives du Rhin avec les Vosges, et les hauteurs des Ardennes en dépendirent certainement avant que ce Rhin et la Moselle l'eussent divisé dans ses extrémités occidentales, comme l'Elbe en brisa les rocs orientaux ; les hauteurs de la Franconie et de la Souabe, où s'élève le groupe appelé Forêt-Noire, n'en sont que des dépendances qui s'unissoient peut-être d'un autre côté au Jura : alors le Rhin ne s'étoit pas violemment fait jour à Bâle ni à Bingen ; l'Alsace étoit un grand lac, et la vallée du Rhône communiquoit à celle du Danube par les parties de la Suisse que les Alpes ne surchargent pas. Les berceaux des races humaines, que nous avons appelées Celtique et Germaine dans l'espèce Japétique (voyez le Dictionnaire), étoient séparés de celui de la race Pélage par un vaste bras de mer ; deux cents toises au plus de diminution dans la masse des eaux, à la surface du Globe, ont suffi pour faire disparoître ces premières limites posées originairement par la Nature entre les peuples autochtones divers.

	toises.	mètres.
Schnéekopf (groupe oriental dit Ertz-Gebürge)...............	552	1076
Anersberg.................................	492	959
Lausche....................................	401	781
Fichtelberge (Saxe).........	622	1202
Beerberg (Thuringe)........	497	969
Schéekopf..................................	495	965
Inselberg..................................	465	906
Broëken ou Bloksberg (dans le Hartz, groupe central)........	562	1095
Bruchberg..................................	503	980
Kreutzberg.................................	459	894
Winterberg.................................	447	871
Dammersfeld	421	828
Feldberg...................................	433	844
Mont-Meisner * (basaltique)...	364	709

	toises.	mètres.
Saltzburgs-Kopf (Westerwald).	434	846
Lœvenberg * (groupe volcanique de Siebenbergen)............	312	608

La Forêt-Noire, que nous avons dit s'étendre dans la Souabe, et se rattacher aux monts germaniques par le plateau de la Franconie, domine un pays généralement assez uni, mais où les moindres cours d'eau se sont creusé des vallées souvent très-profondes, dans lesquelles on se croiroit en un pays de hautes alpes. Entre les rivières qui s'y sont le plus encaissées depuis le Mein jusqu'au Danube, on doit citer la Taube, l'Yaxt et la Kocher. Les points les plus élevés y sont :

	toises.	mètres.
Le Feldberg (Forêt-Noire proprement dite)...............	768	1497
Le Bœlchen...............	728	1419
Le Kandel...............	651	1268
Le Kohlgarten............	647	1261
Le Strenberg (en Souabe)....	462	900
Le Rostberg...............	448	873
Le château de Hohenzolern....	437	852

(Les sources du Danube, dans cette région, ne sont guère qu'à 200 toises.)

L'Allemagne septentrionale, terre d'alluvion récemment sortie des eaux, comme on l'a vu précédemment (pag. 61 et 62), ne présente aucune montagne ; quelques monticules, qui ne sont que des rocs épars ou de hautes dunes fixées, y sont jetées çà et là ; les plus remarquables, au-dessus des lacs voisins ou dans la Baltique, sont :

	toises.	mètres.
Perleberg (dans le Mecklembourg).	104	203
Le Cap Stubben-Kamer (dans l'île de Rugen).............	92	179

(Le Jutland a aussi un sommet de 200 toises, appelé le Himmerbierg. L'Eiffeld, entre la Meuse et la Moselle, est un groupe dont plusieurs cimes atteignent 270 toises que remplissent des volcans éteints fort bien conservés ; il s'appuie contre un plateau considérable depuis Montjoie, non loin d'Aix-la-Chapelle, jusque dans le pays de Luxembourg dans les Ardennes. Ce plateau est couvert de vastes et profonds marais appelés *Fanges*, où les neiges persistent durant près de huit mois quand les étés ne sont pas trop chauds, fait très-remarquable à une telle latitude. Le plateau des Ardennes n'a guère moins de 300 toises.)

Monts de la Grèce.

« De toutes les parties de l'Europe, c'est la Grèce, dit l'auteur de l'un des volumes de nos Résumés de Géographie (Turquie d'Europe, p. 11), dont la Géographie soit la moins certaine ; la science naquit chez les Grecs, et c'est leur pays qui nous demeure presque presqu'inconnu sous le rapport de sa constitution topographique. » L'Hellène auquel nous devons l'ouvrage dont on vient de citer quelques lignes, dit son pays fort montagneux, déchiré par d'innombrables torrens, et présentant quelques vallées riantes de loin en loin. « On peut assurer, ajoute-t-il, qu'un seul système de montagnes sert de charpente à la contrée ; et qu'on n'imagine pas, comme l'ont représenté les graveurs jusqu'à ce jour où M. Lapie nous a donné une excellente carte, que ce système énorme se lie étroitement et sans interruption aux Alpes devenues presqu'entièrement autrichiennes. Les monts illyriens n'en font nullement partie, ils sont au contraire sensiblement séparés de l'éperon des Alpes carniques projetées vers le nord-ouest, par les plaines de la Croatie turque et de la Dalmatie méridionale, lesquelles avoient ici disparu sous le burin des artistes. Le système des montagnes grecques est donc un noyau isolé qui, lorsqu'il fut détaché de l'Asie mineure, devint évidemment une île à laquelle s'unirent peu à peu d'autres îles, aux dépens des autres archipels qui l'environnoient. » Ici, d'après le témoignage d'un homme du pays, il est arrivé un échange de territoire entre deux parties de l'ancien continent, au moyen duquel la Grèce devint un morceau de l'Europe, d'asiatique qu'elle étoit. Nous renverrons, pour de plus amples détails, à l'excellent petit volume du citoyen grec, qui divise les montagnes de sa patrie :

1°. En *Dardaniennes*, lesquelles s'étendant du sud-est au nord-ouest, séparent, dans toute sa longueur, la Bosnie et la Servie de la Dalmatie et de l'Albanie ; elles sont granitiques, contiennent des sommets de 8 à 900 toises, et comprennent le pays des Monténégrins.

2°. En *Helléniques*, dont la chaîne descend presque directement vers le midi, jusques et y compris ce que les Anciens appeloient *le Pinde*, aujourd'hui Metzovou-Vouna, séparant ainsi le bassin de l'Aspropotamos ou Achéloüs, de celui de Salamaria, qui fut le Pénée. Cette chaîne se courbe ensuite presqu'à angle droit pour s'étendre directement vers l'est, où, sous le nom de Delacha, ses racines orientales semblent correspondre avec le nord de l'Eubée, qui en est comme une continuation. L'Olympe, dont la direction est parallèle aux côtes de la Mer-

Egée, paroît en être une dépendance. Les monts Acrocéroniens, à l'opposé, qu'on dit présenter des neiges éternelles, et qui contribuent à rétrécir le canal d'Otrente, dépendent du système hellénique.

3°. En *Thraciennes*, qui comprennent les monts Rodopes sur une longueur de près de cent vingt lieues, et par lesquelles se lia l'Asie mineure à la Grèce, lorsque la Propontide ne séparoit pas ces contrées : la presqu'île Chalcédique, dont l'Athos termine l'un des trois caps, s'y unit par la Pangée.

4°. En *Cimmériennes*; celles-ci comprennent, sur une étendue à peu près égale au système précédent, l'Hémus, depuis le Scardus jusqu'à la Mer-Noire, et séparant la Macédoine de la Bulgarie, sont appelées en général Monts-Balkan par les Turcs. « Au point de jonction du système Cimmérien et du nœud central des monts de la Grèce, dit l'auteur du *Résumé de Géographie* que nous citons, se rattache un puissant contre-fort, dont les sinuosités et les brisemens divers affectent d'abord une direction générale vers le nord-ouest, comme pour séparer le bassin de la Morava de celui du Danube inférieur, dont les plaines furent sans doute un golfe de l'Euxin, quand cette Mer, pesant de tout le poids des eaux sur le point où se voit aujourd'hui le Bosphore, ne s'y étoit pas encore ouvert un dégorgeoir. » L'extrémité de ce contre-fort, après avoir décrit une sorte d'arc, correspond aux monts d'Orchova qui s'élèvent dans le territoire d'Hermanstadt en Transylvanie, et dépendans des monts Karpathes, comme on l'a vu plus haut (pag. 73).

La hauteur d'aucune montagne continentale de la Grèce n'a été encore régulièrement calculée. Nous ne trouvons à ce sujet que de simples évaluations qui portent les monts Acrocéraniens à..................... 1700 ou 1800 toises.

L'Orbélus (en Macédoine) à..................... 1500 ou 1650

Les points culminans de l'Hémus, à............. 1000 ou 1200

L'Olympe, à.......... 900 ou 1100

Le Pinde, à.......... 1200 ou 1300

On a déterminé beaucoup plus exactement les principales îles dépendantes de la Grèce, savoir :

	toises.	mètres.
Mont Noir (Céphalonie)	666	1298
Mont Ida, aujourd'hui Pristorit, en Crète	1220	2378
Ligrestosowo ou Mont-Blanc	1184	2307

	toises.	mètres.
Lassite	1166	2272
Kentros	575	1121
Vrisina	441	859
Sommet de Naxos	516	1006
Cocyla (Scyros)	405	789
Mont Saint-Elie (Mylos)	400	780
Sommet de Paros	395	770
Delphi (Scopélos)	359	600
Sommet de Théra	301	586
Veglia (Astypalaëa)	228	444

SYSTÈME ALPIN PROPREMENT DIT. Le plus important de l'Europe par la hauteur de ses sommets, ce système paroît être, quant à l'élévation, le troisième du Globe ; il forme la distinction naturelle des bassins du Danube, du Rhône et du Pô ; son étendue de l'est à l'ouest, depuis le Kahlenberg en Autriche, jusqu'au Mont-Ventoux en France, est d'environ deux cents lieues ; son massif principal est situé entre la Suisse, l'Italie et la France. Les pentes méridionales en sont bien plus longues que celles qui regardent le nord, et leurs racines, de ce côté, sont très-basses et à peine élevées au-dessus du niveau de l'Adriatique ; tandis que, vers la Germanie, elles consistent en plateaux qui, tels que ceux de Bavière, de Souabe et d'Helvétie, atteignent de 100 à 200 toises. Quelques géographes ont rattaché au système dont il est question, toutes les hauteurs de l'Europe, ainsi que nous l'avons dit plus haut. Il est en effet possible que ces hauteurs aient fait originairement partie d'un même fragment de la croûte du Globe, brisé plus tard ; et l'on pourroit reconnoître la grande cassure qui les disjoignit, dans l'intervalle régnant aujourd'hui en arc de cercle entre les Alpes, durant toute leur longueur, le système celtique séparé par le Rhône, et le système germanique qui l'est par le Danube. Des fragmens de rocs demeurèrent après dans l'écartement considérable opéré dans cette direction, vers l'époque où les crêtes des monts apparurent à la face des flots ; ces fragmens y sont devenus des sommets et des contre-forts ; mais ils furent d'abord les îles d'antiques Caspiennes et de lacs que nous représentons aujourd'hui de vastes plaines. Les barrières qui interceptoient ces eaux captives se sont brisées en divers points, et les parois en sont devenues celles de la vallée du Rhône jusqu'à l'extrémité du Léman, de l'Aar jusqu'au confluent de cette rivière avec le Rhin, du Rhin lui-même, depuis le fond du lac de Constance jusque vers Bâle ; enfin, du Danube, depuis les sources de ses premiers affluens, jusqu'au-dessus de Bude, où ce fleuve change tout-à-coup de direction à angle droit, parce que ce point fut long-temps l'embouchure du fleuve, quand la Hongrie étoit une Caspienne alimentée par un si grand cours d'eau. Les Apennins sont évidemment un rameau du même système alpin, que nulle dépression ne sépare suffisamment pour qu'on en puisse traiter sous un autre titre. Il forme la charpente de la presqu'île italique, sur 280 lieues de longueur dans une direction sinueuse du sud-est au sud-ouest, depuis la pointe la plus méridionale des Calabres jusqu'entre Savone, Gênes et Acqui, où l'Apennin se rapproche plus que jamais des rivages pour s'unir au groupe appelé les Alpes maritimes. Quelques points, dans son étendue, présentent des volcans éteints ou brûlans, entre lesquels l'Etna, le plus considérable de tous ceux de l'Europe, paroît avoir détaché la Sicile, que nous croyons appartenir au groupe dont il est question.

	toises.	mètres.
Colmo di Lecco (Apennin septentrional)	546	1064
Monte-Simone	1091	2126
San Pélégrino	807	1573
Alpes de Doccia	690	1345
Monte-Barigazo	619	1206
Boseo-Lemgo	696	1356
Sasso-Simone	633	1234
Monte-Amiata	906	1776
Radicofani (Toscane)	478	933
Mont Socrate	355	692

(Les villes de Viterbe et de Sienne dans cette région appelée de l'Anti-Apennin, sont à 206 et à 177 toises.)

	toises.	mètres.
Monte-Velino (états de l'Eglise)	1312	2557
Monte-Sybilla	1178	2296
Sasso d'Italia	1492	2908
Monte-Cavo (près Frosinone)	654	1275
Monte-Amoro ou la Majella (royaume de Naples)	1428	2783
Monte-Castria	968	1887
Monte-Pennino	808	1575
Terminilo	1100	2144
Monte-Génaro	654	1275
Roca di Papa	372	725
Le Vésuve *	584	1138
Monte-Bolgario (près Salémi)	582	1134
Monte-Cavo (sommet du Gargano)	800	1559
Sila (Calabre)	772	1505
L'Etna * (Sicile)	1711	3335

	toises.	mètres.
Pizzo di Case	1018	1984
Coro di Moféra	977	1904
Portella dell Aréna	805	1569
Piano di Troglio	775	1510
Monte-Cuccio (près Palerme)	503	980
Monte-Giuliano (l'Erix des Anciens)	421	820

Les sommets de quelques îles dépendantes physiquement de l'Italie ont été aussi mesurés, mais on n'a aucune donnée certaine sur les montagnes de la Sardaigne, dont les plus considérables, appelées de Limbara, de Willa-Nova, de Génarente, d'Arizzo et de Fonny, passent pour conserver leurs neiges durant l'été. Les hauteurs insulaires déterminées sont les suivantes :

	toises.	mètres.
Monte-Rotondo (Corse)	1377	2684
Monte-d'Oro	1367	2664
Monte-Capana (île d'Elbe)	600	1169
Epoméo (île Ischia)	394	768
Anacapri	306	596
Montagnuolo (île Felicudi)	478	922

Les Alpes maritimes établissant une continuation à l'Apennin par le nord-ouest, forment une séparation naturelle, que ne respecta pas toujours la politique, entre la France et l'Italie ; ces montagnes se ramifient d'un côté vers le Dauphiné, et de l'autre vers le Piémont. Les points déterminés de ce groupe sont :

	toises.	mètres.
Caoume (près de Toulon)	408	795
Saint-Pilon	505	984
Mont de Lure	900	1754
Mont-Ventoux	1133	2208
Mont-Charance (près Gap)	800	1559
Col de Tende	910	1773
Le Parpaillon (près Barcelonnette)	1400	2729
Le Siolane	1512	2947
Mines de charbon de Saint-Olup.	1080	2105
Le Chaliol-le-Vieux	1704	3321
Le Loucira	2258	4401
Le Lanpilon	2210	4307
Le Pelou de Vallomse	2218	4322
Le Joselmo	2167	4223
Plus grand sommer du Mont-Viso	2162	4213
Mont-Viso de Ristolos	2054	4003
Mont-Genèvre	1843	3592
Mont-Cénis	1792	3493
Pic de Pelladonne (chaîne du Dauphiné qui aboutit au Rhône)	1600	3118

	toises.	mètres.
Le Chevalier	1167	2274
Les Richardières	1207	2352
La Chamechaude	1073	2091
Le Gardgros	750	1462

(Les sources du Pô, dans ce groupe, sont à 101 toises de hauteur ; le passage du Mont-Cénis, qui est l'une des grandes communications de la France, s'élève à 1059, et le lac de cette montagne est à 982.)

On appelle *Pennines*, les Alpes les plus élevées ; leurs sommets altiers, couverts de glaciers éternels, sont encore dominés par le Mont-Blanc, qui en forme le centre.

	toises.	mètres.
Mont Iseran	2076	4046
Mont Valaisan	1709	3331
Mont Saint-Bernard	1500	2923
Le Cramont	1402	2732
Mont-Blanc	2465	4804
Le Buet	1579	3077
Aiguille de l'Argentière	2094	4081
Le Grand-Saint-Bernard	1730	3372
Mont-Rosa	2405	4687
Mont-Cervin ou Malter-Horn	2310	4502
Breithorn	2002	3902

Dans ce groupe, le passage du Saint-Bernard est à 1123 toises ; le Col de la Seigne à 1258 ; celui du Bonhomme à 1255 ; celui du Géant à 1063 ; le passage du Grand-Saint-Bernard à 1279 ; celui du Mont-Cervin à 1750, et la route du Simplon à 1039 ; le prieuré de Chamouny est élevé de 542.)

Du groupe du Saint-Gothard s'écoulent le Rhône, dont la vallée supérieure est appelée *Valais*, la Reuss ou vallée d'Uri, jusqu'au lac de Lucerne, les deux sources du pays des Grisons, et les affluens du Pô qui forment le lac Majeur ; ce groupe est lié au précédent, et occupe le point central du midi de la Suisse ; on y distingue les sommets suivans :

	toises.	mètres.
Petchiroa	1662	3239
Pettina	1431	2788
Fieuda	1591	3102
Furca (ou montagne de la Fourche)	2195	4273
Stella	1747	3405
Piz-Pisoc	2000	3898

(Le passage du Saint-Gothard, à travers ces montagnes, est élevé de 1065 toises, et les sources de la Reuss, de l'Aar et du Rhône, y sont à 1108, 913 et 832.)

Du groupe du Saint-Gothard descendent encore trois chaînes principales ; la première, entre le canton de Berne et le Valais ; la seconde, entre les cantons de Berne et d'Uri ; la troisième, entre les quatre petits cantons et le pays des Grisons. Les principaux sommets de ces chaînes secondaires sont les suivans :

	toises.	mètres.
Grimselberg (première chaîne helvétique, entre Berne et le Valais)	1597	3113
Finsteraat-Horn (pic sombre d'Aaar)	2204	4296
Schreck-Horn (pic Terrible)	2195	4278
Wetter-Horn	1956	5812
Piesc-Horn	2083	4060
Eiger	2044	3984
Monch (le Moine)	2111	4114
Jungfrau (la Vierge)	2145	4181
Dolden-Horn	1881	3666
Blumli	1882	3668
Breit-Horn	1949	3799
Olden-Horn	1605	3128
Diablerets	1664	3243
Dent de Morcle	1491	3906
Niésen (éperon septentrional)	1223	2384
Mul-Horn (deuxième chaîne helvétique, entre les cantons de Berne et d'Uri)	1633	3183
Gallenstock	1920	3742
Sussenhorn	1818	3545
Spirzli (ou la petite Aiguille)	1780	3469
Titlis	1785	3479
Stemberg (chaînon qui s'étend au nord-ouest)	1556	3033
Bisistock	1095	2134
Jauchlistock	1244	2433
Scheinberg	1019	1986
Hœch-Gant	1135	2212
Mont-Pilat (près de Lucerne)	1180	2300
Schlossberg (chaînon qui s'étend au nord-est)	1694	3302
Wollenstock	1346	2623
Wendistock	1597	3113
Trit-Horn (troisième chaîne helvétique, qui se rattache au pic de Stella)	1191	2321
Ober-Alpstock	1707	3327
Crispalt	1091	2126
Piz-Russein (partage de la chaîne)	2166	4222
Dœdi (branche orientale à l'est de Glaris)	1972	3843
Bistenberg	1605	3126
Hausstock	1478	2881

	toises.	mètres.
Hoe-Kisten.	1714	3341
Martinsloch.	1596	2952
Scheibe.	1561	3042
Twistols (branche qui accompagne le Rhin jusque vers le lac de Constance).	1629	3155
Groskuhfirst.	1159	2259
Kamor.	636	1239
Hochsentis.	1269	2473
Leistkamm.	1075	2095
Schnee-Alp.	672	1310
Silter (près d'Appenzel).	356	694
Mont-Zurich.	373	727
Schat-Horn.	1699	3311
Klaridenberg.	1671	3257
Ross-Stock.	1341	2614
Ruffi ou Rossberg.	806	1571
Rigi.	946	1843

Les régions alpines dont nous venons de signaler les hauteurs abondent en lacs, soit vers leurs régions supérieures, soit vers leurs racines. L'élévation des principaux, remarquables par leur étendue, par leur situation ou par les beautés de leurs rivages agrestes, a été mesurée.

	toises.	mètres.
Le lac de Thun.	296	576
—— de Sempach.	265	516
—— de Lucerne.	225	438
—— de Zug.	220	428
—— de Zurich.	213	415
—— de Constance.	181	353
—— de Beat.	353	688
—— de Bienne.	221	431

Les Alpes Rhétiennes sont cet amas qui se ramifie depuis le pays des Grisons jusque dans la Bavière et le pays de Saltzbourg, par le Tyrol, qui en est à peu près le centre; l'Inn s'en échappe vers le Nord pour grossir le Danube, et les pentes méridionales sont tributaires du Pô.

	toises.	mètres.
Dachberg (la grande chaîne).	1609	3136
Vogelberg.	1712	3337
Muchel-Horn.	1713	3339
Aport-Horn.	1712	3337
Reniwald (forêt du Rhin).	802	1583
Le Bernardin.	1551	3023
Tomba Horn.	1640	3196
Septimer.	1500	2924
Longino.	1463	2843
Err (sommets des monts Juliens).	2166	4212
Ortelles.	2402	4682

	toises.	mètres.
Hoch-Theroy.	1945	3796
Platey-Kogel.	1624	3165
Greiner.	962	1890
Scheneiber.	1394	2717
Brenner.	1010	1968
Habicht.	1375	2680

(Dans cette chaîne, qui se rattache encore au Mont-Stella, le passage d'Airolo à Medel, est à 1120 toises; celui de Splugen à 993; celui de Julier à 1140, et le lac de Refen à 957.)

	toises.	mètres.
Malixerberg (petite chaîne du Nord).	1256	2448
Rothe-Horn.	1496	2916
Scesaplana.	1534	2990
Kamm (près Mengenfeld).	1266	2467
Piz-Linard.	2100	4097
Hochwogel (entre le Tyrol et la Bavière).	1366	2662
Zugspitze.	1291	2517
Wetterstein.	1269	2474
Solstein.	1517	2957
Almenspitze.	1343	2617
Watzmann (où la chaîne a été brisée par l'Inn).	1509	2941
Breit-Horn.	1212	2362
Sasso del Fere (petites chaînes du Sud).	505	984
Pizzo di Onsera.	501	976

(Tandis que du côté du nord le lac de Tegern se trouve à 338 toises, du côté du sud, ceux de Lugano et de Côme ne sont qu'à 146 et 109, et lorsque le plateau de Munich est à 261, celui de Milan n'est qu'à 81.)

	toises.	mètres.
Mont-Gario (Valteline).	1838	3582
Mont-Legroncino.	970	1891
Mont-Lignone.	1355	2641
Mont-Baldo* (monts Euganéens).	1157	2255
Mont-Magloire.	1143	2228
Monte di Nago.	1065	2076

Les Alpes Noriques composent le groupe qui, s'étendant en Autriche, y limite au sud la vallée du Danube et se ramifie entre cette province, la Styrie et la Carinthie. Il y existe des glaciers éternels que nous avons entrevus pendant un voyage au Camergut.

	toises.	mètres.
Le grand Glockner.	2159	4208
Le Hohenwart.	1732	3376
Wisbac-Horn.	1801	3510
Gross-Kogel.	1516	2955

	toises.	mètres.
Le Taurn de Rauris.	1343	2617
Hohe-Narr (au nord de la Carinthie).	1772	3454
Rauh-Ekberg (à l'est de Saltzbourg).	1226	2479
Wilden-Kogel.	909	1772
Traunstein.	1506	2927
Kappeinkarstein.	1263	2462
Kalmberg.	926	1805
Grossemberg.	1397	2723

(Dans cette partie des Alpes Noriques, la ville de Saltzbourg est à 228 toises. On y évalue la hauteur des lacs d'Halstadt et Gmunden à 259 et 200 : ce qui nous paroît être, surtout pour le premier, beaucoup au-dessus de la réalité.)

	toises.	mètres.
Pics de Winhfeld (chaînon séparant la Styrie de la Basse-Autriche, et venant expirer au Kahlemberg contre le Danube, au-dessus de Vienne, et à l'extrémité du Wennerwald).	1242	2361
Hoch-Gailing.	970	1891
Schnéeberg.	1087	2119
Semmering.	736	1434
Kahlemberg.	226	440

Les Alpes Carniques et Juliennes, qui se ramifient sur les frontières du pays vénitien, en Carniole et en Illyrie, jusque vers la Croatie, terminent à l'est le système alpin ; et, comme nous l'avons vu en parlant des monts de la Grèce, ne paroissent pas lier ce sytème immédiatement à ces monts, ainsi qu'on l'a supposé par les hauteurs appelées *Alpes Dinariennes*. Leurs sommets connus sont les suivans :

	toises.	mètres.
Mont-Matéro.	787	1534

(Les sources du Tagliamento et de la Piave sont ici à 690 et à 663 toises.)

	toises.	mètres.
Kranneriegen	974	1898
Terglow.	1549	3019
Karst (au nord de Trieste). . . .	247	484
Snisnik (sommet presque toujours couvert de neiges des Alpes Dinariennes).	1103	2148
Kleck.	1047	2041
Plissavisza.	900	1754
Mont-Bardani.	694	1353
Mont-Biocata.	813	1585

Montagnes de la France.

Nous ne comprendrons point sous cette déno-

mination générale, les Pyrénées, qui forment un système à part et commun à l'Espagne ; il ne sera question ici que des hauteurs propres à la France, hauteurs évidemment séparées vers le sud du système pyrénaïque, comme nous l'avons prouvé dans notre *Résumé géographique de la Péninsule* (ch. 1, p. 8 et suiv.), par les bassins opposés de l'Aude et de la Garonne, où sont les traces du détroit par lequel la Méditerranée communiquoit originairement avec l'Océan atlantique. Les véritables montagnes de la France nous paroissent constituer un grand système principal, que nous appellerons *Celtique*, et duquel les Systèmes Jurassique et Armorique, bien moins considérables, demeurent indépendans.

SYSTÈME CELTIQUE. La crête de ce système, interrompue par plusieurs dépressions, accidens topographiques dont il sera question tout à l'heure, commençant au sud-ouest par les montagnes noires entre le Tarn, l'Aude et l'Hérault, devient ensuite celle des Cévennes. Elle fut fracassée, vers le milieu de son étendue, par de violentes commotions volcaniques, dont Faujas, M. de Montlosier et M. Desmarest ont savamment décrit les vestiges; se liant aux Vosges par les hauteurs adossées au plateau de Langres, elle vient enfin expirer au Mont-Tonnerre, vers le Rhin mitoyen. Dans son exposition occidentale, ses versans s'alongent en s'adoucissant; les affluens septentrionaux du versant aquitanique, la Loire, la Seine et l'Escaut en découlent, et il s'en échappe quelques chaînons interposés, qui se ramifient çà et là comme pour former les bassins particuliers des divers affluens des fleuves principaux; mais il est faux, malgré l'expression vigoureuse que donnent encore certaines cartes célèbres au terrain compris entre plusieurs des prétendus grands bassins occidentaux de la France, que les ramifications du système celtique forment entre la Loire et la Seine, ou la Somme et l'Escaut, par exemple, de ces contre-forts destinés à unir sans interruption, avec les alpes de la Suisse, les petites cimes granitiques de Bretagne par les hauteurs de l'Orne, ou l'Angleterre par le Pas-de-Calais. Il suffit d'avoir couru la poste de Paris à Orléans par le pavé, ou d'avoir été de Lille à Bruxelles par la grande route, pour être convaincu de la non-existence de ces monts que l'on avoit coutume de graver entre ces villes, et dont les canaux de Briare et de Flandre ont fait pour ainsi dire justice.

En procédant du nord-est au sud-ouest, et en passant par les Vosges, dont le savant et modeste
M.

M. Mougeot nous fait connoître la Géographie botanique dans ses excellens fascicules de cryptogamie, nous trouvons d'abord en procédant le plus possible du nord au midi, pour l'élévation des principaux points du système Celtique :

	toises.	mètres.
Haaselberg (près l'encaissement de Bingen.)	253	493
Mont-Tonnerre.	420	822
Donon (Vosges proprement dites).	523	1021
Montagne du Brésoir (qui s'avance hors de la chaîne).	640	1247
Les Hautes-Chaumes.	657	1280
Hoheneck ou Hohnek.	688	1341
Rotabac.	660	1286
Ballon de Sultz, autrement de Guebviller ou de Murbac (formant un promontoire vers l'orient, à quatre lieues du Rotabac, qui est le centre des Vosges).	728	149
Grand-Venturon	494	968
Drumont	480	935
Ballon d'Alsace, autrement de Giromagny ou de Saint-Maurice (point le plus méridional des Vosges proprement dites).	645	1257

Il part de ce point, vers l'orient, deux chaînes secondaires en forme de fer-à-cheval, et dont la branche septentrionale porte le nom de *Giesun.*

	toises.	mètres.
Behrenkopt ou la Tête-d'Ours (branche méridionale).	479	927
Ballon de Servance	621	1210
Ballon de Lure	582	1134
Haut du Thau ou Neuve-Roche (point culminant entre le bassin de Géradmer et la vallée de Vagnier sur le revers oriental).	510	994
Mont-d'Ormon (près Saint-Dizier, dans la vallée de la Meurthe).	447	871
Mont Saint-Arnoux.	387	754
Mont-Parmon.	308	600
Partage des eaux près Langres.	394	768
Mont-Marceiselois (Côte-d'Or).	360	702
Cime de Tasselot.	307	598

(Les sources de la Seine sont, dans cette région, à 223 toises d'un côté, et la ville de Dijon à 104 ou 111 de l'autre.)

	toises.	mètres.
Le Mont-Mézin (point culminant des Cévennes).	909	1772
Le Puy-Mory.	849	1655
La Margueride.	779	1519

	toises.	mètres.
La Lozère.	764	1490
La Vérune	500	975

Aux Cévennes se rattache le groupe des montagnes d'Auvergne, la plupart volcaniques, èt dont les pentes opposées bornent d'un côté le bassin de l'Allier, grand affluent de la Loire, et de l'autre celui de la Dordogne, qui grossit la Garonne au Bec-d'Ambez pour en faire la Gironde. Les sources de cette dernière sont sur le Mont-d'Or, à 849 toises.

	toises.	mètres.
Le Puy-de-Dôme *.	752	1467
Le Puy-de-Sancy * (sommet du Mont-d'Or.).	972	1896
Le Puy-Ferrand *.	955	1861
Le Puy-des-Aiguilles *.	948	1849
Le Puy-Gros *.	925	1804
Le Cantal.	952	1957

(La ville de Clermont, presqu'au pied du Puy-de-Dôme, est à 260 toises ; Lyon, au confluent du Rhône et de la Saône, de l'autre côté de la chaîne et vers sa base, n'est qu'à 79.)

	toises.	mètres.
Pic du Montant (Montagnes-Noires)	533	1050
Roc qui domine Sorèze.	286	557
Pic du Faux-Moulinier.	318	620

Après ce dernier point, les hauteurs qui s'élèvent entre les bassins de l'Aude et de l'Agout, affluent du Tarn, s'abaissent vers Toulouse, où le monticule, dont une victoire du maréchal Soult éternisera le nom, n'a plus que 145 mètres. Le point le plus élevé par lequel passe le canal du Midi, sur une dépression qui n'appartient point au même système que les Montagnes-Noires, mais à un fragment jeté comme une île entre les monts celtiques et le système Pyrénaïque, est à 189 mètres seulement au-dessus de la Méditerranée.

Le SYSTÈME JURASSIQUE est comme un amas de fragmens calcaires des deux plus grands systèmes qui l'environnent, et qui dut former au milieu d'eux une ou plusieurs îles sillonnées de vallons parallèles, courant du nord-est au sud-ouest, lorsque le niveau des eaux, plus élevé de deux cents et quelques toises seulement, mettoit en communication la Mer du Nord et celle qui devint notre Méditerranée. Du côté de Porentruy et de Montbéliard, où le Doubs a causé tant de brisures, et vers Lausanne, sur le lac de Genève, étoient les détroits opposés par où s'opéroit la communication ; ces détroits sont devenus deux simples dépressions,

11

comme il en sera un jour pour le Pas-de-Calais, ainsi que nous le verrons à la fin du présent paragraphe, où il sera question des dépressions et des détroits. Le système Jurassique, long de vingt-quatre à vingt-cinq lieues du nord-est au sud-ouest, sépare la France de la Suisse; on y rattache, dans les Traités de Géographie, pour l'unir aux Alpes Bernoises, le Mont-Jorat, qui s'élève entre les lacs de Genève et de Neuchâtel, mais que des dépressions profondes isolent néanmoins.

	toises.	mètres.
Le Reculet	881	1717
Le Colombier.	864	1684
Montagne de la Dôle	859	1674
Montendre	855	1666
La Chasserale.	814	1606
La Dent de Vaulion	760	1481
Le Hassematta	747	1455
Le Macharu.	726	1415
Rouge-Roety	718	1399
Wissenstein (au-dessus de So-		
leure)	660	1286
Gros-Toreau, près Pontarlier. .	676	1317
Breberg.	620	1210
Mont-Pélerin (Jorat).	638	1244

(Dans l'étendue de ce système, où se trouvent de beaux lacs aux racines orientales, celui de Joux est à 115 toises, celui de Neufchâtel à 223, et celui de Genève à 191. Le dernier passe pour avoir, en certains endroits, 125 toises, ou 243 mètres de profondeur.)

Nous nous sommes bornés, dans la liste des hauteurs du système Celtique et de celles qui s'y rattachent, à mentionner les sommets principaux, en tant que leur évaluation est l'un des élémens de la théorie qui sera plus tard exposée au sujet de la figure que présentoit la Terre, quand quelques centaines de toises d'eau existoient en plus à sa surface. A l'article NIVEAU DE L'OCÉAN du Dictionnaire, on trouvera un beaucoup plus grand nombre de points déterminés, qu'il eût été superflu de reproduire.

Le SYSTÈME ARMORIQUE mériteroit à peine une place dans cette Illustration, si sa constitution granitique et schisteuse, et si la circonscription la mieux arrêtée ne prouvoient qu'il fut d'abord totalement indépendant du reste de la France, à qui l'ont incorporé dans la suite des siècles les terrains calcaires, paisiblement préparés entre ses racines et celles du système Celtique durant l'immensité des siècles : peut-être

aussi fut-il détaché de l'Angleterre, avec laquelle sa physionomie présente les plus grands rapports, et comme l'Espagne le fut de l'Afrique; c'étoit l'opinion de feu M. Desmarest : la coupure abrupte des côtes opposées des îles britanniques et de la France, la nature identique des substances qui en forment les falaises et les fossiles qu'on y reconnoît, semblent autoriser cette conjecture, que nous appuyerons d'un fait, encore que nous ne partagions point l'opinon ce qui se fait sembleroit valider. Les rives de l'Océan présentent partout une Flore particulière, composée de plantes appelées *maritimes*. Cependant, en herborisant avec feu notre ami, collaborateur et compatriote Lamouroux, sur les côtes escarpées du Calvados, nous remarquâmes que pas une des plantes que produisent les plateaux, même ceux aux pieds desquels se brisent les vagues, n'appartenoient à la Flore maritime : nous ne rencontrâmes pas un végétal qui ne fût également de l'intérieur des plaines normandes ; il n'existoit tout au plus que cinq ou six espèces propres aux rivages dans les lieux où quelqu'arène formoit une étroite plage. Si le même fait s'observe sur les côtes opposées, depuis Cornouailles jusqu'au Sussex, on pourra en conclure que les eaux de la Manche remplissent l'intervalle occasionné par la rupture d'un plateau dont les deux bords de la cassure ne se sont point revêtus de végétations propres aux bords maritimes plus anciens. Quoi qu'il en soit, le système dont il est question s'étend du département de l'Orne jusqu'à l'extrême de celui du Finistère, c'est-à-dire de l'est à l'ouest, sur environ quatre-vingts lieues, entre l'ancien Perche et la Normandie ; il commence par des hauteurs de 150 à 170 toises; vers Mortain, son élévation atteint à 200 toises environ. Nous l'avons autrefois évaluée à 160 à son entrée en Bretagne, près Saint-Aubin-du-Cormier. Ce qu'on appelle les *Monts-d'Arès* et les *Monts-Noirs*, qui se bifurquent à son extrémité occidentale, passent pour avoir 156 et 126 toises.

SYSTÈME PYRÉNAÏQUE. Nous avons donné en ces termes, dans notre *Résumé de Géographie de la Péninsule Ibérique* (p. 11 et suiv.), une idée de l'important système qui va nous occuper : il sépare la France de l'Espagne, ses points saillans établissant d'abord les frontières des deux royaumes. Des plaines du Roussillon et du Cap-Creux, le plus oriental de la Péninsule, naissent ses racines ou premières pentes méditerranéennes. Des sources de la Nive, qui vient à Bayonne se jeter dans l'Adour du côté opposé de l'Aquitanique, la chaîne se contourne lé-

gèrement ; courant toujours vers l'ouest, parallèlement à quelque distance des côtes du golfe de Gascogne, elle sépare le versant cantabrique du lusitanique ; elle s'étend ensuite jusqu'en Galice, où, se ramifiant en tout sens, elle pénètre, par ses contre-forts méridionaux, dans les deux provinces de Portugal qui sont situées au nord du Duéro inférieur. Ce système est, d'une extrémité à l'autre, de constitution granitique ; on peut le diviser en cinq masses distinctes :
1°. La Méditerranéenne (orientale), dont le point culminant est le Canigou, séparé de la suivante par la Cerdagne, d'où naissent, pour s'écouler, suivant deux pentes opposées, le Tet et la Sègre ; 2°. l'Aquitanique, où la Garonne et l'Adour prennent leur source dans les monts à glaciers pour couler en France ; 3°. la Cantabrique (centrale), charpente des provinces Vascongades, séparée de la suivante vers les sources de l'Ebre ; 4°. l'Asturienne, presqu'aussi haute que l'Aquitanique, coupée à pic du côté du sud, qui regarde le royaume de Léon ; 5°. enfin la Portugaise (occidentale), celle dont les ramifications s'abaissent par le sud-ouest vers l'embouchure du Duéro. La partie la plus élevée du système Pyrénaïque, qui domine les provinces méridionales de la France, fut explorée, sous les rapports géologiques, par le respectable Palassou avec beaucoup de persévérance. La Peyrouse en donna une Flore estimée, malgré les personnalités qui en ternissent la rédaction. Ramond, sous le double rapport des trois branches de l'histoire naturelle et de l'histoire physique, doit être considéré comme l'historien de ces belles montagnes, déjà si célèbres par leurs eaux minérales, et bien plus célèbres depuis qu'une plume élégante entreprit de les décrire.

	toises.	mètres.
Canigou (groupe méditerranéen).	1441	2808
Pic de Néthou (groupe aquitanique).	1786	3481
Mont-Posatz	1764	3438
Mont-Perdu.	1749	3410
Le Cylindre.	1728	3369
La Maladetta.	1720	3355
Viguemale.	1719	3354
Le Pic-Long.	1655	3227
Le Marboré.	1636	3189
Néouvieille.	1619	3155
Pic du midi de Bigorre.	1506	2935
Pic du midi de Pau.	1467	2859
Pic d'Arbizon.	1441	2808
Pic de Montagne.	1208	2364
Mont-Saint-Barthélemy.	1136	2214

	toises.	mètres.
Montagnes d'Arlas (Basses-Pyrénées).	980	1910
Sommet de Saint-Sauveur.	840	1637
La Rhune (près Saint-Jean-de-Luz).	600	1169

Cols principaux du groupe aquitanique.

	toises.	mètres.
Port de la Paz.	1692	3298
— d'Oo.	1540	3002
— Viel-d'Estaubé.	1313	2559
— de Pinède.	1282	2499
— de Gavarnie.	1196	2339
— de Govorare.	1149	2241
— de Canfranc.	1050	2046
— de Roncevaux.	900	1759
— d'Arraiz.	680	1325
— d'Etchalar.	550	1072

(Les lieux habités les plus élevés de cette partie des Pyrénées sont le village de Héas, à 751 toises ; celui de Gavarnie, à 741, et Barèges, à 651. Le passage du Tourmalet, si connu des curieux que la saison des eaux attire dans ces montagnes, y est à 1116 toises.)

	toises.	mètres.
Sierra d'Aralar (groupe cantabrique).	1100	2144
Sierra de Salinas (à droite et à gauche du col).	950	1754
Sierra de Atube.	1000	1949
Point le plus élevé près le port de l'Escudo	980	1910

(Ici existe la dépression qui sépare le groupe cantabrique du suivant : elle est, selon l'exacte définition, déterminée par l'existence de deux cours d'eau opposés deux à deux et coulant en sens contraire ; ces cours d'eau sont les sources du Rio-Suancès, tombant dans le golfe de Gascogne et de l'Ebre, qui coule dans la Méditerranée.)

	toises.	mètres.
Sierra de Séjos (groupe asturique).	900	1754
Point le plus élevé de Las-Sierras-Albas.	1100	2144
Point culminant à l'est de la route de Léon pour Oviédo.	1350	2631
Pegnas de Europa.	1500	2924
Pegna de Pégnaranda, vers le nœud de la Sierra d'Elstrédo.	1720	3361
Sierra d'Elstrédo.	1130	2202
Sierra de Pégnamarella (vers le Col de Piédrahita).	1480	2885
Sierra de Mondonèdo (Galice).	460	897

	toises.	mètres.
Pena Trévinca (groupe occidental).	1500	2924
Sierra de San-Mamed.	1206	2351

Monts de la Péninsule Ibérique.

Les géographes répétoient encore naguère que les chaînes de l'Espagne et du Portugal étoient des ramifications des Pyrénées ; il suffit d'avoir parcouru ces contrées sur quelques points pour se convaincre du contraire, et c'est être déjà en arrière de la science, que de faire graver le passage suivant dans un tableau comparatif des hauteurs du Globe. « Les monts de la Péninsule Ibérienne traversent toute l'Espagne du nord au sud, et se terminent au Cap Sula. Les grandes ramifications de cette chaîne formant à l'ouest les bassins du Duéro, du Tage, de la Guadiana et du Guadalquivir, et à l'est de l'Ebre, du Xucar et du Ségura ; la chaîne des Asturies qui se détache des Pyrénées entre la vallée de Roncal et de Batzau, se dirige de l'est à l'ouest, et se termine par plusieurs branches aux caps Ortégal et Finistère. » Il n'est pas un mot dans toutes ces lignes qui ne soit une erreur, parce que l'orthographe des noms y est presque partout estropiée, et qu'il n'existe pas de vallées de Batzau, mais de Bastan, qui n'a aucun rapport avec la chaîne des Asturies, etc. etc. etc.

D'après un examen scrupuleux des monts de la Péninsule Ibérique, nous avons établi ailleurs que ces monts sont distribués en systèmes très-distincts, parfaitement indépendans des Pyrénées, et pour lesquels nous avons, dans l'un de nos précédens ouvrages, proposé les noms d'Ibérique, de Carpétano-Vettonique, de Lusitanique, de Marianique, de Cunéique et de Bétique. Ce dernier, qui, après le groupe des Alpes centrales, présente la plus haute sommité de l'Europe, se lioit originairement par la Serranie de Ronda aux monts africains ; du moins nous croyons l'avoir prouvé dans notre Résumé de Géographie de la Péninsule, où nous renvoyons le lecteur. Nous n'ajouterons dans cet article, à ce qu'on trouvera dans notre Traité sur la Géographie physique du pays, que quelques hauteurs, dont plusieurs ont été depuis plus exactement déterminées. Celles de Catalogne se rattachant au système Pyrénaïque, opérèrent la liaison de celui-ci avec le système Ibérique ; mais le cours de l'Ebre occasionna une grande interruption entre ces montagnes.

	toises.	mètres.
Estella (Catalogne).	908	1770
Puig-Se-Calm-Rodos.	776	1513
Le Mont-Serrat.	635	1218
Morello.	302	589
Mont-Jouic (fort de Barcelone).	105	205
Sierra de Oca (système Ibérique).	850	1657
Sierra de Molina.	700	1368
Muéla, ou Dent de Arias.	677	1321
La Pégna Golosa.	376	733
Collado de Plata.	684	1333
Sierra d'Espadan.	564	1099

(Le grand plateau central auquel s'adosse le système Ibérique d'un côté, et d'où part, à une certaine distance, le système Carpétano-Vettonique, est fort élevé, et présente en beaucoup de points l'aspect désolé des steppes de Bukarie, dans l'Asie centrale. Il a, selon les lieux, de 7 à 900 mètres.)

	toises.	mètres.
Sommo Sierra (système Carpétano-Vettonique).	1100	2144
Pégna Lara.	1741	3393
Parametras d'Avilas.	500	975
Sierra de Villa-Franca.	700	1364
Cime de la Sierra de Grédos (où existent, dit-on, des neiges permanentes).	1650	3216
Pégna de Francia.	890	1734
Principale chaîne de la Sierra de Estrella (Portugal).	1076	2097
Seconde chaîne parallèle.	740	1441

(Dans ce système, le Col de Somma-Sierra passe pour être à 600 toises, celui de Guadarrama au Lion à 770, et celui de Bagnos à 400. Madrid, sur le plateau qui lui sert de base méridionale, est, sur la Plaça-Mayor, à 380 ; de l'autre côté Saint-Ildefonse, non loin de Ségovie, est à 576.)

	toises.	mètres.
Point culminant de la Sierra de Guadalupe (système Lusitanique).	800	1559
Sierra Sagra (système Marianique).	928	1793
Picacho d'Almuradiel.	410	769
Sommet de la Sierra de Constantina.	550	1072
Combre de Aracéna.	860	1676

(Le Col célèbre appelé Despégna-Perros, au centre du système Lusitanique, est à 280 toises ; celui Del-Rey, peu éloigné, à 272 ; celui de Monasterio, par où l'Andalousie communique à l'Estramadure, à 250 ; le Saut du Loup, près de Serpa, où le Guadiana forme une sorte de cataracte, de 25 à 30.)

	toises.	mètres.
Sierra Caldérona * (système Cunéique)................	420	818
Foya..................	639	1245
Pic dans la Sierra de Monchique.	620	1208
Le Mula-Hacen (système Bétique dans la Sierra Névada)....	1815	3539
Picacho de Véléta........	1795	3499
Autre grand sommet de la Sierra Névada, aux sources de la rivière de Guadix..............	1433	2793
Sierra-Téjada..........	1200	2339
Sierra de Alhama.........	920	1793
Autre sommet près Lanjaron (Alpuxaras)............	1300	2534
Sierra de Gador.........	1130	2202
Sierra de Lujar..........	1094	2132
La Contraviesa..........	920	1794
Cerrajon de la Muerta......	837	1631
Jabalcol..............	500	974
Point culminant au-dessus d'Antéquerra................	660	1286
Neustra-Sennora de las Niéves (Serranie de Ronda)........	940	1832
Picacho de San-Cristoval ou Sierra del Pinar..........	880	1715
Sierra de Algodonales......	560	1091
Sierra de Ubrique........	750	1462
Sierra de Moron.........	280	546

(Le rocher de Gibraltar, qui n'est qu'un fragment de la Serranie de Ronda et des monts qui lui correspondent en Afrique, est élevé de 250 toises. Le bassin dans lequel est située la ville de Grenade, se trouve enclavé entre la Sierra-Névada et les monts opposés, dont le Génil brisa un contre-fort; il a 200 toises.)

Telles sont, à peu d'omissions près, en y comprenant celles que rassembla M. Desmarest (voyez l'article NIVEAU DE L'OCÉAN dans le Dictionnaire), les hauteurs du Globe réputées connues. On ne sauroit trop recommander aux voyageurs les calculs de ce genre, en leur faisant remarquer que si l'on eût employé à les recueillir, le temps qu'on a perdu à faire cette météorologie minutieuse, à laquelle, depuis une trentaine d'années, on accorde trop d'importance, nous serions en état aujourd'hui de composer le relief d'une certaine étendue du Globe, dans le genre de celui que la Suisse doit au général Pfyffer.

On n'a pu malheureusement jusqu'ici, pour donner une idée comparative des principales montagnes du Globe, que graver des tableaux où ces montagnes sont mises à côté les unes des autres et mesurées par une échelle graduée sur ce cadre. Méchel publia en 1806, à Berlin, le premier de ces essais, où cent quarante-quatre points sont relatés en toises. Nous donnons également (voyez Pl. 23) un tableau de ce genre, disposé selon les rapports les plus naturels de voisinage où sont les points que nous avons choisis pour exemple. Le ballon dans lequel le célèbre M. Gay-Lussac s'éleva à 3600 toises dans l'atmosphère, montre ici, comme chez Méchel, la plus grande hauteur où l'homme soit encore parvenu. Nous avons indiqué plus bas, à la pointe des principaux sommets, les noms des voyageurs qui, les ayant escaladés, les firent connoître dans le plus grand détail. On a, depuis la publication de Méchel, mis dans le commerce plusieurs autres tableaux, où l'on a multiplié le nombre des hauteurs en essayant de rendre la forme de chaque montagne. Quoique nous ayons, pour donner une idée de ce genre de divertissement géographique, tracé nous-même la planche dont il est ici question, nous croyons devoir prémunir le lecteur contre ces coupes de contrées publiées avec tant de fracas dans certains ouvrages, et qui ne peuvent que donner des idées fausses de la figure des lieux. « Ce genre de démonstration, tant vanté par certains admirateurs crédules, est une pure déception, avons-nous dit ailleurs; rien de plus facile, mais de plus vain, que de prendre avec un compas à une échelle quelconque, des ouvertures correspondantes aux hauteurs connues ou supposées de tel ou tel point, pour placer ces évaluations de hauteur à côté les unes des autres, à des distances arbitraires, ou qui du moins ne sauroient être proportionnelles; faire tracer ensuite par ces points des profils qui ne ressemblent à quoi que ce soit, est une véritable jonglerie qui n'en impose qu'aux niais. »

DES DÉTROITS ET DES DÉPRESSIONS.

On pourroit croire que ce qui concerne les détroits doit, en Géographie physique, appartenir au chapitre des Mers que les détroits mettent en communication; les détroits nous paroissent cependant offrir bien plus de connexion avec l'histoire des montagnes; nous reconnoissons dans la plupart, de véritables DÉPRESSIONS, accidens topographiques qu'on ne doit point confondre avec les cols, qui sont entre deux sommets le point d'abaissement le plus considérable, d'où partent en opposition les premières eaux de deux torrens coulant en sens opposé. Les Dépressions sur lesquelles le général Andréossy appela le premier l'attention des géographes, sont définies par cet illustre et savant militaire : l'abaissement entre deux groupes de montagnes compris entre quatre cours d'eau opposés deux à deux, qui se réunissent latéralement deux à deux pour se rendre dans leurs récipiens respectifs, dont les directions sont en sens contraire. L'étude de ces Dépressions est fort importante lorsqu'il s'agit de la défense d'une frontière ou de la canalisation d'un pays ; elle ne l'est pas moins en Géographie physique ; chaque Dépression dut former un détroit entre deux îles ou deux continens, à l'époque où le niveau des mers atteignoit au seuil. Pour mieux faire comprendre ceci, nous emprunterons quelques lignes au général Andréossy. « Il résulte, dit-il, du rapport de situation des Dépressions longitudinales et des cours d'eau qui les déterminent, que la coupe verticale des Dépressions dans le sens longitudinal, forme une courbe concave touchant par le point le plus bas, la partie la plus élevée d'une courbe convexe qui est la limite des sections transversales de la Dépression ; ces deux courbes étant situées dans des plans perpendiculaires entr'eux, ou formant des angles très-ouverts, nous appellerons *seuil* le point le plus bas de la courbe concave, et *parois* ses parties latérales. »

La propriété d'être le point le plus bas dans le sens longitudinal, poursuit le savant qui nous sert de guide, et le plus haut de la courbe convexe, limite des sections transversales, désigne le seuil des Dépressions pour point de partage de canaux navigables. On en voit un exemple au Valdieu, qui est tout à la fois le seuil de la Dépression des Vosges et du Jura, et le point où le canal du Rhône au Rhin pouvoit être dirigé suivant la ligne la plus courte et avec le plus petit nombre de chutes, c'est-à-dire d'écluses. La Dépression dont nous parlons se trouvant dans le voisinage des frontières, peut être l'objet d'autres considérations ; située vis-à-vis du débouché du Rhin supérieur à Bâle, elle donne passage à la grande ligne de communication entre la France et l'Allemagne, laquelle Dépression, dans une guerre d'invasion, devient ligne d'opération offensive et défensive. D'après cela, on voit que Vauban a parfaitement saisi cette position en y établissant un fort, comme place de dépôt, et pivot des manœuvres d'armée.

On a vu que les Dépressions étoient comprises entre quatre cours d'eau, et l'on peut ajouter qu'elles ne sont l'origine d'aucun, ce qui les distingue encore davantage des cols, d'où naissent, ainsi qu'on l'a dit, deux cours d'eau opposés. Aux trois Dépressions que le général Andréossy a fait connoître sur le sol de la France, et qui sont, 1°. entre les Vosges et le Jura ; 2°. entre le département de la Loire et celui de la Haute-Loire ; 3°. entre les Montagnes-Noires et les Pyrénées : on en pourroit citer d'autres non moins bien senties. Nous avons plus haut mentionné celles qui distinguent plusieurs groupes des Pyrénées. La Planche 26, où M. Desmarest fit représenter une partie de la Haute-Saxe, donne assez exactement l'idée d'un pareil accident aux sources du Mayn ou Main et de la Salle ; on y voit fort bien les cours d'eau opposés deux à deux se réunissant latéralement deux à deux dans deux rivières respectives coulant en sens contraire ; cet exemple du figuré d'une Dépression terrestre suffit. Voyons maintenant avec le général Andréossy, si le rapport de situation de deux reliefs maritimes adjacens, tels que ceux de l'Angleterre et de la France, ne nous donnera pas une Dépression sous-marine, et si le Pas-de-Calais ne seroit point construit sur le modèle des Dépressions de l'intérieur des terres.

M. Desmarest avoit fait graver une carte de la Manche (*voyez* Pl. 9), qui semble avoir eu pour but de fournir la démonstration du fait. Il suffira, pour le prouver, de montrer qu'il existe de Calais à Douvres, ou plus exactement du Cap Blancnez au Cap près de Douvres, un point qui, étant le plus bas de la Dépression longitudinale entre les deux reliefs, touche le point le plus élevé de la courbe formant le lit du littoral de la France et de l'Angleterre dans cette partie. L'on voit clairement dans la planche de notre Atlas, où les diverses lignes de profondeur ont été soigneusement ponctuées avec leur brassiage, combien le seuil est évidemment marqué entre les deux rivages sous-marins opposés de trente brasses. Si l'on admet que par la continuité de la diminution des eaux durant beaucoup de siècles à venir, le rivage sous-marin de soixante-dix brasses puisse devenir la côte du pays formé par la réunion de l'Angleterre à la France, la ligne A, B, C, D, deviendra celle de deux cours d'eau principaux, qui, s'échappant par deux directions opposées, l'une vers la Mer du Nord, l'autre dans l'Océan atlantique, n'auront pas leur point de départ au brassiage 19, mais se formeront évidemment de quatre cours d'eau opposés deux à deux, courant l'un vers l'autre ; deux de ces quatre cours seront pour le fleuve du fond de la Manche, l'Esh en Angleterre, au sud de Douvres, le Slach en France, au sud de Calais ; les deux autres pour le fleuve tombant dans la Mer du Nord, seront la Stoure, qui passe à Cantorbéry d'un côté, et l'As, à l'orient de Calais de l'autre. Le Cap Grinez et le Cap Sud-Foreland seroient les limites des deux parois ; une diminution d'eau très-peu considérable, d'une vingtaine de brasses au plus, et non de soixante-deux, suffira pour déterminer un tel état de choses. Le détroit de Béring, qui sépare l'ancien Monde du nouveau, et qui n'a guère plus de douze lieues dans sa plus petite largeur, présente un fait absolument analogue à celui qui vient de nous occuper.

Les détroits destinés à devenir des dépressions doivent être le résultat du rapprochement de terres qui s'agrandissent dans le sens l'une de l'autre à mesure que les eaux diminuent ; et nous sommes loin d'y reconnoître des preuves de fracassemens qui auroient séparé ce qui fut uni. C'étoit pourtant l'opinion de M. Desmarest, que la Grande-Bretagne et la France furent séparées par une violente irruption de la Mer ; il est vrai que ce même savant, avec lequel nous sommes d'accord sur tant d'autres points, ne paroît pas croire à la formation violente du détroit de Gibraltar, que l'examen des lieux nous a démontré devoir être un fait indubitable, et dont nous croyons avoir démontré l'évidence dans nos ouvrages précédens.

§. II. *Des Volcans ou Montagnes ignivomes.*

Ici se placeroit naturellement l'analyse des cartes et des planches dont on a augmenté la présente livraison, pour l'intelligence des théories volcaniques dont l'Encyclopédie se doit occuper ; mais l'article du Dictionnaire où notre confrère M. Huot traitera des montagnes ignivomes n'ayant point encore paru, il est convenable, pour éviter d'inutiles répétitions, d'y renvoyer le lecteur. (*Voy.* VOLCANS.) Pour donner une idée de la topographie des montagnes volcaniques, nous avons profité d'une carte de l'Etna et des îles de Lipari, gravée par ordre de feu M. Desmarest (voy. Pl. 30), en y faisant ajouter celle du Vésuve, d'après Scipion Breislac (*voyez* Pl. 31), et celle du volcan brûlant de Mascareigne, que nous publiâmes au commencement de ce siècle (Pl. 32) ; carte où, le premier, nous croyons avoir rendu convenablement la topographie de lieux aussi bouleversés, avec les courans de laves qui leur impriment une âpreté caractéristique.

Pour ce qui concerne les volcans éteints, M. Des-

marest avoit fait extraire de sa belle carte d'Auvergne les matériaux des Planches 43, 44, 45 et 46 ; nous y avons ajouté encore, d'après Breislac, la topographie des champs Phlégréens (*V.* Pl. 33). M. Huot se charge de la description de toutes ces choses.

Il n'étoit pas moins nécessaire, pour donner une idée des changemens qui ont si souvent lieu vers les cimes brûlantes, de figurer divers cratères assoupis ou embrasés ; les Planches 34, 35, 36 et 37 en présentent plusieurs exemples.

Enfin, les Basaltes, qui avoient déjà occupé M. Desmarest, devant appeler encore l'attention du lecteur lorsqu'il sera question des Volcans, dont tant de prismes antiques sont les gigantesques débris, nous avons ajouté à la Planche 38, qu'avoit commandée M. Desmarest, pour représenter la topographie du comté d'Antrim en Irlande, les pavés basaltiques de la même contrée (*voyez* Pl. 39 et 40), avec deux singulières dispositions d'autres prismes basaltiques qu'on observe dans les îles d'Ecosse. (*Voyez* Pl. 41 et 42.)

Les Planches que nous venons d'énumérer devenoient d'autant plus nécessaires, que l'histoire des feux souterrains acquiert un nouveau degré d'intérêt depuis qu'on ne doute plus de la fluidité ignée du centre planétaire. Mairan et Bailly après ce savant, y crurent ; Dolomieu adopta cette grande idée en étudiant les volcans dans la Nature. Buffon l'avoit émise dans les écarts de sa brillante imagination ; la généralité des géologues ne manifeste aucune répugnance à s'y ranger, parce que des observations thermométriques, faites à diverses profondeurs sous le sol, démontrent que la température va croissant, à mesure qu'on s'y enfonce. Frappé d'admiration à la vue du volcan très-puissant que nous observâmes en pleine éruption dès nos premiers pas dans la carrière des sciences ; comparant les révolutions physiques qu'on lui devoit attribuer, à celles qui donnèrent naissance à Sainte-Hélène, à l'Ascension et autres écueils jadis embrasés qui s'élèvent sur l'Océan atlantique ; soutenant que les Basaltes dont nous avions observé une si grande quantité de prismes, en quelque sorte formés sous nos yeux, étoient d'origine ignée ; quand on combattoit encore cette opinion, nous disions, dans notre *Voyage en quatre îles des mers d'Afrique* (tom. III, ch. 32) : « Les courans basaltiques, n'en doutons pas, trouvent leur source dans le cœur de notre planète, que Dolomieu prétend devoir être liquéfiée par un extrême embrasement ; venant des dernières profondeurs, s'échappant à travers la matière figée qui constitue la croûte du Globe, comme les fusées d'un grand dépôt, soulevant les granites et autres substances qui leur sont superposées, le basalte est encore une de ces matières qui, toutes formées et coulantes, faisoient partie du noyau de notre planète échappée de quelque corps céleste. Ainsi, c'est par un incendie souterrain qui réalise le Tartare de l'antiquité, que des substances, peut-être émanées du soleil, ont été rendues à l'influence de ses rayons, etc. »

Péron qui, dans la relation d'un voyage où nous avions d'abord marché unis, finit par s'étudier à bâtir des systèmes diamétralement opposés à ceux qui pouvoient résulter de nos publications, et qui plaisanta sur l'Atlantide parce que nous en avions raisonné, révoqua en doute le feu central de Buffon et de Dolomieu, uniquement parce que nous en avions adopté l'idée en l'appuyant de preuves puisées dans la nature même ; et l'on a vu (pag. 31) combien l'anthropologiste de l'expédition Baudin tenoit à ce que la surface du Globe et ses Mers reposassent sur un fondement de glaçons. Aujourd'hui MM. Arago et Cordier portent jusqu'à l'évidence la théorie de la liquéfaction ignée des parties centrales de notre planète, et prouvent même qu'à moins d'une vingtaine de lieues sous nos pas, la Terre est encore incandescente et fluide. Ce fut toujours notre pensée, ainsi qu'on vient de le voir ; l'esprit de contradiction pouvoit seul faire révoquer en doute une théorie basée sur tant d'expériences qui ont prouvé l'augmentation de la température, à mesure qu'on s'enfonçoit dans les cavités du Globe, et par laquelle on pourra trouver peut-être un jour l'explication des phénomènes magnétiques, des tremblemens de terre, des éruptions de volcans et de leur extinction, etc. En attendant les grands résultats que doit avoir la démonstration de la liquéfaction ignée du Globe au-dessous d'une croûte figée assez peu épaisse, n'est-on pas tenté de sourire lorsqu'on voit un écrivain, que des efforts inouis n'élèveront jamais au-dessus de la ligne des médiocrités, saisissant l'une des trompettes de la renommée, qu'il a su s'approprier, se proclamer le restaurateur d'une théorie qui pouvoit fort bien se passer de son témoignage ? « Nous sommes, s'écrie-t-il (*Bulletin universel des sciences et de l'industrie*, février, n°. 1817), les premiers qui, dans ces derniers temps, ayons cherché à *réhabiliter* la mémoire de Buffon sous ce point de vue. » Réhabiliter Buffon !... Ne faut-il pas avoir un amour-propre aussi incandescent que le peut être le centre du Globe, pour écrire dans ce goût ?....

§. III. *Des parties non montagneuses de la surface terrestre.*

Nous ne saurions adopter le mot *plaines* pour l'opposer à *montagnes*, et pour désigner la partie moins tourmentée du Globe dont il nous reste à parler. Le sens qu'on donne à ce mot plaines est vague, et cependant que mettre à la place ? Toutes les plaines ne sont pas nécessairement unies comme le sont celles de la Beauce, qui est ordinairement la contrée que l'on cite lorsqu'il est question de donner l'idée d'un pays plat ; il en est de très-anfractueuses, qu'ont déchirées des cours d'eau profonds ; telles sont celles de la pointe de Normandie, entre la Seine et la Manche, qui s'étendant à perte de vue, sont interrompues par des vallées assez profondes, brusquement encaissées, et que s'y sont creusées les moindres cours d'eau.

La même disposition se retrouve sur les Paraméras de l'Espagne, et généralement dans tous les cantons où le sol, nivelé par les eaux stagnantes qui le déposèrent, s'est fendu par le retrait après la disparition de ces eaux, comme nous voyons qu'il arrive en petit sur le fond des moindres mares desséchées par le soleil de l'été. Il faut conséquemment avoir sans cesse présent à la pensée, lorsqu'on s'occupe de Géographie physique, que les plus vastes accidens de la croûte terrestre ne sont grands que par rapport à notre extrême petitesse, et que l'on trouve souvent dans un bourbier les faits qui nous paroissent les plus imposans dans la Nature, produits par un même mécanisme, seulement en diminutif.

Les atterrissemens d'alluvion dont il a été question au chapitre des eaux douces (pag. 54), forment toujours des plaines basses, tandis qu'on trouve d'autres plaines, formées peut-être de la même manière, mais à des époques bien antérieures, qui, plus ou moins élevées au-dessus du niveau de la Mer, ont reçu le nom de *plateaux*. M. Desmarest avoit choisi, pour développer ses théories sur la formation et la dégradation de tels plateaux, le canton appelé *Morvant*, dont il a donné la description dans le Dictionnaire, et fait graver la topographie dans les Planches 24 et 25 du présent Atlas. Nous y avons ajouté la carte du plateau de Saint-Pierre de Maëstricht (Pl. 27), que nous avons relevée et dessinée avec soin, lorsqu'exilé de France par suite des troubles politiques, nous fûmes réduits à chercher sous la terre un asyle que toutes les puissances de l'Europe nous refusoient à sa surface.

Le plateau de Saint-Pierre peut être considéré comme

comme l'extrémité septentrionale d'un plateau beaucoup plus étendu, contenu entre la Meuse et la petite rivière de Jaar, appelée *Jecker* en flamand. Il en est distingué par un ressaut de terrain qui se voit sur la route de Liége, par les hauteurs entre Caster et la Cense, nommée *le Sart*, dans l'endroit où un pli de terrain qui conduit les eaux pluviales vers le Jaar ou Jecker, rétrécit tellement ces hauteurs, qu'entre l'origine de ce pli et l'escarpement oriental, il ne reste que quelques mètres de largeur occupés par le jardin de la Cense et par la route de Liége.

Le cours de la Meuse, depuis Argenteau et Visé sur la droite du fleuve, suit la direction du sud au nord, en décrivant de légères sinuosités, dont la plus considérable, formant un coude vers l'ouest, se trouve à plus d'une lieue au-dessus de Maëstricht ; jusqu'à ce coude, la rive gauche de la Meuse présente une plaine richement cultivée, où l'on trouve successivement les villages de Hallebaye, de Lixe, de Léon, de Nivelle et de Naye, après avoir traversé le petit ruisseau qui, venant d'Heur-le-Romain, baigne Hacour et se jette vis-à-vis de la plus méridionale des petites îles formées devant Visé par des alluvions. La plaine dont il est question est bornée au couchant par une pente brusque fort élevée, au faîte de laquelle on devine aisément que doit exister un terrain uni, sillonné par les eaux pluviales, et dont une craie éblouissante ou des teintes ferrugineuses diaprent les parties qu'une verdure misérable, sombre et toujours broutée par des troupeaux de moutons, ne sauroit embellir. Cette pente, se courbant en arc immense, dont la corde n'auroit pas moins d'une lieue et demie, est éloignée de la Meuse d'environ 3000 mètres vis-à-vis de Hallebaye ; mais atteinte, en se prolongeant vers le nord, par le coude que forme la rivière au pied du Sart et de Caster, elle ne s'éloigne plus de celle-ci, encaisse sa rive gauche, et forme alors le flanc oriental du plateau de Saint-Pierre. Du point où la Meuse lave la base de l'escarpement, celui-ci change d'aspect ; à la monotonie de ses gazons rembrunis ou de son éblouissante stérilité, succède un tableau aussi varié que riant. Des brisures nombreuses, que décorent des bocages, entre l'épais feuillage desquels on voit saillir des blocs de rochers bizarrement groupés ; des murs naturels, dépouillés de toute verdure, comme zébrés par l'effet des bandes noirâtres de silex qui s'y présentent en assises horizontales ; des antres ténébreux, creusés à diverses hauteurs, ou disposés quelquefois à la suite les uns des autres, comme les portiques des temples de l'antiquité ; le château

de Caster et l'ancien couvent de Slavande, avec leurs jardins disposés en terrasses, enfin la vieille tour de César qui couronne le centre du paysage, font de ce site l'un des plus pittoresques qu'on puisse imaginer.

L'escarpement dont nous venons de décrire l'aspect, et qu'on peut admirer surtout en descendant la Meuse par la barque de Liége, supporte une plaine considérable et très-unie dans toute son étendue, à l'exception des endroits où quelques affaissemens opérés dans les cryptes inférieures, y ont occasionné de légères inégalités ou des trous plus ou moins considérables en forme de cratères. Cette plaine, depuis le point que nous supposons avoir été la limite méridionale de l'ancien camp romain, entre le Sart et Caster, jusqu'au fort actuel de Saint-Pierre, situé à son extrémité septentrionale, peut avoir cinq mille pas environ de longueur dans la direction du sud-sud-est au nord-nord-ouest ; sa largeur varie selon que les pentes occidentales commencent plus ou moins près de l'escarpement oriental. Cette largeur peut être évaluée à mille ou douze cents pas, par le travers de Slavande et de Lichtenberg, où elle est le plus considérable.

Les pentes du plateau de Saint-Pierre, loin d'être aussi brusques vers le couchant et vers le nord, où ce plateau ne s'abaisse que du côté de la Meuse, y sont au contraire, en plusieurs endroits, assez adoucies pour être facilement cultivées ; lorsque leur maigreur ne les rend pas propres à se revêtir de moissons, elles demeurent abandonnées aux troupeaux, qui ne permettent guère aux plantes sauvages d'y prendre tout leur accroissement. Le nombre de ces plantes n'est pas considérable : celles que nous avons vues sur les pentes stériles et broutées ont un air languissant ; elles y sont à peine ombragées par quelques genévriers appliqués contre le sol, ou par des touffes de rosiers rubigineux, dont les feuilles, pressées entre les doigts, répandent une agréable odeur.

La hauteur totale du plateau, en avant du fort qui en couronne l'extrémité, doit être d'une soixantaine de mètres, et nous la croyons encore plus considérable vers le château de Caster. Cette hauteur se compose, selon Faujas de Saint-Fond, dont nous avons vérifié les observations en ce point,

1°. D'une couche de galets arrondis ou ovales, de la grosseur du poing à celle d'une noix, quartzeux, opaques, tantôt grisâtres, tantôt d'un blanc plus ou moins terne, tantôt couverts d'une rouille ferrugineuse, parmi lesquels on trouve quelques jaspes grossiers, rougeâtres ou d'un violet obscur. Cette couche, au lieu où elle a pu être exactement mesurée, avoit l'épaisseur de vingt-cinq pieds huit pouces et demi.

2°. D'une couche de sable quartzeux, friable, dont les particules n'ont point d'adhérence, de couleur ocreuse-jaunâtre, souvent très-vive et très-foncée, et profonde de vingt-trois pieds six pouces et demi.

3°. D'une couche de sable pareil au précédent, mais plus compacte, d'un gris-verdâtre, et comme lié par un ciment calcaire qui lui donneroit la faculté de se laisser tailler en blocs fragiles ; ce sable nous a paru avoir une odeur particulière assez désagréable ; il repose immédiatement sur la partie solide qui s'étend à des profondeurs inconnues, et dans laquelle ont été creusées les carrières célèbres de Maëstricht. Cette troisième couche n'a guère que dix pieds. La surface est formée par la continuité de ces trois couches ; mais celles-ci varient dans leur épaisseur : il est des endroits où la partie solide est bien plus rapprochée de l'extérieur du sol, et celui-ci, demeurant toujours à peu près de niveau, il est clair que la surface de la masse compacte inférieure n'est pas tout-à-fait horizontale, et doit être légèrement ondulée ; quoi qu'il en soit, cette masse compacte est celle qui mérite l'attention du géologue. On voit que si la hauteur totale du plateau est de cent quatre-vingts pieds, en faisant la déduction de cinquante-six pieds d'épaisseur totale pour les trois couches qui le recouvrent, il reste pour elle, jusqu'au niveau de la Meuse, cent vingt-quatre pieds au moins de puissance.

La matière dont se compose l'énorme épaisseur dont il vient d'être question, est vulgairement connue sous le nom de *pierre de Maëstricht*, ou *pierre de sable*. Elle ne nous a point paru un grès quartzeux, comme l'appelle M. de Thury, ni une espèce de grès très-tendre, comme le pense Faujas ; ce seroit trop étendre la signification du mot *grès*, que de l'appliquer à un aggrégat de parties quartzeuses et de débris calcaires liés par un ciment marneux : nous y reconnoissons plutôt, avec M. Clerc, « un amas calcaire grossier, dont la contexture intérieure, seulement assez semblable à celle du » grès, paroîtroit indiquer qu'il doit son existence » à une agglomération mécanique de petites graines calcaires, provenant sans doute de la des-» truction d'un calcaire plus ancien. »

Le tuf calcaire des environs de Maëstricht se façonne, au moyen de la scie, en pierres de forme à peu près constante et en carrés longs : ces pierres sont de temps immémorial employées à construire des maisons et des édifices, que les accidens mé-

téoriques ne tardent point à altérer ; elles conviennent, dit-on, mieux pour des fondemens que pour des murs exposés aux intempéries de l'atmosphère. Sur les tours des églises de Maëstricht, qui en sont bâties ; sur la tour, qu'on appelle encore *Tour de César*, et qui fait partie de la cense de Lichtenberg, on voit des traces du ravage des ans, qui ne prouvent point en faveur de la bonté des matériaux. Les débris aréniformes qui résultent de la taille de ces pierres sont employés comme engrais dans les champs, et souvent on ne creuse le tuf que pour en obtenir l'espèce de sable dont l'agriculture tire un grand parti ; et c'est plus à l'agriculture qu'à l'architecture qu'est peut-être due l'immensité des souterrains où nous conduirons bientôt le lecteur.

On se feroit une très-fausse idée de la majesté des belles galeries souterraines du plateau de Saint-Pierre, si l'on s'en rapportoit à la figure qu'en a donnée Faujas, dont le dessin fut probablement composé de mémoire, ou d'après quelque site de carrières qui se prolongent sous une partie de Paris, carrières dans lesquelles nous nous rappelons avoir vu, en certains endroits, des arcades dans le genre de celles qu'a figurées le savant professeur du Muséum. Dans aucune des parties où nous avons pénétré, au fond des souterrains des bords de la Meuse, nous n'avons vu de ces piliers grêles, à six ou huit pans, s'élevant en forme gothique pour soutenir des voûtes cintrées, qui ressembleroient bien plus à celles de la mosquée de Cordoue qu'à la réalité ; piliers d'une hauteur exagérée, et qui, représentés dans un ouvrage de la nature de celui de Faujas, prouvent, en dépit de la richesse du burin, que toutes les parties n'en ont pas été également soignées.

Dans la coupe arbitraire dont nous donnerons la figure (*voy.* Pl. 28, n°. 1), nous avons tâché de rendre la forme de ces galeries, jusqu'à présent mal figurées : celles-ci s'étendent toujours en angle droit, et dans diverses directions, entre de solides massifs, quelquefois cubiques, dont les dimensions sont à peu près égales à de grandes distances. En couvrant une table de marbre de dés, posés deux à deux l'un sur l'autre, ou par des cubes de quatre en quatre, à la distance de l'épaisseur de l'un de ces mêmes dés, et dans un même alignement ; en chargeant ensuite ces dés, figurant des piliers, d'une autre plaque de marbre qui figureroit des voûtes plates, on obtiendroit un plan assez exact des souterrains si mal rendus dans le magnifique ouvrage de Faujas.

On peut pénétrer dans les cryptes par un assez

grand nombre d'entrées; la plus remarquable, marquée A dans notre carte, est celle que Faujas a minutieusement décrite. Il a joint, à ce qu'il en dit, deux vues, dont l'une, assez médiocre, et que nous avons dessinée de nouveau (Pl. 28, n°. 3), est prise de dehors; l'autre, de quelque point choisi à cinquante pas environ dans son enfoncement. Cette entrée a un peu plus de quarante pieds de hauteur, sur une largeur de cinquante. On l'aperçoit à une grande distance par la route de Tongres; et, vue de loin ou de près, elle offre un aspect singulièrement imposant et pittoresque. Pratiquée comme une immense arcade dans les flancs d'un amas de rochers calcaires, elle correspond souterrainement à ce qu'on peut appeler le glacis méridional du fort Saint-Pierre marqué X. Tout, dans son ensemble, retrace, mais en grand, la forme des entrées ordinaires, et nous n'y avons rien aperçu qui ait pu déterminer M. Faujas à prononcer que cette caverne ne fût point l'ouvrage des générations passées, et à dire que « la principale grotte est l'ouvrage de la Nature. » Notre intention, ajoute-t-il, n'est pas de « rechercher si cette profonde cavité est due à » un courant de mer, dont les efforts et la » rapidité se sont fait jour à travers des sables » mouvans qui leur ont opposé moins de résistance » que les masses environnantes, ou à d'autres cau- » ses dont la discussion mèneroit trop loin; et » tout annonce que cette première caverne n'a ja- » mais été ouverte par la main de l'homme. » Pourquoi chercher dans une révolution du Globe, dans un courant dont la marche eût été contraire à celle de tous les courans qu'on voit aujourd'hui, et dans une cause physique improbable, la formation d'une grotte qui n'a de remarquable que ses proportions, et de l'origine de laquelle le moindre carrier de Maëstricht et la plus mesquine des entrées qu'on voit sur les flancs du plateau de Saint-Pierre rendent chaque jour complétement raison ? Vouloir tout attribuer à l'homme est une erreur considérable, et personne n'est aujourd'hui de l'avis de ceux qui virent, dans les plus vastes bancs calcaires, des valves d'huîtres rejetées par les écaillères romaines, des monumens laissés par les pèlerins de Compostelle, un délassement de singes qui transportoient les coquilles du rivage sur les montagnes; enfin, les poissons gâtés rejetés de l'office d'un Lucullus. Mais vouloir expliquer, par des raisons physiques, ce qui ne peut être l'ouvrage de la Nature, me paroit une façon non moins erronée de donner du merveilleux à ce qui n'en sauroit présenter. La grande caverne de Maës-

tricht n'est qu'une entrée ordinaire, que des paysans du voisinage ont élargie pour en faire leur habitation, probablement quand l'exploitation dont elle étoit l'issue fut abandonnée et transférée un peu plus vers le sud. On y distingue encore les traces d'une écurie, une aire creusée dans le sol pour battre le grain, l'emplacement de la maison rustique pratiquée dans le rocher, marquée B dans notre dessin, et dont la façade en maçonnerie se voyoit au temps du voyage de Faujas. Celui-ci raconte, au sujet de la grande entrée dont il est question, une anecdote digne d'être conservée.

Pendant le siége qui fit tomber Maëstricht au pouvoir des Français, en 1794, des chasseurs de l'armée assiégeante vinrent s'y établir. Les Autrichiens occupoient au-dessus d'eux le fort Saint-Pierre, et, malheureux dans les sorties qu'ils tentoient sur l'aire supérieure, ils imaginèrent de descendre par l'escalier intérieur du fort dans les galeries souterraines, espérant chasser leurs ennemis cantonnés à l'entrée de ces mêmes galeries; mais la lueur des flambeaux qui guidoient leur marche silencieuse à travers l'obscurité ayant trahi leurs projets, les chasseurs français se dirigèrent à pas de loup sur ces flambeaux, et, surprenant ceux qui croyoient les surprendre, les accablant d'un feu vivement nourri, ils dispersèrent, dans les profondeurs du labyrinthe, tout ce qui ne tomba pas sous le plomb meurtrier, ou ne demeura point prisonnier de guerre. Cet événement a servi de leçon aux ingénieurs, qui depuis ont amélioré les défenses du fort Saint-Pierre. Une partie de l'orifice de la grande entrée a été fermée par un mur percé de meurtrières (A, n°. 2, Pl. 28) qui ne permettoient plus, à quelque détachement que ce fût, de s'introduire sous des ouvrages qu'il eût été si aisé de détruire au moyen de puissantes mines dont les galeries se trouvoient praticables, et toutes creusées, avant que les derniers affaissemens n'eussent comblé leurs communications avec les souterrains du fort.

« A une très-petite distance de la grande grotte, dit encore Faujas, il en existe une beaucoup moins élevée et néanmoins très-profonde. » C'est par celle-ci que le professeur du Muséum d'histoire naturelle de Paris pénétra dans l'intérieur du plateau de Saint-Pierre; il ne dit point par où il en sortit, et si, après y avoir voyagé, il revint sur ses pas. Nous présumons que c'est par cette entrée que nous entrevîmes une foible lueur au terme de l'excursion que nous fîmes dans les cryptes en 1816 : elle est marquée de la lettre B dans notre carte, où l'on distingue qu'elle est pratiquée dans la face occidentale de la masse calcaire, mise à nu depuis ce point jusqu'au point marqué C. En ce lieu M. Behr fils nous a fait remarquer une maison souterraine abandonnée, et à quelques pas les débris d'une brasserie, naguère écrasée par la chute des rochers dont on voit une sorte de muraille dans l'escarpement dominé par le fort du côté de la Jaar. Depuis la petite entrée B jusqu'à certaines traces de fortifications marquées V, en remontant le cours de la Jaar par sa rive droite, on ne trouve plus d'escarpement de rochers mis à nu, mais des pentes plus ou moins adoucies qui les cachent. Aux points que nous avons désignés par la lettre T, se rencontrent deux petites exploitations toutes nouvelles, creusées presqu'au niveau du vallon, et qui n'offrent encore l'une et l'autre que des conduits fort bas, au fond desquels nous aperçûmes au loin la lueur de lampes annonçant la présence des ouvriers.

En S sont des entrées plus considérables, formées de deux ou trois portiques sur des pans de rochers dépouillés. Les galeries de plain-pied où ces portiques conduisent, paroissent abandonnées; nous n'y trouvâmes d'autres traces que celles des troupeaux: les pâtres y conduisant leurs brebis pour les mettre à l'abri du mauvais temps ou des ardeurs du jour. La plus septentrionale de ces deux issues commença à nous révéler le mystère de la formation des effondremens en entonnoir, phénomène dont nous allons bientôt entretenir le lecteur. A peine nous y étions-nous enfoncés d'une vingtaine de pas, que la route se trouva encombrée de galets, de sable et de terre végétale arrachée au sol supérieur; et quand nous visitâmes ensuite la surface de ce sol supérieur, précisément au-dessus du point où nous avions rencontré l'obstacle, nous aperçûmes en U trois enfoncemens de dimensions différentes, mais peu considérables, résultant évidemment de la déperdition d'une partie de la superficie des pentes du plateau, qui avoit été engloutie.

Les derniers éboulemens ont mis à jour au point E, près du fort, une entrée fort anciennement abandonnée à la gauche et au bord du chemin encaissé, D qui fut la grande route jusqu'à l'instant où le rapprochement de ses parois en eut interdit le passage aux voitures dont la voie étoit un peu large.

Une autre issue également infréquentée dès long-temps, existe à la même hauteur sur la pente nord-est, qui s'adoucit vers Maëstricht; on en reconnoît la place depuis les glacis de la ville, à quelques buissons qui croissent à l'entour.

En continuant de voyager vers le midi, du côté de la Meuse, on trouve bientôt la Maison blanche, située un peu avant l'église de Saint-Pierre, et vis-à-vis laquelle existe le chemin de l'entrée G, maintenant la plus fréquentée; c'est par celle-ci que nous pénétrâmes dans les cryptes. A sept ou huit cents pas de l'entrée G, se trouve Lavandegh ou Slavande, ancien couvent de Récollets, maintenant à demi ruiné et métamorphosé en guinguette. C'est contre le mur méridional de l'enclos de Slavande qu'existe l'issue par laquelle les guides des voyageurs rendent ordinairement ceux-ci à la clarté du jour; elle est marquée I dans notre carte. Pour y parvenir, en quittant la route à mi-côte, il faut passer sous un grand rocher calcaire, désigné par la lettre H, qu'on a percé de part en part, et qui rappelle les ruines d'un arc de triomphe dont tous les ornemens eussent été effacés. La cavité de ce roc a servi plusieurs fois de salle de festin à des curieux qui, après une excursion souterraine, vouloient se livrer au plaisir de la table. En sortant de Slavande, et vers la base du rocher percé, le voyageur arrive sur une esplanade peu étendue, pratiquée de main d'homme, à mi-côte; des blocs calcaires s'élèvent à sa droite, confusément entassés, et la vieille tour de Lichtenberg couronne vis-à-vis une hauteur en pain de sucre, qui semble séparée du reste du plateau comme une montagne isolée, encore qu'elle ne le soit pas réellement.

Une vieille entrée J se trouve cachée dans les buissons, vers le milieu de la gorge, par l'effet de laquelle Lichtenberg, vu de Slavande, paroît une montagne détachée; le guide nous assura que, par cette vieille porte, on pourroit communiquer avec celles qui se trouvent en dessous de Lichtenberg, du côté de la Meuse, si des effondremens, dont il nous indiqua les entonnoirs supérieurs, ne s'y opposoient. Ces dernières entrées, que l'on voit sur le flanc de l'escarpement quand on le parcourt à mi-côte en voyageant vers le sud, et lorsqu'on a laissé Lichtenberg derrière soi, sont abandonnées, et peut-être ne pénètrent pas dans la masse calcaire aussi profondément qu'on l'assure; elles sont en assez grand nombre, et conduisent aux galeries les moins élevées; mais celles-ci sont fort curieuses à visiter, car c'est dans la partie de l'escarpement où elles furent creusées, que se rencontrent un grand nombre de tuyaux d'Orgues géologiques, tuyaux dont plusieurs ont été mis à nu par le fracassement des rochers, comme pour présenter au géologue les moindres circonstances de leur formation, et dont les plus remarquables sont figurés dans la Planche 18, n°. ; de la présente Illustration.

Nous n'entreprendrons point ici un catalogue systématique et raisonné des fossiles découverts jusqu'à ce jour dans les environs de Maëstricht, avec la description détaillée et la figure de tout ce qui n'auroit point été figuré ou décrit exactement; nous réservons ce travail pour une autre occasion: nous nous bornerons, pour le moment, à faire remarquer combien le mélange des restes de tant d'êtres qui ne vécurent point dans le même élément, jette de lumière sur l'origine du système calcaire à travers lequel la Meuse a creusé son lit. S'il est évident, par la seule inspection des lieux, que les débris d'animaux terrestres, fluviatiles et marins, confondus avec des bois fossiles qu'on dit y exister, ont été entraînés de divers points des continens voisins par l'effet des eaux intérieures, ou rejetés par la Mer sur son antique plage, ces débris ont dû tomber au fond d'un golfe où la jonction des rivières et des vagues opéroit, en luttant, un de ces remous considérables, tels qu'on en observe à l'embouchure de tous les grands fleuves où ils causent les barres et successivement les alluvions. (*Voyez* pag. 49 et 54.)

Les traces du golfe, où des Testacés, des Madrépores et des restes d'autres animaux marins, roulés et brisés en fragmens souvent aréniformes, se mêlent, en les englobant, à des carapaces de Tortues où l'on crut voir des cornes de Cerf et d'Elan, ainsi qu'aux débris de gros Sauriens, se reconnoîtroient facilement sur une carte physique, où le bassin de la Meuse inférieure avec ses affluens et ses anfractuosités seroit exactement représenté. Quand la Mer, diminuant d'étendue, couvroit pourtant encore cette vaste et aride plaine, en tout semblable aux grandes landes de l'Aquitaine, appelée *Campine*, et sur la lisière méridionale de laquelle on trouve, notamment aux villages près de Bilzen, des dunes de sable mouvant pareilles à celles des côtes d'Arcachon ou de la Hollande; quand les eaux de la Jaar, de la Meuse et de la Gueule devoient traverser les vases encore molles du golfe abandonné, pour porter à cette Campine, plage de l'Océan, le tribu de leurs eaux, ces rivières se creusèrent leurs lits dans ces vases profondes, à peu près comme nous voyons, sur le fond fangeux des étangs qu'on dessèche, des filets d'eau se creuser des vallées en miniature, vallées où l'observateur attentif peut reconnoître tous les accidens topographiques qu'offrent, dans des proportions immenses, le lit et l'embouchure des fleuves les plus considérables. Pour l'animalcule microscopique, pour l'imperceptible Entomostracé nageant au fond d'un marais bourbeux, des filets d'eau serpen-

tant à la surface du bourbier mis à sec, et s'y creusant des encaissemens de quelques lignes de profondeur, pourroient paroître des phénomènes aussi imposans qu'inexplicables; et l'homme inattentif ressemble trop souvent, par l'admiration irréfléchie qu'il accorde à des choses, grandes seulement par la comparaison qu'il en fait avec sa fragilité, à l'insecte ou à l'infusoire, qui ne savent pas plus que lui, reconnoître deux choses absolument identiques dans l'immense vallon de la Meuse et dans la rigole s'encaissant en un tas de boue. La Meuse, la Jaar et la Gueule, en sillonnant les vases calcaires du golfe abandonné, y ont produit des accidens de terrain qu'on retrouve partout où les rivières n'ont point eu à lutter contre des rochers. La pierre de Maëstricht n'étoit pas dure à cette époque; elle ne s'est consolidée que plus tard par l'effet de l'évaporation et du tassement. Dans l'origine, les eaux courantes pouvoient en entraîner aisément des parties; et, tandis que la surface des laisses de l'Océan se niveloit en se durcissant, les courans interrompoient cette surface, tantôt en la coupant brusquement aux lieux où nous voyons aujourd'hui des escarpemens à pic, tantôt en glissant mollement le long de ce que nous voyons maintenant former des pentes adoucies.

Sous la ferme de Lichtenberg, à la hauteur du Coq-Rouge, divers fracassemens dont on ne sauroit que difficilement expliquer la cause, ont détaché de la masse du grand banc calcaire des quartiers considérables de roches. Les travaux des hommes, les eaux pluviales, l'effet de la végétation et des racines d'arbre, agissant à la longue comme des coins, ont produit, dans cette partie des flancs du plateau, ce désordre complet; et sur plusieurs points on pourroit se croire dans quelque partie d'anciennes galeries qui auroient été entièrement détruites. C'est en ce lieu, duquel nous donnons une vue Pl. 28, n°. 3, marquée Y dans notre carte, Pl. 27, qu'il faut se rendre pour étudier les Orgues géologiques et les cônes d'éboulement qui en sont provenus. Contre des pans de roches, près de diverses entrées de carrières, on voit de ces cônes qui y semblent appuyés; ils sont semblables à ceux que nous avons marqués M dans le n°. 1 de la même Planche; et alors on distingue au-dessus, sur la face de la pierre, mise à nu, les traces du canal qui dut faciliter le passage des galets et du sable dont le tas conique est composé. Ces traces sont ici indiquées par les lettres E et D. L'admiration augmente lorsqu'on distingue de tous côtés, sur la surface des rochers, non-seulement les traces de pareils cylindres plus ou moins dégradés, mais encore des cylindres entiers parfaitement conservés ; dans ceux-ci l'on peut découvrir jusqu'aux moindres particularités de leur contexture.

M. Mathieu observa le premier ces cylindres que les carriers de Maëstricht nomment *puits de terre* (*Aerde-pyp*), et ces puits de terre nous paroissent absolument la même chose que ce qu'on appelle *Fontis* dans les carrières dont quelques ramifications pénètrent sous l'un des quartiers méridionaux de Paris. MM. Brongniart et Cuvier ont appelé *puits naturels* ces cavités « qui sont assez » exactement cylindriques, percent toutes les cou- » ches calcaires, ou sont exactement remplies d'ar- » gile ferrugineuse et de silex roulés et brisés. » Ces savans les ont remarqués dans les carrières des communes de Houille et Carrières Saint-Denis, au nord-ouest de Paris. Ils en ont encore trouvé dans une carrière ouverte sur la droite du chemin de Paris à Triel. En ce lieu, les puits naturels « sont verti- » caux, à parois assez unies et comme usées par le » frottement d'un torrent ; ils ont environ cinq dé- » cimètres de diamètre, et sont remplis d'une argile » sablonneuse et ferrugineuse, et de cailloux rou- » lés ; ces puits sont assez communs dans le cal- » caire marin des environs de Paris ; il y a même » peu de carrières qui n'en présentent..... Il en » existe à Sèvres.... Il y en a un assez grand » nombre dans les carrières dites *du loup*, dans » la plaine de Nanterre, et tous sont remplis d'un » mélange de cailloux siliceux et calcaires, dans » un sable argilo-ferrugineux. » Notre illustre ami M. Bosc, cet observateur infatigable, auquel aucun fait d'histoire naturelle ne sauroit échapper dans les cantons qu'il explore, avoit déjà vu de ces puits dans les anciennes carrières de Wessegnicourt, département de l'Aisne, sur la lisière de la forêt de Saint-Gobin, qui traversent en ce lieu un banc de calcaire coquillier marin, et sont ou verticaux ou légèrement inclinés ; leur diamètre surpasse quelquefois un mètre ; leur parois sont assez lisses et enserrent une terre argileuse, pareille à celle des couches supérieures.

M. Gillet-Laumont a trouvé sur les bords de l'Oise, près des communes d'Auvers et de Mery, des espèces de tuyaux, « peu inclinés à l'horizon, » de la grosseur du doigt, quelquefois très-nom- » breux, traversant un beau calcaire grenu, qui » contient des coquilles marines, dont la puis- » sance est de cinq à six mètres ; ils sont la plu- » part remplis d'un sable calcaire siliceux, mêlé de » parties très-fines de chlorite verte. Plusieurs pré- » sentent des renflemens qui, avec leurs parois plus » compactes que la masse environnante, les ont

» fait prendre par quelques personnes pour des os- » semens fossiles. » Ce savant pense avec raison que sa découverte peut jeter quelques lumières sur les puits de terre de Maëstricht ; en effet, ces petits cylindres, indiqués à M. Gillet-Laumont comme des ossemens pétrifiés, ne sont que nos *Aerde-pyp* en diminutif, et proportionnés au peu d'épaisseur du banc calcaire qu'ils ont criblé.

M. Mathieu ayant mentionné le premier les Orgues géologiques, nous transcrirons d'abord ce qu'il en rapporte. « Je fus conduit à la colline de Saint-Pierre, dit cet observateur, par M. Behr, ancien officier au service de la Hollande, habitant actuellement Maëstricht, amateur zélé d'histoire naturelle, qui voulut bien avoir la complaisance de nous mener dans les lieux les plus curieux. En parcourant l'extérieur de la colline du côté de la Meuse, je fus singulièrement surpris, à l'aspect d'un grand nombre de trous cylindriques, qui nous paroissoient partir du point où nous nous trouvions et aller jusqu'à la surface supérieure de la colline ; nous les prîmes d'abord pour des soupiraux faits afin de faciliter les travaux d'exploitation ; mais leur nombre, leur rapprochement dans un même lieu, et bien plus leur position, sans nul rapport avec les travaux des carrières, nous firent bientôt sortir de l'erreur où nous nous trouvions ; nous remarquâmes alors que tous les trous se conti- nuoient dans la profondeur de la montagne, et que dans leur situation verticale ils affectoient des sinuosités et des renflemens qui nous parurent dater d'une époque fort ancienne. Nous obser- vâmes scrupuleusement le grain et les nuances de la surface antérieure de ces cylindres ; la différence de la texture de cette surface avec la masse géné- rale, et de petites aspérités formant comme des stalactites légères qui la recouvroient, nous prou- vèrent que ces trous étoient indubitablement l'ou- vrage de la Nature. Ces cavités cylindriques sont remplies d'un amas de cailloux mêlés de terre, semblable à la grève qui couvre le plateau de la colline (nommé *Camp de César*) ; ceux de ces trous qui sont coupés par les souterrains d'exca- vations sont vides dans la partie supérieure, le dépôt de cailloux s'y étant naturellement af- faissé. »

La vue n°. 1 de la Planche 28, a pu donner au lecteur une idée assez exacte des puits de terre ; le n°. 3 est destiné à la compléter. Dans celle-ci, prise du point Y de notre carte, Pl. 27, nous avons réuni la vue des tuyaux qui, mis à jour aux lieux que M. Mathieu avoit visités avant nous, nous ont paru les plus propres à expliquer l'origine des Orgues géologiques. Ceux que nous avons examinés, au nombre de cent au moins, avec MM. Dekin et Behr, digne fils de ce même M. Behr qui voulut bien servir de guide à M. Mathieu, nous ont paru affecter constamment une disposition verticale, quelquefois légèrement oblique, et souvent assez sinueuse pour que des courbures en fissent disparoître une partie à la face des rocs dont le brisement met à jour le reste de leur longueur. Ces puits, en plusieurs endroits, sont tellement rapprochés, que quelques-uns d'entr'eux se touchent et circulent pour ainsi dire les uns autour des autres ; il en est même qui paroissent se coller ensemble pour demeurer réunis ou pour se séparer encore. On pourroit les comparer à des cônes renversés excessivement alongés, se terminant constamment en pointe par en bas, et présentant toujours un évasement plus ou moins considérable à mesure qu'on remonte vers le haut ; ils sont généralement cylindriques, et laissent souvent, sur les pans de roches qui les ont partagés en se partageant eux-mêmes, des traces creusées en larges gouttières. Ici la section a été complète sur toute la surface du massif calcaire fracassé, alors il ne reste qu'une trace plus ou moins profonde, munie de légères aspérités, et dégagée de tout corps étranger (D, D, D) ; ailleurs cette section n'a eu lieu que dans la portion supérieure du tuyau d'orgue, laquelle est demeurée remplie de débris des couches d'en haut (F), ou vide dans la partie brisée (E), mais on voit dans la masse calcaire (en G) le tuyau continuer sa route vers les plus grandes profondeurs, toujours rempli de sable et de galets ; là, quelqu'autre tuyau d'orgue, mis à jour longitudinalement sur la paroi d'une galerie souterraine par quelqu'imprudent carrier, a laissé échapper, pour en former un petit cône à la base du pilier de support, des fragmens du sol supérieur qu'il tenoit renfermés dans la longueur de la section, tandis que les portions du sol supérieur étoient tellement tassées au-dessus de l'éboulement, qu'elles continuent à encombrer le conduit (F) ; autre part, des tuyaux pareils ont été coupés horizontalement dans leur diamètre, et leur tranche, souvent fort considérable, se voit sous les voûtes plates des galeries, sans qu'il en soit résulté d'effondrement, tant la pression des matières qui s'y sont introduites, jointe à quelque ciment calcaire produit par l'infiltration des eaux, a rendu compacte le contenu de ces puits : dans quelques-uns on diroit un véritable poudingue, une nouvelle pierre indestructible, et comme un bouchon placé par la Nature pour empêcher l'écoulement du sol supérieur par des canaux qui

sembloient n'avoir point été faits pour que l'homme vînt les intercepter.

Les carriers intelligens évitent soigneusement les puits naturels ; quand ils en rencontrent, ils les tournent, et s'ils ne le peuvent, ils les murent ou leur conservent une sorte d'encaissement. Lorsque, par malheur ou par nécessité, ils les ont mis à nu, de manière à redouter un éboulement, ils ne cessent de les observer, et pour peu que quelques cailloux s'en détachent, on les voit fuir avec rapidité ; car l'effet d'un effondrement est souvent terrible. Les substances étrangères contenues dans des canons verticaux d'un genre si extraordinaire, pressées de tout le poids des couches supérieures, se précipitant par l'issue qui leur est donnée, selon les lois de la pesanteur, qui accélèrent avec fracas la chute des corps, des cailloux de tous les volumes roulent au loin avec un bruit confus et remplissent en peu d'instans une étendue des galeries proportionnelle au diamètre des tuyaux d'orgue par lequel l'effondrement s'est opéré : le malheureux surpris dans une pareille catastrophe seroit enseveli, pulvérisé, sans qu'il fût possible de troubler sa sépulture pour rechercher ses tristes lambeaux. Il arrive cependant que ces effondremens n'ont pas toujours lieu d'une manière également brusque ; ils se forment et s'accroissent aussi peu à peu, par l'effet de chaque hiver pluvieux. Dans tous les cas, il en résulte de ces cavités en forme de cratère que nous avons déjà indiquées au lecteur en U et en F de notre carte, et dont on voit plusieurs près de la vieille Briqueterie que nous y avons indiquée. Ces cavités nous présentent, dans la coupe n°. 1 de la Pl. 28 en D, M, l'idée des grandes horloges à sable, où la Nature, qui tient compte de la durée des temps, mesure ceux qui sont nécessaires pour que le sol du plateau de Maëstricht descende dans les travaux de l'homme et les efface. Lorsque tous ces sabliers naturels, dont les Orgues géologiques représentent le conduit de communication, auront marqué l'heure où ces lieux auront dû changer de forme, le plateau de Saint-Pierre n'aura plus rien de commun avec la description que nous en donnons aujourd'hui ; ses vastes cryptes seront comblées, et leurs portiques encombrés y pourront demeurer inconnus à des générations qui peut-être ignoreront même l'existence des nôtres ; sa surface anfractueuse, creusée, dépouillée, ne se couvrira plus de riches moissons, et le géologue d'alors, en considérant un tel désordre, n'en pourra deviner les causes. Un bouleversement qui pourroit bien être analogue à celui que nous osons prédire, a déjà été observé dans les terrains calcaires des provinces Illyriennes, par M. d'Omalius d'Halloy. Cet observateur nous apprend que dans les environs de Trieste, et de Sienne surtout, une grande quantité d'enfoncemens très-considérables, en forme d'entonnoirs ou cônes renversés, donnent au pays un aspect extraordinaire : ces cavités ne retiennent point les eaux pluviales, qu'elles laissent au contraire filtrer ; de sorte que, lorsque les pentes n'en sont pas trop rapides, on y cultive l'olivier. M. d'Omalius d'Halloy n'a pu se rendre raison de ce phénomène. Il s'est borné à nous faire observer qu'il ne peut être attribué à un affaissement local du sol ; car les couches dans lesquelles sont creusés les entonnoirs ne présentent aucun dérangement particulier, et conservent la même disposition que toute la masse du terrain environnant ; il leur soupçonne de l'analogie avec les cavernes dont l'Illyrie est remplie ; cavernes qui, dit-il, communiquent peut-être avec les entonnoirs. N'est-il pas en effet certain que cette Illyrie, si antiquement peuplée, étoit couverte, au temps où les arts florissoient en Grèce, de villes populeuses et de monumens ? Les peuples qui élevèrent ces monumens et ces cités, en trouvèrent les matériaux dans leur sol calcaire ; ils creusèrent celui-ci dans toutes les directions, et, comme on l'a fait dans le plateau de Saint-Pierre, ils tranchèrent une multitude d'Orgues géologiques, qui successivement ont occasionné le transport du sol supérieur dans l'intérieur des galeries souterraines, galeries qu'on retrouveroit à coup sûr sous le sol criblé d'entonnoirs, décrit par M. d'Omalius d'Halloy, si l'on se donnoit la peine de les y chercher.

Il est difficile d'apprécier la longueur des tuyaux d'Orgues géologiques du plateau de Saint-Pierre ; si l'on en croit les carriers, ils traversent le grand banc calcaire, dépassent les parties inférieures où se voient des assises de silex, dont nous occuperons bientôt le lecteur, et descendent jusqu'au-dessous du niveau de la rivière. Nous ne savons sur quelles données on peut établir une pareille croyance, qui aura peut-être déterminé M. Clerc à supposer aux Orgues géologiques jusqu'à soixante mètres de hauteur. Nous avons vainement cherché leurs traces au niveau de la Meuse, sur ces escarpemens en forme de mur éblouissant, marqué vis-à-vis de la lettre M dans notre carte. Nulle part nous n'avons aperçu le moindre indice qui pût autoriser à penser que les puits naturels descendissent aussi profondément dans la masse solide ; nous sommes porté à croire qu'ils ne dépassent pas la région où les bancs siliceux commencent à présenter une stratification continue.

Quoi qu'il en soit, nous en avons observé de bien formés, c'est-à-dire de ceux qui, descendant depuis la surface du banc calcaire, traversent les cryptes, dont le diamètre varie prodigieusement, et depuis deux ou trois centimètres jusqu'à quatre mètres et demi. Plus communément ce diamètre égale un ou deux mètres. Les tuyaux qui dépassent quatre mètres sont les moins fréquens : ils occasionnent ce qu'on peut appeler un effondrement complet : après avoir donné passage aux portions du sol supérieur qui les encombroient, ils demeurent entièrement vides ainsi que des évents de mine, et comme pour laisser pénétrer quelque clarté dans certains points des galeries.

Le plus remarquable de ces effondremens complets a eu lieu depuis huit à dix ans, précisément au milieu de la route du Sart, au point de jonction du chemin qui, conduisant à la base du plateau par sa face orientale, passe successivement devant quelques entrées de carrières, dont on a fait des granges, et devant la porte inférieure du jardin du château. Nous engageons les voyageurs qui parcourroient le plateau de Saint-Pierre sur nos traces, à le remarquer ; il est signalé par un fort point noir dans notre carte, et marqué des lettres E, L, M, dans la Pl. 28, n°. 1. Il a été nécessaire d'environner ce précipice, qu'on ne pouvoit faire disparoître, d'une haie qui ne permît pas d'y tomber. En y plongeant ses regards, l'observateur découvrira que les parois du puits offrent en grand la même forme et la même contexture que celles des autres puits moins considérables, et dont il ne reste que des traces sur les flancs des rochers représentés dans la vue n°. 3.

Les Orgues géologiques ou puits de terre, que leur position sur leur mise à nu permet d'examiner, nous ont présenté les aspérités que M. Mathieu compara à des stalactites légères ; et les renflemens qu'il y observa, nous les avons trouvés formés d'une croûte dure, plus compacte que le calcaire grossier environnant, et cette croûte, dont l'épaisseur est en raison du diamètre de chaque tuyau d'orgue, forme un conduit dont la substance particulière se confond extérieurement et graduellement avec la masse qu'il perce. Le plus curieux de tous nous paroît être celui que nous avons figuré en H, n°. 3. Le fracassement du banc calcaire qu'il traversoit et qui s'est brisé précisément dans sa longueur, en a re————cté les moindres détails ; le pan du rocher par lequel il dut être long-temps caché, et qui, gisant couché sur la terre à peu de distance, conserve encore sur un de ses flancs une empreinte demi-cylindrique, n'emporta dans sa chute qu'une petite

petite portion de la croûte compacte du tuyau d'orgue révélateur. Ce tuyau, légèrement sinueux,
dont la circonférence intérieure peut avoir trois
mètres tout au plus, fait saillie comme la moitié
d'une grosse colonne détériorée, mais taillée d'un
seul fût, sur un antique mur de construction cyclo-
péenne. En approchant de cette saillie, on aperçoit bientôt qu'elle est interrompue vers sa base,
et l'interruption n'est qu'une brisure en forme de
porte, par laquelle on pénètre dans l'intérieur du
conduit, où l'on peut se tenir debout, et par l'extrémité supérieure duquel on aperçoit le ciel au-
dessus de sa tête. Le naturaliste qui, chassant et
herborisant dans une antique forêt, aura cherché
un abri dans le creux d'un arbre en décrépitude,
où l'on peut entrer par les déchiremens de son
vieux tronc, se formera une idée très-juste du tuyau
d'Orgue géologique qui vient d'être décrit.

On concevra encore l'effet que produiront, sur
certaines faces de rochers, la confusion et le rapprochement des traces de vingt puits de terre détériorée et mise à jour, en jetant les yeux sur les
murs limitrophes de ces maisons fort élevées et
détruites dans une grande cité où, abstraction
faite de la suie qui les noircit, divers conduits de
cheminée se croisent ou s'élèvent, tantôt parallèlement, tantôt en serpentant d'étage en étage. On
diroit ailleurs l'empreinte de Madrépores gigantesques, ou d'énormes traces de Tarets ; et nous ne
fûmes pas surpris à cet aspect que M. Mathieu,
n'ayant eu la possibilité d'examiner ces lieux que
superficiellement, ait pensé qu'on pourroit attribuer la formation des Orgues géologiques à quelque
animal monstrueux qui, au temps où la masse des
rochers n'avoit point acquis la consistance qu'elle
présente maintenant, l'eût sillonnée « ainsi que la
» Taupe creuse la terre, et que l'Araignée maçonne
» construit son admirable demeure dans un gra-
» nit encore très-dur, quoiqu'en état de décompo-
» sition. » Dans cette hypothèse, il eût été cependant plus naturel d'attribuer les tuyaux d'Orgues
géologiques à quelque Pholade colossale, et dé-
truite comme les races puissantes des temps anté-
diluviens, puisque les Pholades actuelles creusent
sous l'eau, dans une pierre analogue à celle de
Maëstricht, mais d'un grain plus fin, de véritables
Orgues géologiques en diminutif.

Ni des Pholades énormes, dont on ne trouve
point de débris, ni aucun animal probable,
n'eussent pu former les puits de terre : ce ne
dut pas être non plus le dégagement d'un gaz qui
auroit autrefois pénétré de ses bulles ascendantes
un sol délayé et presque liquide, ainsi que de
l'hydrogène sulfuré traverse la vase très-molle
des marais en y laissant, pour quelques instans,
les traces cylindriques de son passage ; nous doutons encore que des torrens ou des courans en
puissent expliquer l'origine. En vain M. Cuvier
voudroit-il essayer de rendre raison, par ce
moyen, de la formation d'un conduit qu'il a observé dans les carrières de Sèvres, et qui, selon
lui, ressemble à un canal oblique sillonné par un
courant. Il étoit réservé à M. Gillet-Laumont
d'entrevoir la véritable cause à laquelle on doit
attribuer la formation des puits de terre. « J'ai re-
» gardé, dit ce savant, les tuyaux (observés sur
» les bords de l'Oise près d'Auvers et de Méry)
» comme formés par l'infiltration des eaux dans une
» masse composée de grains peu adhérens les uns
» aux autres... » Mais pour que cette infiltration
ait pu s'opérer, il n'est pas nécessaire de remonter
à l'époque où l'Oise devoit être plus élevée qu'elle
ne l'est aujourd'hui ; des masses d'eaux supérieures,
stagnantes ou coulantes, peuvent y avoir été tout-
à-fait étrangères ; et non-seulement les puits de
terre des bords de l'Oise, des environs de Paris,
et du plateau de Saint-Pierre, ont pu se former à
une époque fort reculée, mais il s'en forme encore
tous les jours, et nous avons pris à cet égard la
Nature sur le fait.

En descendant par la plus méridionale des entrées qui sont marquées T sur notre carte, nous
avons remarqué, dans la paroi droite du chemin,
de fort petits puits de terre ; il s'en trouvoit depuis quelques pouces jusqu'à quelques pieds de longueur ; à mesure que ceux-ci s'alongeoient, leur
forme conique se perdoit pour passer à celle d'un
cylindre dont l'extrémité inférieure se terminoit
toujours en pointe. D'abord, ces tuyaux naissans
ne sont point remplis de sable et de galets ; le grain
de la pierre grossière y prend seul une disposition
nouvelle ; l'eau qui le pénètre goutte à goutte en
sépare les parties, et dissolvant du carbonate calcaire, dépose latéralement cette substance durcie,
en laissant le milieu du tube inégalement obstrué
d'une terre bolaire brunâtre, et qui souvent présente
une disposition rubanée avec de petits interstices
longitudinaux. Cette disposition est remarquable
dans une moitié du tuyau d'Orgue géologique,
longue de deux mètres environ, et qu'on nous avoit
annoncée comme un Madrépore fossile. Le diamètre de celui-ci est de onze à quinze centimètres ;
on l'aperçoit sur le flanc d'un gros rocher comme
suspendu sous Lichtenberg, et qui semble mena-
cer le curieux qui l'observe, d'une chute que le
moindre ébranlement suffiroit pour déterminer.

13

Nous avons indiqué en I, dans la vue n°. 3, un tuyau d'Orgue pareil qu'on peut observer sans danger sur un autre bloc abattu ; en le grattant intérieurement, on fait tomber aisément la terre vermiculiforme, s'il est permis de s'exprimer ainsi, qui le remplit, et le cylindre du petit puits demeure alors en tout semblable aux grandes parois des puits D, D, D, H, E, c'est-à-dire inégal, rugueux, et plus dur dans son pourtour que le calcaire grossier environnant.

Après avoir bien examiné ces phénomènes, nous essayâmes de rivaliser avec la Nature, et de faire aussi des tuyaux d'Orgues géologiques. Pour ne pas trop attendre le résultat de nos expériences, nous choisîmes une substance aisément pénétrable par l'eau, et dont la cristallisation confuse, ou l'agglomération des parties, offrît quelques rapports avec le calcaire grossier de Maëstricht : ayant fait tomber l'eau goutte à goutte sur des morceaux de sucre, nous obtînmes de petits puits naturels. Pour répéter notre expérience d'une manière plus concluante, nous avons pris un pain de sucre raffiné, nous l'avons taillé en carré long de trois décimètres, large de douze centimètres, et, autant que nous l'avons pu, d'un décimètre d'épaisseur. Pour obtenir plus de ressemblance entre ce morceau de sucre et le plateau calcaire qu'il devoit représenter, nous avons creusé, sur la partie que nous destinions à devenir le dessous, de petites galeries de trois à cinq décimètres ; de sorte que notre ouvrage, posé sur une table de marbre, ressembloit à la moitié supérieure de la coupe, représentée dans le n°. 1 de la Planche 28. Nous avons ensuite établi au-dessus, et à quelques lignes de la surface de notre simulacre, des morceaux de tube du thermomètre brisé, dont la partie supérieure avoit été dilatée en entonnoir au chalumeau, et nous avons fait couler lentement par ces conduits grêles de très-petites gouttes d'eau, car l'eau en trop grande quantité eût détruit nos espérances. Ces gouttes dissolvant lentement le sucre, aux points seuls sur lesquels nous les faisions tomber successivement, y ont pénétré peu à peu ; elles ont formé des cylindres de la grosseur d'un tuyau de plume, quelquefois sinueux, inégaux, raboteux intérieurement ; et quand ils furent secs, leurs parois tapissées d'une sorte de cristallisation, devenues plus dures que le reste de la masse, nous présentèrent de véritables puits naturels, dont plusieurs s'enfoncèrent jusque dans nos petites galeries, à travers leurs voûtes plates, ou en crevant quelques-uns de leurs piliers latéraux.

En recherchant dans les cavités que les habitans du village de Caster ont creusées au pied de l'escarpement, vers le niveau de la Meuse, quelle étoit la nature des parties inférieures du plateau de Maëstricht, nous nous trouvâmes rendus au point où le géologue doit venir interroger la Nature sur la formation des silex vagues, ou disposés par couches continues. Dans la partie supérieure, friable et grossière du grand banc calcaire, nous avions déjà trouvé des blocs de cette substance, mais dispersés en rognons irréguliers, plus ou moins considérables. Ils n'observoient aucun ordre dans leur position respective ; et, se présentant au hasard aux lieux où les carriers travaillent, ils forcent souvent ceux-ci à se détourner de leur direction, afin de chercher une pierre homogène, dans laquelle nul corps étranger n'occasionne de défaut ou de cassure.

Au-dessous de la région des carrières, le grain du calcaire devient plus fin, plus serré, et les silex commencent à se présenter en couches horizontales ; mais ces couches, peu étendues, ne se rencontrent qu'en divers endroits, dispersées çà et là sur le flanc de certains pans de rocher des parties mitoyennes de l'escarpement oriental. A mesure qu'on se rapproche du niveau de la Meuse, et que la masse calcaire humide, comprimée par le poids de ses parties supérieures, passe à l'état d'une véritable craie compacte, blanche et un peu molle, les silex deviennent extrêmement nombreux ; ils se présentent alors en bancs horizontaux, très-remarquables par un aspect régulier, qui frappe d'étonnement jusqu'aux hommes les moins attentifs aux singularités de la Nature. Nous avons figuré en C, Pl. 28, n°. 1, ces assises inférieures de silex, qui sont d'autant plus rapprochées les unes des autres, que, déposées dans une craie plus molle, le poids de tout le plateau les comprime davantage, et les forcera peut-être par la suite à ne plus former qu'une masse continue vers le niveau des eaux de la Meuse, comme celle que forment en quelques endroits certaines pierres meulières qui n'ont peut-être pas une autre origine.

Lorsque la barque de Liége tourne à gauche, en suivant le coude au moyen duquel la Meuse vient baigner immédiatement l'escarpement sous Caster, le voyageur qui descend la rivière aperçoit en face de lui comme un mur énorme ; en distinguant un peu au-dessus, les entrées des cryptes romaines semblables à de majestueux portiques, il est tenté de croire que ce mur est encore un prodige de la main des hommes ; la régularité s'offrant dans ses plus vastes proportions le frappe d'abord, à son aspect, puis quand il compte sur l'éblouissante élévation, des assises horizontales, régulières, et marquées par des lignes noirâtres non interrompues, il a besoin de toute sa raison pour ne pas s'imaginer qu'il contemple une gigantesque bâtisse. Cette muraille s'étend dans toute sa majesté, depuis les terrasses au-dessous des jardins du château de Caster jusque proche d'un cabaret appelé *le Tilleul*. Elle est vis-à-vis le point marqué M dans notre carte. Des couches de silex d'un à trois décimètres d'épaisseur, exactement parallèles, s'y observent d'une extrémité à l'autre sans y jamais manquer, et sans que des blocs d'autres silex vagues viennent jamais, en s'y interposant, rompre la plus exacte symétrie. La couleur de ces couches, contrastant avec les substances qu'elles coupent, les fait remarquer de loin. On les voit moins distinctement après qu'on a passé le Tilleul, parce qu'alors l'escarpement ne présente plus l'apparence d'un mur continu ; mais après le Coq-Rouge, en se rapprochant de Maëstricht, vis-à-vis le point K de notre carte, on les retrouve encore très-rapprochées et parfaitement parallèles, le long du chemin que les débordemens couvrent parfois, sur un petit escarpement non interrompu, élevé de quelques mètres, et que des buissons couronnent.

Les proportions du grand mur calcaire sur lequel se voit à découvert la structure des bases du plateau de Saint-Pierre, sa nature, sa nudité, sa blancheur et les couches siliceuses qui les distinguent, retracèrent à notre mémoire ces côtes à pic de la Manche, que l'on nomme *les Falaises de Normandie*. Ces lieux, si distans, ont encore d'autres rapports : ayant eu occasion d'examiner les uns et les autres, ainsi que plusieurs points intermédiaires, il nous semble que tous indiquent un système calcaire de même formation, dans lequel on doit reconnoître la côte qui baignoit l'Océan lorsque les plaines de la Belgique en étoient les plages, et que la persévérance batave n'avoit point, à force d'enclaver des polders entre de prodigieuses digues, conquis sur la Mer, les alluvions du Rhin et de ses affluens. Dans ces falaises battues par les flots de la Manche, on a aussi découvert des restes de grands Crocodiliens.

M. Faujas de Saint-Fond avoit remarqué les couches siliceuses des environs de Maëstricht, mais il étoit tombé dans une étrange erreur à leur égard, erreur où il entraîna M. Héricart de Thury, qui répète textuellement d'après le professeur du Muséum, « que l'escarpement taillé à pic (qu'on « voit près de Slavande en venant à Maës-» tricht) est composé de couches horizontales » de sable fin, blanc et un peu crayeux, qui alter-

» nent avec des couches également horizontales de » silex noirs, mamelonnés et comme branchus, » dont quelques-uns ont appartenu autrefois à des » Madrépores passés à l'état siliceux, mais dont » l'extérieur offre encore quelques traces d'organi-» sation régulière ; on y trouve également du bois et » des coquilles à l'état siliceux. Cette circonstance est » d'autant plus digne d'attention, que l'autre face de » la montagne renferme en général des Madrépo-» res et des Coquilles entièrement calcaires et de » la plus parfaite conservation, au point qu'on en » retrouve quelques-unes qui ont encore leurs cou-» leurs naturelles. » Ce n'est point un sable fin, blanc, un peu crayeux, qui compose la partie des escarpemens où se voient les couches siliceuses, mais de véritable craie ; les silex branchus qui forment ces couches en s'emboîtant les uns dans les autres, à peu près comme les sutures des os d'un crâne, ne sont point dus seulement à des Madrépores, lesquels, par l'effet des siècles, changèrent de nature, et dont plusieurs offriroient encore quelques traces d'organisation régulière. Enfin, l'autre face de la prétendue montagne n'est point exempte de couches siliceuses, comme semble l'indiquer la remarque par laquelle MM. Faujas et Héricart de Thury terminent le passage qui leur est commun. Nous ne prétendons point nier que des Madrépores ne passent à l'état siliceux, et que, dans cet état, leurs formes conservées ne puissent rappeler celles des silex confondus dans les couches des fondemens du plateau de Saint-Pierre ; mais les Madrépores ne jouent point ici un rôle plus important que d'autres pétrifications quelconques, parmi lesquelles nous n'avons rencontré aucune trace de bois fossile.

Si l'on rencontre entre les rognons siliceux ou parmi les stratifications siliceuses des diverses régions du plateau de Saint-Pierre, des Madrépores et des Coquilles devenues silex, ce n'est qu'accidentellement ; et ces substances, n'eussent-elles point existé, le silex ne s'en fût pas moins formé partout où nous le voyons aujourd'hui. La plupart de ces silex peuvent être d'une origine fort ancienne, mais il dut s'en former postérieurement un dépôt marin qui leur sert de gangue ; il s'en forme même tous les jours, et l'observateur peut assister à leur formation, comme à celle des Orgues géologiques que nous lui avons dévoilée.

Ainsi que l'eau s'infiltrant à travers le grain grossier du calcaire de Maëstricht en dissout le carbonate calcaire purifié, afin d'en composer les parois des tuyaux d'Orgues, ainsi cette même eau y dissout, à l'aide de quelqu'agent qui nous demeure inconnu, la matière des silex. Abondamment répandue dans l'épaisseur du plateau, cette matière (par les lois qui déterminent la juxta-position de ses molécules), au lieu d'affecter la forme de tuyaux et de puits naturels, se dépose, dans les couches pénétrables qui présentent les conditions nécessaires à son agglomération, en blocs rameux, amorphes et souvent bizarrement contournés; blocs qui, venant à se confondre les uns dans les autres par leurs appendices branchus et leurs cavités nombreuses, se soudent et deviennent bientôt une couche continue, dans laquelle des Madrépores, des Coquilles diverses, des ossemens même, se trouvant englobés, peuvent passer à l'état siliceux sans qu'on puisse dire que ces corps, véritablement étrangers aux couches du silex qui se les approprient, en aient été les causes déterminantes.

La formation des silex de Maëstricht doit être la même que celle des silex amorphes, isolés ou stratifiés, qu'on rencontre si fréquemment en Belgique, non-seulement dans la plupart des carrières de pierre calcaire ou dans la craie, mais encore aux environs de Bruxelles, au milieu de toutes les sablières dans lesquelles on va les recueillir pour en composer les rocailles dont on tapisse les grottes factices, et dont on forme le couronnement des murs ou des piliers de portes de jardins. Partout l'eau doit être considérée comme le dissolvant propre à opérer de telles formations. Il suffit, pour s'en convaincre, de se transporter hors de la porte de Halle, sous l'ancien fort de Monterey, qui commandoit la capitale de Belgique, où la grande route coupe un banc de sable exploité pour les besoins journaliers de la ville. On y verra l'eau pluviale, se chargeant des parties constitutives du silex, filtrer goutte à goutte et se durcir dans la profondeur du sable même en corps comparables, pour leur forme, à des tronçons de branchages, à des fragmens de bâtons plus ou moins gros, aux racines nourricières de la carotte ou du navet, enfin à quelqu'os long du corps humain. On reconnoît dans la cassure de ces silex nouveaux, que la matière dont ils sont formés a été déposée autour de corps étrangers, tels que des brins chevelus de racines quelconques profondément pénétrantes, tels que des morceaux de coquilles ou des parcelles de sable un peu plus grossières que leurs voisines, agglutinées en petits canons, tels enfin que des débris ou amas, qui, encroûtés dans la pierre nouvelle, identifiés avec elle, en conservant seulement leur forme primitive, demeurent les noyaux toujours reconnoissables des silex. D'autres fois, les gouttes d'eau silicifère, agissant dans l'épaisseur

des sablières comme celles qui creusent les Orgues géologiques dans le calcaire grossier, laissent au centre d'un silex canaliculé, leur conduit cylindrique qui ne se remplit qu'à la longue par le mécanisme au moyen duquel s'obstruent tôt ou tard tous les conduits d'eau.

On s'est beaucoup occupé de l'origine et de la formation des silex; dont les sablières des environs de Bruxelles expliquent la théorie. « L'existence des silex, dans les dépôts calcaires, dit Patrin, est un phénomène qui a toujours attiré l'attention des naturalistes. Quelques-uns ont dit que c'étoit par l'infiltration d'un *liquide siliceux* qui venoit remplir des cavités dans les couches de la craie; d'autres pensent que le silex est formé par une simple modification de la terre calcaire. » La préexistence des cavités dans les sablières ou dans la craie n'est nullement nécessaire à la formation du silex; de telles cavités, au contraire, ne pourroient que porter obstacle aux formations de ce genre, car, en y pénétrant, le *liquide silicifère*, au lieu de s'y endurcir en corps compactes, pourroit tout au plus y former des géodes telles que nous en voyons souvent dans les cavités des coquilles dont le plein s'est transformé en silex véritable.

La présence d'un plein, pénétrable par l'eau silicifère, est nécessairement indispensable, selon nous, dans une opération naturelle qu'on doit comparer à celle par laquelle les particules constituantes du bois font place aux infiltrations qui la pétrifient et l'agathisent, et à cette sorte de transmutation par déplacement de molécules, au moyen de laquelle de vieilles ferrailles jetées dans Rio-Tinto, en Andalousie, s'y chargent, après un certain laps de temps, d'un cuivre très-pur. Si des Madrépores, des Coquilles et autres débris marins se trouvent au point où telle ou telle cause détermine ce qu'on pourroit appeler *silicification,* ces débris, comme tout autre corps étranger qui eût pu se rencontrer accidentellement aux mêmes lieux, subissent une métamorphose analogue, qui ne respecte que les formes. Il n'est point nécessaire, dans ce cas, que la chaux soit convertie en silice, mais seulement que ses parcelles éprouvent la même espèce de remplacement qui a lieu dans le bois et le fer pénétré d'infiltrations lapidifiques ou cuivreuses. Le même mécanisme donne lieu partout à la même formation d'assises siliceuses; c'étoit sans doute pour établir une théorie analogue à celle que nous venons d'exposer, que M. Desmarest avoit fait graver la Planche 29, représentant une carrière de craie exploitée à ciel ouvert à Crency, près de Troyes en Champagne. Cette Planche a rapport également au mot CRAIE du Dictionnaire.

Après avoir scrupuleusement visité les cryptes du plateau de Saint-Pierre, il reste à visiter celles de la rive gauche de la Jaar. On commence à rencontrer celles-ci entre Emale et Kanne. Plusieurs sont situées au couchant de ce dernier village, et l'on en trouve à mi-côte jusqu'au-dessous d'une cense qu'on nous a dit se nommer *les Apôtres*.

Parmi les carrières de Kanne dans lesquelles on peut encore entrer, on remarquera celles que nous avons désignées par la lettre P, à droite, au bord et le long d'un chemin profondément encaissé, qui se dirige vers l'occident, lorsqu'on sort de Neder-Kanne par ce côté. Elles sont fort basses et paroissent avoir été creusées sur un modèle particulier : nous ne savons quelle peut être leur profondeur. Vers la jonction du chemin qui de cette route conduit au château, on trouve encore des cryptes fort étendues ; mais celles-ci, plus élevées, approchent, par leurs proportions, des plus belles galeries. L'une d'elles peut être considérée comme le magasin d'abondance du village ; ce quartier souterrain est celui où chaque habitant, murant ou fermant d'une porte en planches quelque galerie latérale, a établi ses écuries avec le dépôt de ses instrumens aratoires et ses récoltes.

Le parc de Neder-Kanne tire sa principale singularité de la série d'entrées par lesquelles on communique avec les carrières dont fut entièrement percée la hauteur à laquelle il se trouve adossé. Ces entrées, à demi cachées dans un feuillage épais, portant un caractère d'abandon, toutes fréquentées qu'elles sont encore, rustiques quand on les compare avec les entrées romaines, ont un aspect sauvage, et rappellent l'idée de ces antres qu'habitent au désert les animaux féroces ; imposantes, mais irrégulières, vastes, mais obscures, elles nous parurent encore curieuses après toutes celles que nous avions visitées. Les galeries dont elles étoient les portes, un peu moins hautes que celles du plateau de Saint-Pierre, nous semblèrent plus larges ; quelques-unes avoient jusqu'à vingt pieds : des corniches n'en ornoient point les parties supérieures, mais elles étoient strictement alignées, percées fort régulièrement à angle droit par d'autres galeries transversales ; dépourvus que nous étions de flambeaux, nous n'y pénétrâmes pas moins à plus de cent cinquante pas à travers des ténèbres toujours croissantes ; éblouis par l'éclat du jour quand nous jetions les yeux derrière nous, cet éclat étoit d'autant plus vif que nous nous enfon-

cions davantage, et son effet, à l'extrémité des sombres et longs conduits souterrains, ressembloit à celui que produit le ciel à l'extrémité d'une lunette renversée, lorsqu'on le regarde par le côté du grand verre.

Le niveau de ces lieux répondant à celui de la grande entrée A, pratiquée sous le fort Saint-Pierre, et des autres portes marquées B, S, S et T, sur les pentes occidentales du plateau opposé, la nature du calcaire grossier s'y trouve absolument pareille. Une circonstance particulière et fort remarquable nous indique à quel point ce niveau est demeuré exactement le même, malgré que la Jaar ait divisé en deux parties un terrain qui dut être originairement continu.

En décrivant la grande entrée, nous avons fait remarquer qu'on voyoit sur ses parois, au-dessus de la hauteur d'appui, une couche de six à dix pouces d'épaisseur, plus blanche que le reste de la pierre, disposée horizontalement et entièrement formée de débris confondus de toutes sortes de corps marins. Nous désignons par la lettre C, dans la Planche 28, n°. 2, cette couche, dont nous avons reconnu des dentales, des morceaux d'huîtres, des cames et autres bivalves, des fragmens qui ne peuvent avoir appartenu qu'à des univalves assez épaisses et même nacrées, telles que des Murex, et même des Nautiles, des enveloppes d'Oursins réduites en mille pièces, avec ou sans leurs pointes, de petits coraux brisés, les dents de diverses espèces de Squales ou de Raies, des fragmens de Térébratules pris pour des becs de Sèche, et de la poussière grossière de Madrépores. Ces débris sont moins détériorés, et sont à peine liés les uns aux autres dans le centre de la couche, dont les parties supérieures et inférieures sont quelquefois réduites en poudre aréniforme jaunâtre. Cette couche particulière, que nous suivîmes à une certaine profondeur dans l'intérieur des galeries, au fond de la grande entrée sous le fort Saint-Pierre, régnoit encore extérieurement sur tous les pans de rochers mis à nu, jusqu'à la petite entrée B de notre carte ; nous la vîmes disparoître dans les combles de celle-ci, et nous la retrouvâmes ensuite jusque sur les parois des cryptes orientales, toutes les fois que nous descendîmes ou que nous nous élevâmes au niveau qu'elle occupe invariablement. Nous avons encore indiqué cette couche dans la coupe n°. 1, par les lettres P P, et en ayant soupçonné l'existence dans la masse calcaire de Kanne, elle y frappa bientôt nos regards. C'est particulièrement dans la première galerie, marquée R, de ce qu'on peut appeler le Bosquet de Neder-Kanne, que nous

éprouvâmes une grande satisfaction à la reconnoître ; elle y conservoit exactement les mêmes caractères que sur le flanc opposé du vallon , et sem-
bloit circonscrire à deux ou trois pieds d'élévation
d'imposans pilastres. Un fait nous la rendit fort
intéressante, et acheva de fixer nos idées sur les
formations siliceuses qui nous ont occupé plus
haut.

Au milieu du mince lit de fragmens coquilliers
qui coupe horizontalement en deux parties tout le
système calcaire de Maëstricht , lit que l'on doit
trouver à de grandes distances, et probablement
au même niveau jusqu'à Fauquemont, nous aperçûmes la pointe d'un bloc irrégulier qui nous pa-
rut , au premier coup d'œil, d'une substance différente des parties friables qui l'environnoient ; nous
y reconnûmes un silex vague , tirant sur le bleuâtre,
extrêmement dur, produisant une multitude d'é-
tincelles sous les coups de marteau à l'aide desquels
nous essayâmes de l'arracher. Le liquide silicifère,
déposé dans une couche que composoient mille
débris peu liés, avoit d'abord pénétré dans les interstices de ces débris , puis dans ces débris eux-
mêmes, et se les étoit assimilés ; l'on reconnoissoit
dans le silex de nouvelle formation, ces débris devenus quartzeux ; ceux-ci étoient demeurés , pour
la forme, pareils aux fragmens calcaires à peine
liés, qui s'en trouvoient à une petite distance. Des
morceaux de coquilles , des dentales surtout, gisant sur les limites de la silicification, étoient métamorphosés en silex dans la moitié de leur longueur , tandis que le reste étoit encore calcaire. Quelques morceaux de bivalves étoient
demeurés calcaires dans la masse des cailloux que
nous fîmes d'impuissans efforts pour enlever avec
sa gangue : nous n'en pûmes détacher que des fragmens, mais, tout petits qu'ils étoient, ces fragmens présentoient les caractères de la masse.
Nous renonçâmes à notre travail lorsque la chute
de quelques pierres , venant des voûtes ébranlées,
nous avertit que le plus bel échantillon minéralogique ne vaut pas qu'on s'expose à demeurer en-
glouti dans les entrailles de la terre pour essayer
de l'en retirer. Étant parvenus par nos efforts , en
grattant tout autour de la couche friable , à faire
produire au silex coquillier que nous avions vainement tenté d'extraire, une saillie remarquable , le
voyageur qui visitera les mêmes lieux , et qui
voudra observer un des plus beaux échantillons des
curiosités de Kanne , l'apercevra contre la face du
premier pilier à droite , en entrant dans les souterrains par la grotte indiquée sur notre carte
en R.

On peut considérer encore comme un plateau
très-déchiré par les cours d'eau, cette portion méridionale des Saxes qui , en Allemagne, forme l'ancien rivage que bordèrent les monts, aujourd'hui
si reculés dans les terres, et que nous avons plus
haut indiqués sous le nom de *Système teutonique*
(*voyez* pag. 74). M. Desmarest crut devoir faire
figurer , avec des teintes coloriées, la contrée dont
il est question (*voyez* Pl. 26), pour l'intelligence
de l'article TERRAIN qu'il avoit médité , mais que
l'ordre alphabétique n'a point encore appelé dans le
Dictionnaire , où notre collaborateur M. Huot
s'occupera d'une explication qu'il deviendroit conséquemment surabondant de donner dans la présente Illustration.

En France , le plateau de Langres est l'un des
plus élevés après celui des Ardennes ; il unit, comme
par une très-vaste dépression, les deux extrémités
opposées de ce que nous avons appelé Système
Celtique (*voyez* pag. 80), et l'on peut reconnoître
sur toutes les cartes combien ses pentes sont courtes
du côté du versant que nous appellerons méditerranéen lorsque nous décrirons physiquement la
France, tandis que les pentes sont longuement adoucies dans la direction océanique selon laquelle s'é-
chappent la Meuse et les principaux affluens de la
Seine. Nous remarquerons à ce sujet une disposition
analogue des versans de presque tous les fleuves du
Monde , et qui n'a encore été mentionnée dans
aucun Traité de géographie , encore qu'on la retrouve communément jusque dans les moindres
ruisseaux ; on en pourroit , en ces termes, faire une
sorte d'axiôme hydrographique : Les cours d'eau
ont en général un des côtés de leur bassin beaucoup plus étroit que l'autre , c'est-à-dire que les affluens y viennent de beaucoup moins loin que les
affluens opposés. Ce fait, auquel nous trouvons fort
peu d'exceptions sur le Globe , n'en a peut-être pas
une seule en France. En vain l'on nous oppose-
roit , dans le bassin de la Basse-Loire , la Sarthe
opposée à la Vienne , et dans celui de la Haute-
Seine, l'Yonne opposée à l'Aude ; mais on ne doit
pas prendre pour canal principal dans un bassin le
cours d'eau qui lui donne son nom , ou qui reçoit
arbitrairement la dénomination principale , il faut
rechercher celui qui se trouve le plus dans la ligne
de l'embouchure, soit actuelle, soit ancienne, et
l'on reconnoîtra la réalité de notre assertion. Il est
clair que la partie inférieure des bassins de la Loire
formoit primitivement un golfe considérable , et
successivement une sorte de Gironde qui s'étendoit
jusqu'entre Saumur et Tours : or , depuis les montagnes où la Loire prend sa source, jusqu'à Saumur ,

ce fleuve ne reçoit guère que des ruisseaux par sa droite, tandis qu'il reçoit de longues rivières par sa gauche. Quant au bassin de la Seine, c'est de la source de l'Yonne au Havre que nous en reconnoîtrons le cours direct, et dès-lors la gauche ne fournira que de foibles tributaires, tandis que la droite en absorbe de considérables. Une telle disposition est surtout frappante dans la France méditerranéenne, considérée des sources de la Saône aux Bouches-du-Rhône; le Doubs, le Rhône au-dessus de Lyon, l'Isère et la Durance, en arrosant les longues et montueuses pentes orientales qui sont exposées au couchant, n'ont pas d'analogues sur les pentes opposées.

Le centre de la Péninsule Ibérique forme un plateau bien plus élevé encore qu'aucun de ceux qui se voient en France, et même en Allemagne; sa hauteur, dans la ligne qu'on tireroit du sud-est au nord-ouest depuis les frontières de Murcie jusqu'à l'extrémité du royaume de Léon, abstraction faite de la hauteur du Guadarrama qui la traverse diagonalement, est :

	toises.	mètres.
Au port d'Almanza.........	162	317
A Almanza (la pyramide)....	178	348
A Bonète...............	231	447
A Albaceite.............	175	341

(C'est entre ces deux points qui ne diffèrent, comme on le voit, que de peu de toises, que certains faiseurs de cartes font encore passer ces grandes montagnes imaginaires qui devoient enchaîner les Pyrénées depuis la Biscaye jusqu'au Cap de Gate.)

	toises.	mètres.
A Minaya...............	190	370
A Quintanar de la Orden.....	180	351
A Ocaña...............	203	395
A Val-de-Moro...........	178	327

(C'est entre ces deux points que se trouve la vallée du Tage, qui s'enfonce à Aranjuez, village royal, dont l'élévation au-dessus des mers n'est plus que de 250 mètres environ.)

	toises.	mètres.
A Madrid...............	174	340
A Sanchidrian............	243	474

(C'est entre ces deux points que s'élève le Guadarrama, et que l'on traverse le système Carpétano-vettonique par un col élevé de 430 mètres environ au-dessus de la hauteur moyenne du plateau.)

	toises.	mètres.
A Medina-del-Campo,......	000	330
A Trodesillas (sur le Duéro non encaissé)..............	171	334

	toises.	mètres.
A Bénavente..............	169	330
A Astorga................	210	410

Après ce point commence à s'élever un des plus puissans contre-forts du groupe asturique des Pyrénées, pour séparer le bassin du Sil du plateau central de l'Espagne. Un plateau dans la même Péninsule domine encore celui dont il vient d'être question; c'est celui qu'on traverse pour se rendre de Burgos au passage de Somo-Siéra, et qui, n'ayant pas moins de 444 mètres à Lerma, s'élève jusqu'à 556 au village de Fresnillo de la Fuente, aux racines septentrionales de la montagne. On appelle *Parameras*, dans cette partie de l'Europe, les plateaux intérieurs plus ou moins considérables et fort élevés qui s'étendent entre les systèmes montagneux, Parameras qui font que ces systèmes ne se présentent pas toujours sous un aspect aussi majestueux que les autres chaînes considérables du reste du Globe. Les plus remarquables de ces solitudes sont celles d'Avila et de la province de Soria, vastes steppes dépouillées, arides, brunâtres ou d'un vert-noir, monotones, silencieuses, battues des vents, comme dédaignées de la belle saison, sujettes au plus insidieux mirage, et qui ressemblent parfaitement, à leur élévation près dans la région des nuages, à ces landes aquitaniques, qui sont les parties les plus tristes mais en même temps les plus basses de la France.

La hauteur des plateaux, dans l'intérieur des continens, est ordinairement en raison de celle des montagnes qui s'y voient. C'est ainsi que ceux du Mexique et du Pérou, dans le Nouveau-Monde, sont bien plus hauts qu'aucun de ceux de l'Europe, où l'on doit distinguer, outre ceux dont il vient d'être question, 1°. le plateau des Ardennes, dont l'élévation moyenne est de 130 à 140 toises : il gît entre la Meuse et la Moselle, et présente, par la manière dont les eaux l'ont sillonné, beaucoup d'analogie avec le Morvent; 2°. les Fanges, d'où sortent, à l'Occident, la Wesdre, qui tombe dans la Meuse près de Liége; vers le Nord, la Roër; et vers l'Orient, cette Kyll qui tombe dans la Moselle non loin de Trèves, en arrosant une région volcanique très-élevée, non moins curieuse que l'Auvergne, mais encore fort peu connue. La hauteur de ce plateau, dont on voit un prolongement en se rendant de Spa à Malmédy, et qu'on traverse par son centre en s'y élevant par Montjoie, n'a pas moins de 400 toises. On n'y trouve pas un arbre; de vastes tourbières marécageuses, ou de molles sphaignes en couvrent la superficie déserte; la neige y persévère durant six mois de l'année en plusieurs points, et des brumes épaisses en rendent le trajet souvent très-dangereux ; 3°. le plateau de Souabe et de Franconie, qui peut avoir de 140 à 150 toises d'élévation, que dominent au sud les hauteurs de Waldenbourg, s'unissant, dans le pays de Wurtemberg, au système de la Forêt-Noire ; le bassin du Necker et du Mein, ainsi que la Kocher, l'Yaxt, la Taubre et autres affluens de ces deux rivières, s'y sont creusé des vallons très-profonds, dont les parois sont tellement brusques, que d'un côté à l'autre, et de dessus la plaine, on n'en soupçonne quelquefois pas l'existence ; 4°. le plateau de la Bavière, l'un des anciens lacs du Danube primitif, dont Ratisbonne et Munich occupent le milieu, et qui s'étend depuis le Fitchel-Gébürge, montagne granitique du Palatinat, jusqu'aux Alpes rhétiennes ; son élévation est de 250 à 260 toises.

§. IV. Des Iles.

Ce seroit ici le lieu de nous étendre sur le chapitre des îles, si chacune de celles qui méritent qu'on s'y arrête n'étoit traitée à son article particulier dans le Dictionnaire, et si M. Desmarest ne se fût occupé des généralités qui les concernent, au mot même qui fait le titre du présent paragraphe. Il ne nous reste qu'à les considérer sous un point de vue qui nous semble être assez nouveau.

Chacun sait qu'une île est un espace de terrain environné d'eau, et qu'une réunion d'îles porte le nom d'*Archipel*. D'après le système de la diminution des eaux à la surface du Globe, les archipels présentent des sommets de montagnes futures dont les bases sont encore cachées sous les flots, et loin qu'ils soient, au moins pour le plus grand nombre, des débris de continens détruits, ils sont comme les charpentes de continens futurs ou d'additions aux continens actuels. Ce n'est que lorsqu'une ou plusieurs îles se trouvent très-rapprochées d'une terre plus grande et séparées par des cassures évidentes, sur les côtes opposées desquelles on reconnoît la même nature et la même disposition des couches de roche, qu'on peut croire à la disjonction de contrées primitivement unies. L'île de Wigh dans la Manche a, par exemple, pu être violemment séparée de la côte d'Albion ; Aurigny, Grenesay, Jersay et les roches de Chausai dans la même Mer (*voyez* Pl. 9), ont fort bien pu être détachées de la côte de Normandie et de Bretagne. Les Canaries avec les autres îles Atlantiques voisines (*voyez* Pl. 47) dûrent appartenir à un même continent lacéré ; l'Archipel Grec ou Egéen étoit

probablement une contrée continentale avant la rupture du Bosphore et des Dardanelles ; mais il ne s'ensuit pas que toutes les îles aient fait nécessairement partie des terres voisines. Néanmoins il est rarement question d'îles, sans que les géographes qui en écrivent ne les arrachent d'un continent, sans s'inquiéter des distances. On brise l'Afrique pour former Madagascar de l'un de ses quartiers, Mascareigne, Maurice et Rodrigues de trois de ses éclats ; on brise l'Asie équatoréale pour ériger la Polynésie sur ses débris ; on sépare les Malouines de la terre des Patagons. L'on ne réfléchit pas que les points volcaniques auxquels on attribue tant de puissance dans ces parties du Monde, sont de simples accidens de localité, comme Santorin, dont la formation n'eut point de rapport avec la révolution physique dont provint l'Archipel Egéen ; on ne veut pas voir que Madagascar et les grandes îles de la Polynésie, au lieu d'être de simples morceaux de continens, sont des rudimens de continens à venir ; que ces grandes îles furent des centres distincts de création, ayant jusqu'à leurs Mammifères particuliers, créatures qu'on verra quelque jour se répandre de proche en proche sur les parties limitrophes de nos continens actuels, quand l'union de tant de terres divisées s'opérera à la suite d'une diminution de cinq ou six cents mètres d'eau tout au plus. Si la barbarie ramène d'ici là les hommes à ce qu'ils étoient seulement en Europe vers le moyen âge, et qu'on n'aie conservé que de vagues traditions de tels changemens physiques, lorsque le besoin des sciences se faisant de nouveau ressentir, des voyageurs naturalistes parcourront ces contrées métamorphosées ; ils s'émerveilleront de voir que les Makis, l'Aye-aye et le Tenrec soient comme cantonnés sur des points particuliers de l'Afrique orientale, et que les Orangs roux, les Rhinocéros à deux cornes, avec de nombreux Chéiroptères tout particuliers, habitent exclusivement les prolongemens de l'Inde et de la Chine. Mais lorsque s'éclairant davantage, les voyageurs naturalistes qui succéderont aux Bélons d'alors s'occuperont attentivement de la topographie des lieux et qu'ils étudieront, à l'aide des nivellemens, l'antique état des surfaces, rétablissant par la pensée ce qui est l'état actuel des choses, ils se rendront aisément raison de ce qui leur seroit resté éternellement inexplicable, s'ils n'avoient eu recours au système de la diminution des eaux, système qui explique si bien l'incorporation des archipels aux continens, tendant toujours à s'étendre. Pourquoi ne devancerions-nous point nos arrière-neveux dans une

une pareille marche et ne remonterions-nous pas dès à présent à ces époques, dont les monumens sont partout? Choisissons, pour reconstruire la surface du Globe comme elle devoit être à l'aurore du mode d'existence organique où l'homme est lui-même subordonné, le point du passé où les eaux de la Mer s'élevoient d'un millier de mètres au-dessus du niveau actuel. Il ne sera pas nécessaire d'en ajouter davantage pour reconnoître d'un coup d'œil où les berceaux respectifs des principaux groupes végétaux et animaux que lient des affinités évidemment naturelles. La Belgique, la Germanie, la Pologne, la Russie, auront disparu sous les eaux, les montagnes hyperboréennes (voyez pag. 72) formeront une grande île scandinave, peuplée d'une espèce d'hommes particulière, appropriée aux frimas, avec des rennes, des ours polaires, également habitans des glaçons errans, et avec quelques bouleaux nains ou autres végétaux rabougris, propres aux tristes forêts du Nord.

L'Océan arctique, dont le domaine se trouve ainsi accru, communiquera, comme au temps de Strabon, avec le Pont-Euxin et la Caspienne; un vaste Océan séparera ainsi les monts Ouraliens des monts Krapaks, et les Scythes primitifs paroîtront pour toujours devoir demeurer étrangers aux hommes d'espèce Japétique.

La dépression où nous voyons aujourd'hui le canal de Languedoc, l'Helvétie qui n'est pas même un plateau, mais dont les plaines, dans les cantons de Berne, de Fribourg et de Zurich, formées de grès tertiaire ou mollasse, n'ont que deux cents et quelques toises d'élévation au-dessus du niveau des Mers actuelles, mettront en communication le Rhône, le Danube et le Rhin, pour séparer la Péninsule d'Ibérie, avec ses singes et ses caméléons, d'une île Celtique où naquirent nos pères, et de l'île dont les hommes de race pélage peupleront les pentes méridionales, tandis que les Germains s'y multiplieront sur les versans septentrionaux; île qu'habitent aussi les urus, dont sont sortis les taureaux domestiques, les élans et les bouquetins, qu'on y a presque détruits.

L'Atlas étoit alors séparé des monts de Guinée et de l'Egypte, bien différente de ce qu'elle fut même au temps de ses Pharaon, par une Mer dont le désert de Sahara nous présente le fond sablonneux. La contrée dont cette chaîne est le point culminant donne son nom aux hommes développés sur les pentes heureuses, où se développoit aussi le dattier, où les mêmes caméléons que ceux de l'Espagne vivoient avec des singes identiques, singes qui ne sont pas ceux des autres régions africaines.

Les montagnes de Guinée et de la Lune, soit que leur séparation existe au-dessus du Benin, soit qu'il y ait connexité entr'elles, sont les limites de l'Afrique primitive, de l'Ouest de laquelle sortent des Ethiopiens, tandis que la race d'Adam y naît aux sources du Nil. Un éléphant et une girafe particulière, si l'on adopte l'opinion de M. Geoffroy de Saint-Hilaire sur la distinction de deux espèces, dans un genre où l'on n'en soupçonnoit qu'une, sont propres à l'Afrique ainsi circonscrite, dont les fleuves ont des crocodiles particuliers avec des rats du Nil, tandis que les déserts s'y peuplant d'antilopes et de quelques êtres qu'on retrouve ailleurs, produisent leur fenec qu'on ne voit nulle autre part. L'onagre, dans ses parties orientales, y sera la souche de l'âne domestique, mais le cheval et le dromadaire n'y pénétreront qu'après la jonction de cette partie de la terre d'Asie, dont les alluvions du Tigre, de l'Euphrate et du Sind préparoient l'agrandissement méridional.

Nous avons, dans une note de notre *Essai zoologique sur l'Homme* (tome II, pag. 75), prouvé combien l'existence de cette grande chaîne intérieure de l'Afrique, appelée *Epine du Monde* par M. de Lacépède, étoit douteuse. On ne sait pas davantage si des montagnes assez hautes pour avoir pu former une ou plusieurs îles à l'époque où nous sommes remonté, s'élèvent sur les confins du pays de Congo; mais il est certain que des régions basses s'étendent de ce qu'on nomme *la Côte déserte*, jusque vers le nord du Monomotapa. Là sont de vastes amas d'eaux intérieures, dont les géographes ont fait leur lac Marawi qui n'existe probablement pas, ou du moins dont l'existence ne doit être qu'éventuelle, si l'on s'en rapporte à des traditions qui nous sont venues de plusieurs Ethiopiens. Il paroît qu'au temps des débordemens de quelques fleuves intérieurs, qui prenant leur source au revers méridional des montagnes de la Lune, coulent vers le sud, il se forme des flasques immenses, dont la plus grande partie se dessèche ensuite, et ces flasques sont, dans le langage africain, appelées *Maraw-avi*, c'est-à-dire *les grandes eaux*. A la surface de cette basse région des grandes eaux se balançoit la Mer, et la pointe méridionale de l'Afrique formoit une île considérable avec deux espèces d'homme, les Cafres et les Hottentots, outre plusieurs autres animaux d'une physionomie particulière, des bruyères, des protées, des ficoïdes, végétaux qui forment une verdure dont nulle autre partie du Globe ne sauroit reproduire l'idée.

La Perse orientale est sous les eaux ainsi que

14

l'Hindoustan, où les Gates seulement peuvent former une île dans le genre de la Ceylan actuelle. Le vaste désert de Cobi lie la Caspienne actuelle aux parties boréales de la Méditerranée Sinique, ou ne forme qu'une énorme Caspienne oblongue entre le Thibet et la haute Tartarie. Peut-être les sources opposées des affluens du Gange et de l'Indus, moins élevées au-dessus du niveau actuel des eaux qu'on ne le suppose, sont-elles le point de communication d'un bras de mer qui sépare l'Hymalaya des deux îles asiatiques que nous venons de découvrir ; alors nous retrouvons le berceau de l'espèce Indoue du genre humain, et nous distinguons celui de l'espèce Sinique du berceau des Scythes, lesquels doivent répandre dans le reste de l'ancien Monde, à mesure que ce Monde prendra la figure que nous lui voyons, les chameaux et les chevaux qui sont leurs compatriotes. Les rhinocéros velus et des éléphans perdus sont également au nombre des habitans de l'île Scythique. Il ne sera plus nécessaire d'y faire venir les cadavres de tels géans en flottant par-dessus l'Hymalaya, depuis l'Inde qui ne les connut jamais, mais qui a son espèce d'éléphant comme son espèce d'homme.

Quelques sommités britanniques, Madagascar, Ceylan, qui ont leurs animaux particuliers, plusieurs des îles de la Polynésie et de l'empire du Japon, qui ont aussi les leurs, devoient déjà se montrer au-dessus des eaux en y formant des archipels plus ou moins éparpillés avec divers sommets maintenant incorporés ou confondus dans les continens voisins ; toutes ces pointes, environnées par les flots, étoient autant de centres de création, qui devoient un jour confondre leurs productions par des milliers de croisemens avec les productions de terres plus vastes.

Le nouveau Monde comme l'ancien se composoit d'îles aussi, tendant à s'unir par les mêmes causes. Dans l'Amérique septentrionale, nous trouvons d'abord les montagnes rocheuses qui paroissent s'unir à la Sierra de Grullas, dans le nord du Mexique, pour former un grand noyau d'où les eaux s'écoulent vers la Méditerranée colombienne d'un côté, et de l'autre dans l'Océan atlantique. C'est peut-être de ce point que sortirent primitivement ces Atzèques, dont on n'a conservé que des notions confuses, qu'on a fait venir d'Asie, et qui sont maintenant comme effacés dans le reste des populations américaines.

Comme nous nous tenons en garde contre la fureur d'enfiler les montagnes en manière de chapelet, nous n'affirmerons pas que le bras de terre qui sépare l'Océan atlantique de la Méditerranée colombienne, et qui, s'étendant de Panama vers la Mer-Vermeille, a Mexico pour capitale, soit rattaché au système précédent. Nous sommes au contraire tenté de croire qu'il forma également sa grande île particulière, au nord-ouest de laquelle les cimes dont se compose aujourd'hui la Californie, étoient un enchaînement parallèle d'îles plus petites, disposées à peu près comme les Hébrides le sont aujourd'hui à l'ouest de l'Ecosse, ou l'archipel glacial, par rapport à la Norvège, depuis le Malstrom jusque vers le Cap-Nord. On a vu (pag. 26), combien il est faux que le système mexicain s'unisse à celui des Adens ; depuis que nous avons publié nos doutes à ce sujet, fondés sur le témoignage de feu le savant Zéa, M. Bertéro, naturaliste distingué et voyageur infatigable, qui visita ces contrées, et qui, les ayant pourtant bien étudiées, n'a pas fatigué le monde savant de relations incomplètes, mais pompeusement annoncées ; M. Bertéro nous a positivement assuré qu'il n'existoit pas la moindre connexion entre les montagnes de l'Amérique du Nord et celles de l'Amérique du Sud ; mais qu'il existoit au contraire, précisément où nous l'avions soupçonné, un espace presqu'aussi grand que le tiers de la France, tellement plat, bas et marécageux, qu'on ne pouvoit y méconnoître une origine analogue à celle de l'Isthme de Suez, si basse entre la Méditerranée et la Mer-Rouge. Cet espace représente un détroit comblé par les dépôts de deux mers opposées, et dément le système d'enchaînement qu'on a fait buriner sur les cartes les plus récentes, et qui se reproduira probablement encore, parce qu'il faut bien que certains libraires tirent parti des cuivres de toutes les dimensions dont ils ont enrichi des éditions fastueuses.

Une troisième île primitive est entrée dans la composition du Nouveau-Monde ; les Apalaches, les monts Alleghanys et autres hauteurs des Etats-Unis en composoient la masse ; les Antilles semblent s'y rattacher comme une Polynésie américaine : le vaste bassin du Mississipi la sépara dans l'origine de la première, c'est-à-dire de celle des montagnes rocheuses, berceau présumé des Atzèques, maintenant effacés.

L'Amérique méridionale est trop peu connue pour qu'on puisse circonscrire autrement que d'une manière approximative les îles qui la formèrent par leur réunion ; cependant nous y mentionnerons provisoirement le système des Andes, dont M. de Humboldt a visité quelques points, et dont il a beaucoup écrit. Malgré les travaux de ce savant, on ne sait ni où elles commencent, ni où elles finissent ; on ne possède pas de carte où soient indiquées les grandes dépressions qui ne peuvent manquer d'y exister et de les diviser en divers groupes. Un sous-genre de Chameaux, composé de plusieurs espèces, paroît être propre au système dont il est question, mais on n'y trouve que peu ou point de singes. Il est probable que lorsque le Chili et la Patagonie auront été mieux explorés, on trouvera que la partie qu'occupent ces contrées au sud du système des Andes, est aussi détaché de ces montagnes que le sont celles de l'Isthme de Panama. En attendant ce qu'on en pourra apprendre par le voyage qu'y va faire ce savant M. Bertéro, que nous avons cité tout à l'heure, il nous paroît encore probable que deux autres grands systèmes, au moins, également indépendans des Andes, auxquelles cependant on n'a pas jusqu'ici manqué de tout embrancher, doivent exister dans la partie du Globe qui nous occupe. Le premier seroit compris entre le Paraguay, le fleuve des Amazones et l'Océan atlantique ; il composeroit le noyau du Brésil. Le second, situé entre le même fleuve des Amazones, l'Orénoque, la Mer, et ces vastes solitudes à peu près inconnues, appelées Llanos (plaines par excellence), formeroit le noyau des Guyanes. L'une et l'autre offrent une grande analogie dans leurs productions, qui consistent en reptiles nombreux et particuliers, en oiseaux qu'on ne retrouve nulle autre part, et surtout en mammifères de formes bizarres, qui souvent ne sont celles d'aucun autre mammifère de l'Univers. Ce sont des Bradypes, que leur air de misère et leurs lentes allures ont fait nommer paresseux, des Tatous cuirassés, des Fourmiliers, un Tapir, des Marsupiaux et surtout des Singes, caractérisés par la cloison large des narines ouvertes des côtés du nez, ayant pour la plupart six molaires à chaque côté des mâchoires, sans callosités aux fesses ni abajoues, ayant tous des queues, prenantes chez plusieurs.

Ajoutons qu'à la retraite des eaux, qui donnoit aux premiers archipels ou continens des figures sans cesse changeantes, en unissant des parties de terrain qui paroissoient devoir être à jamais divisées, quelques secousses volcaniques, ou des affaissemens partiels, dûrent ajouter d'autres modifications où la retraite des eaux demeuroit étrangère, mais dont les eaux profitèrent pour modifier, suivant un autre mécanisme, la topographie des lieux. Ainsi la rupture des monts qui séparoient l'Océan arctique d'un Océan que représente notre Méditerranée en distinguant par un bras de mer l'Asie de l'Europe, et la rupture qui, formant le détroit de Ga-

des pour augmenter l'Europe de l'Espagne aux dépens de l'Afrique, produisirent de grands changemens. Il en fut de même par la rupture du détroit de Babel-Mandel. Tout concourt à prouver qu'auparavant, ce qu'on nomme aujourd'hui la presqu'île arabique se lioit aux monts Abyssins. L'Arabie déserte proprement dite, qui étoit le prolongement du golfe Persique, lioit la Mer des Indes aux cornes de la Mer-Rouge, ainsi qu'au sinus pélusiaque ; où se voit aujourd'hui l'Arabie pétrée, étoit le point de jonction de trois mers, au sudouest duquel s'élevoient les îlots formés par les pointes d'Hœb et de Sinaï.

Mais, de toutes les catastrophes de ce genre, la plus mémorable fut celle qui fit disparoître une contrée immense à l'ouest de l'ancien Monde, si nous nous en rapportons au divin Platon. Ce philosophe rapporte que, voyageant en Egypte, il fut accueilli par les prêtres de Saïs, ville du Delta, dont les habitans se croyoient issus des Athéniens, et en avoient conservé l'épée et le bouclier. L'un de ces prêtres, versé dans les sciences et instruit de toute l'antiquité, s'écria : « O Solon ! Solon ! vous autres Grecs, vous êtes encore des enfans ; il n'y a pas un vieillard parmi vous : vous ignorez ce qui s'est passé soit ici, soit parmi vous-mêmes. Nous conservons l'histoire de huit mille ans, écrite dans nos livres sacrés ; nous pouvons même remonter plus haut, et vous parler des actions éclatantes de vos pères depuis neuf mille ans. Vous n'avez connoissance que d'un déluge que beaucoup d'autres ont précédé..... Sachez comment, résistant à une puissance sortie de l'Océan atlantique, votre république vous conserva la liberté. Cette Mer étoit alors navigable ; elle environnoit, non loin et vis-à-vis l'embouchure que vous nommez en votre langue les Colonnes d'Hercule, une île plus vaste que l'Asie et la Lybie ensemble : entre elle et le continent il y avoit encore quelques îles plus petites. Cette énorme contrée s'appeloit l'Atlantide ; elle étoit peuplée et florissante, gouvernée par des rois puissans, qui s'emparèrent de la Lybie jusqu'à l'Egypte, et de l'Europe jusqu'à la Tyrénie. Ils tentèrent de soumettre toutes les provinces situées en deçà des Colonnes d'Hercule, et nous fûmes tous esclaves. C'est alors que ceux de votre république se montrèrent supérieurs à tous les mortels. Vous conduisîtes vos flottes contre les conquérans ; vos connoissances dans l'art de la guerre vous secondant dans ce pressant danger, vous vainquîtes les ennemis, et vous nous délivrâtes de la servitude. Mais un plus grand malheur attendoit les

Atlantes; et lorsque, dans ces derniers temps, il arriva des tremblemens du Globe et des inondations, l'île atlantique fut engloutie. »

Platon reprend ce sujet dans le dialogue intitulé *Critias*, et raconte d'abord comment les dieux se partagèrent la Terre. Neptune eut pour lot l'Atlantide; il la divisa entre ses fils; Atlas, l'aîné, en eut la plus grande portion. Ce roi donna son nom à tout le pays qui avoit trois mille stades de longueur sur deux mille de large, et qui étoit d'une forme oblongue. Tout ce qui peut être utile à l'homme s'y trouvoit en abondance; une chaîne de montagnes terminoit cette Atlantide, que Platon appelle fertile, belle, sainte, merveilleuse, et qui produisoit toutes sortes de métaux, surtout de l'or avec de l'oricalque, qu'on a soupçonné être du platine. Nous ne suivrons pas le sage Athénien dans ce qu'il dit de la magnificence des descendans d'Atlas, de la richesse des temples bâtis par eux, du nombre de leurs sujets; nous passerons sous silence ce qu'il rapporte des mœurs et des lois, parce qu'en cet endroit il est aisé de voir que Solon a profité de la circonstance pour adresser un apologue à ses compatriotes. Comme il ne doit être ici question de l'Atlantide que sous le rapport de son antique existence, nous invoquerons seulement le témoignage de Diodore de Sicile, qui vient appuyer la tradition du Timée : « Après avoir parcouru les îles voisines des Colonnes d'Hercule, dit cet historien, nous allons parler de celles qui sont plus avancées dans l'Océan. En tirant vers le couchant, dans la Mer qui borde la Lybie, il en est une très-célèbre, éloignée du continent de quelques jours de navigation.» Diodore de Sicile ajoute que, dès la plus haute antiquité, les Phéniciens parcourant les côtes d'Afrique, furent surpris par une violente tempête qui, les ayant jetés dans la pleine mer, les fit toucher à l'Atlantide. Toute la docte antiquité adopta l'idée de l'Atlantide; les Modernes seuls en ont révoqué en doute la réalité, et quelques-uns y virent l'Amérique. L'Amérique est trop loin de l'ancien Monde pour qu'on puisse supposer que, sans le secours de la boussole, des Phéniciens eussent pu s'y rendre, et surtout en rapporter des nouvelles.

Si le témoignage de l'antiquité se trouve n'être point en opposition avec l'état actuel des parages où fut détruit le continent dont elle parle, peut-on refuser d'y croire? Nous avons, dans un ouvrage de notre jeunesse, examiné ce point historique et géographique avec la plus grande attention; nous avons cru reconnoître, d'après l'examen des lieux, que les archipels de l'Océan

atlantique, voisin de l'ancien Monde, avoient pu être unis; les Açores, les îles Madère et de Porto-Santo, avec les Désertes et les Salvages, les Canaries, et les îles du Cap-Vert elles-mêmes, seroient des lambeaux de l'Atlantide encore empreints des ravages volcaniques, d'où résulta la submersion de la plus grande partie du pays. Nous reproduisons ici (*voyez* Pl. 47) la carte conjecturale que nous traçâmes alors, et qui suffira pour donner une idée du système à l'appui duquel nous avons, à vingt ans, accumulé de nombreuses preuves. Il est certainement dans notre premier travail des idées que nous avons abandonnées depuis, mais on y trouvera d'assez forts raisonnemens en faveur de l'existence d'une contrée dont les Guanches, qu'exterminèrent les Espagnols, furent les derniers enfans.

Cette destruction de l'Atlantide, qui nous paroît beaucoup plus probable que tant d'autres grandes révolutions physiques dont les géologues ont coutume de s'appuyer quand ils veulent expliquer ce qu'ils ne comprennent pas, dut coïncider avec la formation du détroit de Gades, avec celle du détroit de Babel-Mandel; en un mot, elle tint à de violentes commotions volcaniques qui, se faisant ressentir au loin, changèrent, à une époque très-reculée, la configuration de cette partie superficielle du Globe, comprise entre l'Océan indien et l'Océan atlantique : avant ce temps, et dans son état primitif, l'Atlantide avoit même pu faire partie de ce continent dont les monts, que nous appelons *Atlas*, furent le noyau, et que nous avons dit plus haut avoir aussi compté l'Espagne au nombre de ses appendices. La Mer que nous représente aujourd'hui la Méditerranée, communiquoit avec le golfe maintenant appelé de Gascogne ou de Biscaye, par la dépression du canal de Languedoc, et les déserts de Sahara et de Lybie, couverts par les flots, séparoient le Béaldelgérid de la seconde île africaine, devenue par la suite notre Guinée; et par-dessus l'isthme de Suez, les flots de la Mer africaine s'unissoient à ceux des Mers persiques.

Telle étoit donc, à l'époque où nous sommes remontés, la figure de la Terre, que formoient quatorze grandes îles d'attente ou petits continens primitifs. Nous avions pris l'engagement dans notre *Dictionnaire classique* de donner incessamment une série de mappemondes, où devoient être tracées de cinq cents toises en cinq cents toises de diminution les diverses figures que dut prendre successivement, avant d'être ce qu'il est, le théâtre de nos misères. Ce travail, au moment de paroître, ne nous a point paru assez parfait, aussi ne le trouve-t-on pas ici; mais nous ne cesserons de recueillir des matériaux pour le compléter, parce qu'il nous paroît devoir jeter la plus vive clarté sur l'histoire de la création, et qu'il sera le véritable moyen de fixer la Géographie botanique et zoologique. Nos cartes donneront des moyens certains de rendre compte de la propagation, du mélange ou de l'isolement du plus grand nombre des espèces végétales et animales à la surface du Globe : elles feront voir surtout combien sont peu fondées les opinions de ceux qui placent le berceau de plusieurs espèces du genre humain par exemple, ou qui cherchent les contrées sur lesquelles se mêlèrent des races sorties de ces espèces, vers des régions terrestres qui appartenoient à la Mer il n'y a peut-être pas trois mille ans (*voyez* pag. 60). Lorsqu'on aura ces cartes sous les yeux, on résoudra sans difficulté plusieurs problèmes d'Histoire naturelle et de Géographie physique, demeurés d'autant plus obscurs, qu'on en avoit raisonné davantage, sans avoir essayé préalablement de remonter à ce qu'on pourroit appeler aussi les étymologies dans les sciences naturelles.

§. V. *Sur la distribution des corps organisés à la surface exondée du Globe.*

Après nous être occupé des montagnes et des plaines dont la croûte du Globe est un vaste assemblage, nous eussions désiré donner une idée de la manière dont les plantes et les animaux se trouvent répartis « chacun selon son espèce », d'après l'expression des livres sacrés; mais au moment d'entreprendre ce travail, nous avons senti l'impossibilité de son exécution dans l'état de pauvreté où se trouve encore la science. En recherchant quels furent les nouveaux continens et les grands archipels dont se composoit la surface terrestre, lorsqu'un peu plus d'eau se trouvoit ajouté aux mers actuelles, nous avons indiqué divers points de dispersion sur lesquels nous laissons aux savans le soin de rechercher quels furent les êtres qui s'y dûrent développer, selon telle ou telle forme générale, et comme sur des patrons particuliers : on ne sauroit présentement aller beaucoup au-delà de ces données génératrices; et pour fournir la preuve de l'impossibilité où l'on est encore de trop particuliser les *habitat* de chaque plante et de chaque animal, nous reproduirons quelques lignes tirées de l'un de nos ouvrages précédens, où nous citions les essais infructueux qu'on a tentés

jusqu'ici pour introduire dans la Géographie, considérée sous les rapports de l'histoire naturelle, des élémens de clarté qui n'y sauroient être admis : Adanson, disions-nous, dont l'érudition fut des plus vastes sans doute, mais qui ne se piquoit pas moins de singularité que de savoir, imagina, vers le milieu du siècle dernier, de faire de ce qu'il appeloit de la géométrie botanique. Que la minéralogie ait appelé à son secours des formules rigoureuses pour déterminer la figure des molécules primitives et caractéristiques des formes cristallisables, cette idée est ingénieuse; elle fut conséquemment féconde sous le goniomètre du prudent Haüy; mais appliquer le calcul rigoureux à quelque partie que ce soit de l'histoire des corps organisés, étoit une tentative prématurée tant qu'on n'avoit pas bien établi les proportions numériques dans lesquelles les espèces, les genres et les familles de plantes ou d'animaux sont répartis à la surface de la Terre, ou dans l'étendue des eaux. Il faudroit d'abord s'entendre parfaitement sur ce qu'on regarde comme espèce, comme genre, comme famille, avant de statuer ponctuellement sur la place qu'occupent ces choses. Puisera-t-on les élémens d'une arithmétique naturelle dans les ouvrages des botanistes ou des voyageurs? Mais tous les botanistes et les voyageurs ont-ils également bien vu? Fera-t-on entrer comme des élémens de calcul dans les résultats cherchés, les objets que les voyageurs n'ont indiqués que vaguement, par une phrase ou par une figure insignifiante? Consultera-t-on les herbiers et les collections des naturalistes? Mais ne sait-on pas que chacun en voulant, dans ses récoltes, embrasser la Nature entière, affectionne, sans s'en apercevoir quelquefois, tel ou tel rameau de la science, et que les productions de ce rameau dominent nécessairement parmi les richesses que chaque voyageur parvient à réunir? Tel collecte des Graminées, des Ombellifères ou des Orchidées de préférence; un autre cherche des Papillons ou des Coléoptères, des Colibris ou des Serpens faciles à conserver dans la liqueur; et d'après ce que de tels collecteurs auront rapporté de leurs excursions, on établira que les Ombellifères, les Graminées, les Orchidées, les Papillons, les Coléoptères, les Colibris ou les Serpens sont en tel ou tel lieu dans le prospectus d'un onzième, d'un cent trentième, ou d'un huit centième, demi,....?

Il suffit, pour démontrer la nécessité d'ajourner entièrement de telles spéculations, de jeter un coup d'œil sur les erreurs matérielles qui s'étoient établies seulement en cryptogamie jusqu'à ce jour. De ce que les naturalistes des régions boréales, où la végétation est pauvre, ayant bientôt épuisé la description des phanérogames qui partout appellent d'abord les regards, s'attachèrent les premiers à l'étude des plantes obscures dont ils trouvèrent un plus grand nombre d'espèces qu'on n'en avoit soupçonné, et que d'un autre côté les voyageurs frappés de la pompe des grands végétaux de la zône torride, négligèrent les Mousses, les Lichens et les Hépatiques des contrées où tant de magnificence épuisoit leur attention ; on se hâta de conclure que le Nord étoit la région des cryptogames, dont le nombre étoit censé diminuer à mesure que l'observateur se rapprochoit des tropiques. Quelques fougères somptueuses ayant attiré l'attention du Père Plumier, on en concluoit aussi que le bon Minime avoit connu toutes les fougères des Antilles, et l'on imagina une proportionnelle entre les fougères et le reste de la végétation de ces îles. Cependant aujourd'hui que les naturalistes ne négligent plus l'étude d'objets long-temps méprisés, parce que ces objets n'ont pas l'ampleur des palmiers, et qu'on sent l'utilité de rechercher les cryptogames, il faut en venir à cet axiôme que nous posâmes dès 1802, au retour d'un voyage entre les tropiques : à circonstances égales de localité, le nombre des cryptogames augmente à mesure qu'on se rapproche de l'équateur, dans une immense proportion et dans des expositions analogues ; la cryptogamie est probablement au reste de la végétation des pays chauds, dans le rapport du double avec ce qu'elle est dans les pays froids. Voilà sans doute un résultat bien différent de ce qu'avançoient les auteurs hâtés de se singulariser par l'introduction des chiffres dans l'histoire naturelle ; ce résultat sera peut-être encore au-dessous de la réalité lorsqu'on aura porté dans l'étude des petites espèces la dernière perfection. Ne venons-nous pas de voir M. Fée, zélé botaniste, reconnoître une famille entière de Graphidées, composée de cent cinquante espèces environ, réparties en divers genres très-naturels, dans ce que naguère on regardoit comme le seul *Lichen scriptus* de Linné ? Les lichens démontrent conséquemment qu'en certains cas une unité dans l'arithmétique botanique, comme l'entendent certaines personnes, peut être métamorphosée en une centaine. La seule manière raisonnable de considérer la distribution des êtres organisés à la surface du Globe, sous le rapport des proportions numériques, est dans l'état actuel de la science, celle qu'indique M. Ramond dans l'intéressant Mémoire qu'il lut l'année dernière à l'Académie des Sciences sur la Géographie végétale de l'un des plus hauts sommets du système pyrénaïque. « On s'est

plu, disoit l'infatigable investigateur des Pyrénées, à considérer la distribution des plantes sur le penchant des montagnes comme une représentation de l'échelle végétale prise de la base de ces montagnes au pôle. C'est un de ces grands aperçus qui naissent d'un premier coup d'œil jeté sur l'ordonnance de la Nature, et qui appartient à l'instinct de la science plutôt qu'à ses méditations .... Nul doute que l'abaissement progressif de la température ne dispose les végétaux à se ranger sur les divers étages des monts, comme sur les diverses zônes de la terre. Il est reconnu, par exemple, que les arbres s'arrêtent à certaines hauteurs comme à certaines latitudes, et qu'il y a une analogie remarquable entre les plantes voisines des glaces arctiques ; mais on doit s'attendre aussi à trouver cette conformité plus ou moins modifiée par la nature des deux stations, et les circonstances qui les distinguent. Des températures qui semblent pareilles, à ne considérer que leur terme moyen, sont loin d'avoir la même marche et d'être pareillement graduées. On ne retrouve au nombre de leurs élémens, ni le même ordre de saison, ni une succession semblable des jours et des nuits. L'état de l'air, le poids de ses colonnes, sa constitution et ses mélanges, la nature des météores dont l'atmosphère locale est habituellement le théâtre, viennent encore apporter dans la similitude générale des ressemblances particulières ; ensuite les terrains ont leur exigence, la dissémination, les migrations des végétaux ont leurs caprices, et les diverses régions du Globe, diversement dotées dans les distributions primitives, livrent à l'influence des climats analogues, des séries d'espèces toutes différentes. Ainsi la similitude qui paroît régner entre la végétation polaire, doit se borner à des ressemblances générales et porter plus rarement sur les espèces, plus souvent sur certains genres et certaines classes. Les observations de détail qui tendent à spécifier exactement les faits, parviendroient seules à fixer le caractère de ces classes. Considérée sous ce point de vue, la végétation des hautes cimes acquiert un nouvel intérêt, et celle du Pic du Midi (celui de Bagnères) devient un objet de comparaison de quelqu'importance, pour le nombre des espèces qui se trouvent réunies sur un point aussi caractéristique dans un espace aussi borné. Ce Pic est situé à la lisière de la chaîne pyrénaïque, et les longues crêtes dont il forme le comble, n'offrent à la vue aucune autre sommité saillante, si ce n'est le Pic de Montaigu qui en est éloigné de deux lieues et qui lui est inférieur de 560 mètres. »

On ne pouvoit conséquemment choisir un lieu

plus heureusement situé pour point de départ des comparaisons à l'aide desquelles on voit M. Ramond jeter un jour si vif sur la végétation des grands sommets. Le Pic du Midi dont il est question, est une île dans l'Océan atmosphérique ; sous le 42e deg. 56 min. de latitude, son élévation est de 2924 mètres au-dessus du niveau des Mers. Le maximum thermométrique en assimile le climat à celui des contrées fort avancées vers le pôle, mais pour compléter la certitude, il faudroit en outre avoir comparé le minimum. La chose n'est guère praticable sur un écueil placé dans la région des tempêtes ; cependant M. Ramond, qui n'y a guère observé son thermomètre qu'à 16 ou 17 degrés, évalue qu'il doit descendre annuellement à 26 ou 28, et même à 30 et 35 dans les hivers rigoureux. « Ainsi, dit ce savant, sous le rapport des extrêmes de la température, ce n'est rien exagéré que de comparer le climat du Pic du Midi à celui des contrées comprises entre le 65e. et le 70e. degré de latitude. » C'est donc avec pleine raison que notre illustre confrère comparoit le théâtre déjà méridional de ses observations avec cette île Melville dont l'intrépide capitaine Parry récolta les plantes sous le climat des Ourses, pour les rapporter au savant M. Robert Brown, qui nous les a fait connoître. M. Ramond a remarqué combien les hivers de cette île affreuse sont plus âpres que ceux du Pic du Midi ; mais on a déjà vu (page 64) que pour les végétaux, l'abondance des neiges annulle les différences, et les étés des deux points comparés ont beaucoup de ressemblance. Le caractère des vrais savans étant la circonspection, M. Ramond ajoute : « Je conviens que ces analogies sont incomplètes et que le caractère des climats ne réside pas uniquement dans les extrèmes de la température ; mais ce sont au moins des ressemblances qui ont leur valeur. L'île Melville nous fournit cent seize végétaux, dix-sept de moins que n'en possède le Pic du Midi ; mais nonobstant son indigence, cette Flore hyperboréenne est une Flore générale et complète. » Selon nous, celle du Pic du Midi ne l'est pas moins, quoique l'auteur, dans l'esprit de modestie qui brilloit en son talent, ne la proclame pas irréprochable. Voilà donc deux termes connus, d'après lesquels on peut enfin introduire l'arithmétique dans la science des plantes. Toute autre tentative fut jusqu'ici aussi futile que prétentieuse ; un savant français aura, pour un pas s'être trop pressé de se singulariser par de vaines assertions, indiqué la véritable voie qu'on doit tenir, afin de ne plus s'égarer dans le dédale où nous poussoient des au-

teurs plus soigneux de faire parler d'eux, que de parler prudemment. Cette voie doit être jalonée par la composition de Flores soigneusement étudiées ; tout essai en ce genre où la moindre espèce seroit omise, ne peut être qu'un élément d'erreur.

On ne pourra introduire d'une manière satisfaisante l'arithmétique en histoire naturelle, que lorsque tous les êtres créés seront décrits, c'est-à-dire, quand la valeur des termes numériques et leur quantité seront des bases de calculs suffisamment connues. Pour parvenir à ce but, il ne faut point ambitieusement composer des Flores ou des Faunes de trop vastes régions. Il y a du charlatanisme à donner un catalogue de végétaux, quelque nombreuses qu'y puissent être les espèces, pour un état de situation des productions botaniques d'une très-vaste région ; quiconque voudra contribuer aux progrès de la Géographie physique sous le point de vue de la répartition des corps organisés, ne doit travailler qu'à des Flores ou à des Faunes de points parfaitement circonscrits, comme l'ont fait MM. Gaudichaud et Durville pour les îles Malouines, le docteur Antomarchi pour Sainte-Hélène, M. Ramond pour le Pic du Midi, le capitaine Parry pour l'île Melville. Les catalogues bien faits des productions naturelles de Tristan d'Acugna, de l'Ascension, de notre Belle-Isle-en-Mer, d'une Orcade, de deux ou trois petites Antilles, de trois ou quatre rochers de l'Océan pacifique et de quelques Kourilles, comparés à ceux des principales cimes de l'Univers, considérées comme autant d'îles au milieu des flots de l'air, apporteroient plus de connoissances positives dans la Géographie naturelle, que ces listes incomplètes de plantes ou d'animaux dont on nous inonde, et dans la composition desquelles on n'a pas même la précaution de choisir pour base du travail une contrée physiquement circonscrite.

Le Pic du Midi n'a point de neiges permanentes ; cependant il paroît qu'il ne produit point de fleurs avant le solstice, et qu'il y en a quelques-unes vers le premier juillet ; c'est donc avec notre été que le printemps du Pic commence. Les premières fleurs appartiennent aux familles des Véroniques et des Primulacées. En août, la floraison devient générale : on entre en plein été. Elle se soutient en septembre ; plusieurs espèces même ne s'épanouissent qu'alors. C'est le mois le plus favorable à l'ascension du Pic, celui où le temps est le plus assuré, le ciel le plus pur, l'air le plus transparent, l'horizon le plus net; ces avantages sont ceux de l'automne; ils ne se prolongent guère au-delà du terme marqué par les bourasques de l'équinoxe : dès les premiers jours d'octobre, la floraison a achevé de parcourir son cercle. Passé le 10 ou le 15, il n'y a plus rien. L'automne du Pic a cessé quand le nôtre a commencé. Ainsi trois mois et demi constituent à peu près toute la belle saison pour cette cime : le reste appartient à l'hiver. Sous un tel climat existent cent trente-sept végétaux, dont soixante-deux cryptogames et soixante-onze phanérogames ; quelques minces lichens ont peut-être encore échappé à M. Ramond, et cependant les espèces de cette grande famille entrent pour cinquante-une dans la cryptogamie du Pic du Midi, où il ne reste, afin de compléter le nombre soixante-deux, que onze pour une hépatique, six mousses et quatre fougères. Les plantes phanérogames excitant surtout l'intérêt de M. Ramond, ce savant pense que peu lui sont échappées ; elles constituent cinquante genres, appartenant à vingt-trois familles ; les Syngénèses forment à elles seules plus d'un sixième du total ; les Cypéracées réunies aux Graminées, un sixième ; les Crucifères, un douzième ; les Lysimachies, les Joubarbes, les Saxifrages, les Rosacées, les Légumineuses, chacune un dix-huitième. Les autres familles sont réduites à une ou deux espèces, et au terme de la liste, figure une Amentacée, le *Salix retusa*, arbre par sa conformation, sous-arbrisseau par sa stature, herbe par l'aspect et les dimensions, unique représentant de sa tribu, a une élévation qui laisse au loin au-dessous d'elle ces grands végétaux dont la résistance échoueroit contre les ouragans des points culminans, où rien ne résiste que ce qui rampe.

Les nombres qui expriment les rapports des diverses familles entr'elles sur le Pic du Midi, ne s'accordent pas avec ceux que des comparaisons plus étendues ont fournis aux laborieuses recherches des Brown, des Wahlemberg et des Humboldt. M. Ramond opéra sur des faits positifs, ses prédécesseurs n'ont guère opéré que sur des hypothèses. De telles différences ne devroient pas surprendre ; les calculs où l'on prend les herbiers des voyageurs et les Flores imprimées pour bases fussent-ils exacts. Un groupe de cent trente-trois espèces, examiné en un seul et même lieu, est loin d'offrir des données assez larges aux compensations qui ramèneroient les exceptions à la règle ; les rochers appelant les lichens, il n'est pas surprenant que de telles plantes aient acquis une si grande

prépondérance sur un pic formé de rochers, où n'existe ni terre substantielle, ni ombrages, ni humidité interne. L'île Melville offre dix-sept espèces de moins que la cime pyrénaïque, si bien décrite par M. Ramond, et le rapport des familles et des genres dans lesquels se rangent ces espèces change considérablement ; sur quarante-neuf cryptogames, par exemple, il n'y a que quinze lichens au lieu de cinquante-un, tandis que trente mousses y verdoient au lieu de six.

Ces données suffisent pour indiquer la marche qu'on doit suivre dans l'étude de la Géographie botanique, pour laquelle les voyageurs qui notent soigneusement l'*habitat* des objets récoltés par eux, ramasseront seuls d'excellens matériaux. Le nom du pays ne suffit pas ; il faut tenir compte de la nature des supports, de l'élévation au-dessus du niveau de la Mer, et du versant même sur lequel on récolte. Pour prendre une idée de l'état de cette branche de la science, les ouvrages du célèbre professeur Decandolle sont les véritables sources où l'on doit remonter. On ne rencontre guère chez des auteurs cités à tort et à travers comme les inventeurs de la Géographie botanique, sur laquelle Linné qu'on ne cite pas, avoit composé une excellente dissertation, que des phrases embrouillées et sonores qui déguisent mal des faits hasardés. Chez M. Decandolle on rencontre toujours la vérité avec le style qui lui convient. Cet auteur ne se borna pas à compulser des catalogues d'objets où les *habitat* fussent indiqués tant bien que mal, il voyagea, il consulta de vastes collections, il est réellement botaniste ; aussi entrevit-il quelques règles générales de distribution que l'observation confirmera probablement.

La répartition des animaux sur la croûte terrestre étant subordonnée à celle des végétaux dont les herbivores font leur nourriture, il arrivera une époque où la science, convenablement étudiée, aura acquis un tel perfectionnement, que la Flore d'un point du Globe étant parfaitement connue, on pourra préjuger quelle en devra être la Faune. En attendant qu'on parvienne à ce résultat, où l'on n'arriveroit jamais si l'on procédoit par des chiffres, nous croyons devoir recommander de nouveau aux personnes qui voudront avancer dans la Géographie zoologique, de s'occuper des points de dispersion, que nous avons indiqués en remontant à ces temps si loin de nous, où les Mers s'élevant de quelques centaines de toises au-dessus du niveau actuel, circonscrivoient quatorze continens primitifs.

CHAPITRE VI.

CHAPITRE VI.

Après avoir donné l'analyse des Planches que fit graver M. Desmarest, renvoyé aux articles du Dictionnaire pour l'explication de la plupart de celles que nous avons ajoutées, et exposé supplémentairement aux livraisons précédentes de l'Encyclopédie quelques vues modernes sur la Géographie physique, il convenoit, pour rendre plus intelligibles les principes établis dans notre Illustration, d'en faire l'application à quelque partie du Globe regardée comme des mieux connues. Nous avons choisi la France, encore que les limites de cet Empire soient loin d'être naturelles. (*Voyez* Pl. 48.)

Selon l'idée que nous avons donnée au commencement de cet ouvrage de ce qu'on doit comprendre par Géographie physique, nous éliminerons ici tout détail étranger à la physionomie naturelle du point continental qui doit nous occuper. Sa circonscription politique a peu de rapport avec les régions que nous y reconnoîtrons ; aussi trouve-t-on sur son étendue de grandes variations dans la distribution des êtres organisés, variations qui s'étendent jusque sur l'espèce humaine, laquelle nous paroît, entre les Pyrénées, la Méditerranée, le Rhin et l'Océan, compter trois races originairement très-distinctes. (*Voyez* l'article RACES dans le Dictionnaire.)

Le royaume de France commence au sud, entre les 42ᵉ. et 43ᵉ. degrés de latitude nord, et s'étend jusque sous le 51ᵉ. La Hongrie, la Russie méridionale, dont on a appelé les habitans les *peuples du Nord*, la Caspienne boréale et la Mer d'Aral, les régions septentrionales de la Tartarie indépendante, la Mongolie et la Mantchourie, dans l'ancien Monde, avec l'île de Terre-Neuve, l'embouchure du fleuve Saint-Laurent, son lac supérieur, le Canada et le midi de la glaciale baie d'Hudson, dans le nouveau, répondent aux mêmes parallèles. En comptant du méridien de Paris, la France s'étend vers l'ouest jusqu'au 7ᵉ. degré de longitude, et à l'est, deux de ses pointes atteignent au 6ᵉ.; nous l'avons vue dépasser le 9ᵉ. dans cette direction, et atteindre jusqu'au 54ᵉ. nord. Elle avoit alors près de 39,000 lieues carrées de surface, avec environ 40 millions de citoyens ; on lui compte aujourd'hui de 29 à 30 millions d'habitans, répartis sur 26,700 lieues carrées de surface.

Après la Péninsule Ibérique, la France est la partie la plus heureusement située de l'Europe. Deux mers et les Pyrénées lui forment, par le sud et l'ouest, des limites naturelles faciles à défendre ; les Alpes et le Rhin sembleroient devoir la limiter au levant et vers le nord. Des circonstances dont s'occupera la Géographie historique l'ont entièrement ouverte dans cette dernière exposition, où l'art des ingénieurs militaires a dû créer des limites artificielles. Assez de Traités de météorologie ont fait connoître sa température, souvent très-chaude vers les parties méridionales, et froide vers le septentrion. On se bornera conséquemment ici à l'indication des régions naturelles qu'on y peut reconnoître.

On a vu, lorsqu'il a été question des montagnes, qu'il falloit considérer celles de la France comme faisant partie de cinq systèmes généraux, deux qui lui sont propres, et trois qui lui sont communs avec les contrées limitrophes. Ces cinq systèmes sont :

1°. Le PYRÉNAÏQUE (commun à l'Espagne).

2°. Le CELTIQUE (propre à la France).

3°. Le JURASSIQUE (commun à l'Helvétie).

4°. L'ALPIN (commun à l'Italie).

5°. L'ARMORIQUE (propre à la France).

Des Dépressions plus ou moins considérables séparent ces divers systèmes que rattachent des plateaux plus ou moins élevés, et de vastes plaines intermédiaires plus ou moins basses. Il est facile de reconnoître que ces systèmes ne furent pas toujours unis ; nous avons indiqué comment chacun d'eux put être le noyau d'un île, ou dut se rattacher à quelque continent voisin. Nous avons remonté à l'époque où notre Méditerranée communiquoit au golfe de Gascogne par la dépression qui se voit encore entre un éperon des Pyrénées et un prolongement des Cévennes. Alors la même Mer communiquoit avec la Mer du Nord par la vallée du Rhône, et autres détroits entre lesquels le système Jurassique demeuroit isolé ; ces détroits préparoient sous leurs vagues ce bassin helvétique, qui devint plus tard un golfe, puis un lac tributaire du Rhin, lorsque, par le dessèchement graduel, le cours de ce fleuve commença à se constituer. Le système Armorique formoit alors une île peu élevée au-dessus des eaux, où les sommets de l'Angleterre et de l'Ecosse étoient comme autant d'Hébrides et d'Orcades éloignées.

On peut dire de la France comme de la Péninsule Ibérique (*voyez* notre *Résumé*, pag. 9), que quatre grands versans généraux, dont les limites paroissent souvent presqu'inappréciables à l'œil, sont déterminés par les pentes des plateaux, peut-être plus encore que par les principaux groupes de montagnes. Ces versans sont, en procédant par le Nord,

1°. Le RHÉNAN ;
2°. L'OCÉANIQUE ;
3°. Le MÉDITERRANÉEN ;
4°. L'AQUITANIQUE.

Un coin de la France s'étend encore sur un versant particulier qui n'appartient pas physiquement à sa surface ; c'est le CANTABRIQUE, versant dont nous avons décrit la longue étendue dans notre *Résumé de Géographie de la Péninsule Ibérique*, en des termes qu'il sera nécessaire de reproduire tout à l'heure en partie.

On ne peut guère aujourd'hui compter le Rhin au nombre des fleuves d'une contrée où plusieurs des principaux affluens de ce grand cours d'eau viennent cependant prendre leur source : l'Adour appartenant au versant cantabrique, il ne reste pour la France physiquement dite que quatre fleuves réputés de premier ordre, savoir, la Seine et la Loire dans le versant océanique ; la Garonne, dont le versant aquitanique est exactement le bassin, et le Rhône qui, avec le Tet, l'Aude et l'Hérault, arrose le versant méditerranéen.

La Charente, la Vilaine et la Somme, que dans les Traités de géographie on appelle les petits fleuves, appartiennent encore au versant océanique, où, jusqu'ici, on avoit imaginé sur les soi-disant cartes physiques, un bassin de la Seine et un bassin de la Loire, qui ne sont point naturels, parce que nul mouvement de terrain ni le moindre changement de physionomie ne distinguent l'une de l'autre ces contrées qu'arrosent l'une et l'autre ces deux fleuves. On a vu (pag. 80) que, pour diviser les deux prétendus bassins, on burina sur les cartes une jolie chaîne de montagnes entre Paris et Orléans, où ne se trouvent cependant que de grandes et monotones plaines légèrement accidentées par l'effet des eaux pluviales. Il n'étoit pas surprenant, lorsque les géographes abusoient ainsi de la crédulité publique en altérant la topographie de leur voisinage, qu'ils surchargeassent aussi les plaines de la Manche espagnole de pesantes pyrénées ; il en falloit partout, et l'on en traça jusque dans le Médoc, dont il a été question plus haut, comme d'un canton qui ne le cédoit pas en abaissement aux Palus du Bec-d'Ambez. (*Voyez* pag. 55.)

Le système Pyrénaïque nous a précédemment occupé sous le rapport de ses hauteurs (*voy.* p. 82 et suiv.). Ce qu'on en peut dire encore sera traité par M. Huot quand l'ordre alphabétique en appellera l'histoire dans le Dictionnaire ; il ne nous reste donc à considérer ce système que sous un point de vue où ne se sont guère arrêtés jusqu'ici les auteurs qui en ont écrit. Les Pyrénées, si bien explorées par cet illustre Ramond, dont les sciences déplorent la perte récente, séparent maintenant la France de l'Espagne ; mais il n'en fut pas toujours ainsi. Nous croyons avoir démontré qu'il fut un temps où la Péninsule Ibérique appartenoit à un continent africain, ou plutôt Atlantique ; les Pyrénées y étoient comme le Caucase, à l'ouest de l'Europe, entre la Caspienne et la Mer-Noire, la limite élevée et boréale d'une région chaude qui protégeoit cette région contre les tempêtes du Nord. La Méditerranée communiquant à l'Océan, en baignoit les racines septentrionales ; cent toises d'eau seulement en plus suffisoient pour établir l'antique rivage dans une ligne très-sinueuse, qui, sauf vérification, peut se retracer d'Argèles, entre Perpignan et Collioure, jusqu'à Saint-Jean-de-Luz, en laissant en dehors les plaines du Roussillon, la presque totalité du département de l'Aude, les départemens de la Haute-Garonne et du Gers, et le canton jadis nommé *Béharn*. Quelqu'anfractueux que soient les terrains compris au nord de telles limites, nul sommet n'y dépasse deux cents mètres ; les plus hauts n'étoient donc que des bas-fonds ; les belles plaines qui s'étendent de Toulouse jusqu'entre Saint-Gaudens et Mattres, formoient un golfe dominé par le plateau de Lanemezan, d'où rayonnent tant de cours d'eau divergens, affluant de la Garonne et de l'Adour, et qui sont une preuve de plus, par leur étrange disposition, d'une retraite rapide de la Mer en ces lieux. Ce plateau de Lanemezan mérite attention ; semblable pour la physionomie aux Paraméras de l'Espagne, lande très-élevée et d'un aspect sinistre, il semble être le pivot d'une grande circulation, et dut être long-temps un promontoir saillant projeté vers le nord, comme pour séparer dès-lors le versant aquitanique du versant cantabrique. Ainsi, les pentes des Pyrénées, considérées dans l'ensemble général du système, épanchent leurs eaux dans quatre directions générales opposées deux à deux : 1°. directement au nord, depuis le Cap-Ortegal jusqu'au plateau de Lanemezan, pour former le versant cantabrique ; 2°. vers le nord, entre Lanemezan, est un autre Cap qui s'avançoit intermédiaitement aux sources de l'Arriège et de l'Aude, pour former le versant aquitanique ; 3°. au sud-est et au sud, de ce second Cap jusqu'aux sources de l'Ebre, pour former le versant ibérique ou méditerranéen, opposé au cantabrique ; 4°, au sud-ouest enfin, depuis les sources de l'Ebre au Cap-Ortegal, pour former le versant lusitanique opposé, ou plutôt correspondant à l'aquitanique, puisqu'il ne se trouve pas en contact avec celui-ci.

Le système Celtique, lorsque la base des Pyrénées étoit battue par les flots dans tout son pourtour, formoit une île alongée du nord-est au sud-ouest, dont les pointes septentrionales étoient vers Bingen et au Mont-Tonnerre, tandis que celles du sud se trouvoient aux montagnes noires non loin de Sorèze ; la haute Loire y étoit un golfe du versant océanique, et les racines des volcans d'Auvergne étoient baignées par les eaux de la grande Mer. C'est donc à tort, qu'en parlant autrefois des changemens de figure subis par la Méditerranée, nous avons dit que, cessant d'alimenter les monts ignivomes de la France centrale, ceux-ci s'éteignirent par l'éloignement des vagues qui, aujourd'hui, servent de véhicule au Vésuve, à l'Etna, ainsi qu'à Stromboli. C'est la diminution de l'Océan atlantique, et non celle de la Méditerranée, qui exerça son influence dans cet assoupissement.

Les grands versans déterminés par les pentes des systèmes de montagnes composent à la surface de la France, en raison de l'exposition, trois régions physiques principales, desquelles les deux premières sont analogues à deux de celles que forment, dans la Péninsule Ibérique, quatre grands versans généraux qu'on y reconnoît. Dans cette Péninsule Ibérique, la lisière maritime qui porte ses eaux vers le nord-est ce versant cantabrique, duquel dépend notre Adour. Il est fort étendu de l'ouest à l'est, mais fort étroit, car il occupe plus de cent trente lieues en longitude, tandis que sa plus grande largeur, du nord au sud, n'excède pas quinze lieues : ses pentes sont rapides, et reçoivent sans obstacle l'influence que doit avoir l'aspect boréal sous un climat que l'on peut déjà considérer comme doux par sa position géographique. On ne trouve point, dans la région qui nous occupe, de grandes plaines ; les cours d'eau y sont encaissés, les côtes sont coupées à pic ; le climat est généralement humide ; les productions végétales présentent des rapports saillans avec celles de notre Bretagne, du pays de Cornouailles, et même de celui de Galles, qui cependant est plus élevé de neuf degrés vers le pôle. Un grand nombre de végétaux et d'insectes, qu'on ne retrouve point dans l'intérieur des continens, mais communs à des rives occidentales qui s'étendent si fort en latitude, parent ou animent ces régions

océaniques, où tout semble assujetti au même mode de création sur un développement de neuf cents lieues de côtes au moins, en suivant les sinuosités, et comptant du Cap-Ortégal, qui brave l'Atlantique, jusqu'au Cap Saint-David, qui semble se cacher dans le canal de Saint-George ; ce versant cantabrique est non-seulement, par rapport au reste de l'Espagne, d'un aspect européen, mais il présente plus de ressemblance avec nos contrées, où la chaleur n'est pas assez forte pour permettre la culture en pleine terre de l'oranger et de l'olivier, et dans lesquelles la vigne ne réussissant qu'aux expositions du midi, ne donne nulle part de vins liquoreux ou très-chargés en couleur. Les pentes aquitaniques et celtiques sont comme un prolongement du versant boréal de l'Espagne ; elles forment avec lui une région océanique éminemment tempérée, où toutes les eaux coulent vers le golfe de Gascogne et dans la Manche, région dont la Flore est proprement la Flore française, bien différente de celle où l'on comprit arbitrairement (selon que des provinces s'ajoutoient à l'Empire français) le catalogue des richesses végétales qu'une seule bataille perdue en devoit faire disparoître. On ne trouve dans cette étendue ni lavandes, ni romarins, ni lentisques dans l'état sauvage. Les plateaux arides appelés *Landes* ne s'y couvrent que de bruyères, mais les vrais Cystes y sont comme étrangers. Le Nérion, le Figuier même, ont besoin de beaucoup de soins pour n'y pas geler annuellement. L'hydrophytologie des côtes est toujours celle des régions boréales ; les poissons y sont aussi, du moins en grande partie, ceux des mers du Nord. Les hommes de race celtique en furent les premiers habitans ; ils descendirent vers les fleuves et les rivières vers l'Océan atlantique, en peuplant successivement les longues pentes qui s'abaissoient devant eux ; mais ils ne purent en faire de même du côté opposé, car autant le versant occidental du système Celtique est alongé, autant l'oriental est brusque ou raccourci ; en supposant les eaux de la Mer élevées de deux cents toises de plus qu'elles ne le sont maintenant, et portées au niveau qui leur faisoit baigner les racines des monts éteints du centre de la France, ce versant ne seroit pas sillonné par un cours d'eau qui eut quinze lieues depuis sa source jusqu'à son embouchure. Les bords occidentaux du bassin du Rhône, dans la direction de la Saône et du Doubs, en marqueroient les rivages jusqu'à la dépression qui a fourni passage au canal de Montbéliard, et par lequel le bassin de deux départemens rhénans de la France formoient la continuation avec les mers septentrionales quand leurs flots couvroient les plaines germaniques : une telle conformation indique encore un brisement dans le sens de la direction générale que nous venons de trouver par deux grandes vallées opposées vers ce qu'on nomme *le Plateau de Rangier*, situé au-dessus du coude du Doubs à Sainte-Ursanne. L'espace marécageux rempli de lacunes, entre Bourg et le confluent du Rhône avec la Saône, est encore l'humide témoignage d'un plus long séjour des eaux vers le milieu du détroit ou canal qui existoit entre le système Celtique et les Alpes.

La seconde région physique qu'on puisse encore considérer comme la continuation de l'une de celles de l'Espagne, est la région méditerranéenne, qui se compose chez nous du versant Rhénan. Dans la Péninsule Ibérique cette région est limitée au nord par le versant Cantabrique et par une petite partie de l'Aquitanique, à l'ouest par le versant Lusitanique, au sud par le versant Bétique ; en France, une ligne formée par la crête du système des montagnes celtiques, et qui se prolonge du sud-ouest au nord-est, la sépare de la région océanique. La vigne y réussit partout, et produit déjà des vins liquoreux ; l'olivier qui prospère sur la moitié de son étendue ne s'y éloigne guère du rivage, ce qui certainement ne tient pas à ce que les parties supérieures du bassin rhénan repoussassent sa culture en vertu de leur latitude seulement, mais qui vient de l'élévation du sol toujours croissante dès qu'on a passé Montélimar. En remontant le fleuve, cet arbre précieux, évidemment propre au bassin de notre Méditerranée, ne dépasse point vers le nord la prolongation de cette ligne que nous avons tracée sur les cartes physiques de la Péninsule Ibérique, publiées dans nos précédens ouvrages, et qui régnant en diagonale à travers tout le pays, depuis le milieu du Portugal jusqu'en Catalogne, y sépare deux climats naturels, dont nous avons donné une idée en ces termes. (*Voyez* notre *Résumé géographique*, page 74.)

« Si des coupes idéales de terrain, publiées pour faire parler de soi dans quelque Journal, ne méritent pas d'occuper un bon esprit, il est une coupe réelle qui dans la Péninsule Ibérique appelle l'attention des géographes physiciens, c'est celle qui distingue deux climats fort tranchés, non de ces climats d'heures, illusoires quant à la nature des productions, mais de ceux qui, déterminant des créations diverses, ne sont pas astreints au parallélisme. La ligne la plus longue qu'on puisse tirer sur la Péninsule, et qui seroit du Cap Saint-Vincent jusqu'au Cap Creux, n'a pas moins de deux cent cinquante lieues communes d'étendue, mais ce diamètre, que les Anciens portoient à trois cent cinquante et plus, ou mieux cette diagonale, n'établit point exactement de différence de climat dans les deux pays qu'elle partage ; il faut remonter plus au nord de l'embouchure du Tage, où l'on trouvera les racines occidentales du système de monts que nous avons appelés *Carpétano-Véttoniques*. En suivant alors exactement dans la direction du nord-est, la crête de cette longue chaîne, et du point où elle expire au couchant, traversant l'Èbre toujours dans la même route, afin de gagner dans les Pyrénées les sommets qui séparent les sources de l'Arriège, rivière de France, de celles de la Sègre, qui descend en Catalogne, on aura la véritable coupe utile à connoître, la limite des deux climats naturels. Les deux portions de pays qu'on aura ainsi distinguées seront presqu'égales en surface ; celle du nord pourra être indifféremment appelée région tempérée, océanique ou européenne ; celle du sud, région chaude, méditerranéenne ou proprement africaine. »

En France ou par le prolongement de la même division, nous reconnoissons deux régions analogues ; la méridionale, toujours limitée par la ligne des Oliviers, est beaucoup moins considérable, mais elle porte les mêmes caractères dans son exiguïté. L'Oranger, le Citronier, le Caroubier, le Lentisque, le Laurier, le Pistachier, y sont les ornemens toujours verts d'une campagne un peu sèche que parfument en abondance des Labiées aromatiques, où les Cistes commencent à remplacer les bruyères dans les espaces déserts, lesquels ne sont plus des landes, mais des *Garrigues*. Le Nérion étale ses fleurs d'un pourpre tendre, et le Grenadier ses balustes couleur de feu. Les Agaves et les Cactes y résistent à des hivers modérés. Les insectes diffèrent surtout de ceux du reste de la France ; les Laminariées n'existent plus dans les flots, ces Hydrophytes gigantesques de l'Océan sont étrangers aux côtes de la Provence, du Languedoc, de la Catalogne et du royaume de Valence.

Le second climat naturel qui commence en France, hors de la ligne des Oliviers, et qui n'est que la continuation du climat tempéré de la Péninsule Ibérique, règne sur tous les versans opposés du système de montagnes celtiques. Quelle que soit l'ardeur de certains étés, la végétation n'y est nulle part celle des pays chauds ; elle a cependant quelque chose de plus analogue sur les rivages de l'Océan, où la température est adoucie par l'influence maritime. Ainsi les Myrtes, les Figuiers et autres végéaux qu'il faut abriter durant l'hiver dans les parties centrales de la France, résistent en pleine terre à Belle-Isle-en-Mer, à Brest, à Cherbourg et au Havre, sous des parallèles où on les verroit périr à Orléans ainsi qu'à Strasbourg. La vigne qui n'y donne jamais de vins de liqueurs, s'y cultive sur une grande étendue que limite une ligne oblique comme celle des Oliviers ; ligne que nous traçons sur notre carte en partant à peu près de l'embouchure de la Vilaine pour passer vers le confluent de l'Oise avec la Seine, et qui se termine vers le point où la Meuse sort de France pour couler chez les Belges. Cette ligne continuant hors du royaume par le sud du plateau des Ardennes, et remontant selon sa première direction, coupe le bassin Rhénan, dont la partie méridionale à notre ligne demeure dans la région des vignes, tandis que de l'autre côté le raisin ne mûrit qu'accidentellement. L'existence de la ligne des Oliviers et de celle de la Vigne fut d'abord indiquée par Young, célèbre agronome anglais ; M. Decandolle reproduisit l'une et l'autre sur une carte botanique, qu'on trouve dans le tome second de la *Flore française*. Ce savant indique aussi une ligne intermédiaire où cesse la culture du maïs. On pourroit multiplier de telles lignes en beaucoup plus grand nombre, mais il ne faut pas les tracer avec une règle, parce que nulle part les productions naturelles ne s'emprisonnent avec des parallèles. Les lignes de ce genre sont essentiellement sinueuses, elles obéissent aux pentes en se contournant selon les expositions, et il arrive même qu'en dehors des bornes qu'elles établissent, les végétaux à qui nous les faisons servir de frontières, prospèrent dans quelques enclaves jetées au milieu des régions voisines.

Le versant Rhénan est dans l'état géographique de la France actuelle comme y est le Cantabrique, c'est-à-dire une annexe contre nature. Dans un fleuve de l'importance du Rhin, on peut prendre indifféremment pour limites des Empires contigus la ligne de partage des eaux, ou le large cours qui ne présente pas moins d'obstacles aux invasions ; mais l'Etat qui possède seulement des fragmens d'un grand bassin géographique, doit nécessairement, tôt ou tard, voir ces fragmens se détacher de lui, ou bien appeler à eux les masses disjointes que les calculs changeans de la politique en séparèrent. Ce n'est point ici le lieu d'examiner si des alluvions formées aux dépens de la France appartiennent en bonne justice au sol qui en fournit tous les élémens. Ce sol, duquel naquit la Baltique, doit nous occuper seul, et uniquement, sous le rapport de sa constitution géologique. Ce qui nous resteroit à en dire devant être traité dans le Dictionnaire, au mot TERRAIN, nous n'anticiperons point sur ce qu'en dira M. HUOT, et l'analyse des Cartes du présent Atlas demeure conséquemment terminée.

FIN.

PREMIÈRE TABLE.

MATIÈRES CONTENUES DANS LA PRÉSENTE ILLUSTRATION.

SECONDE TABLE

INDIQUANT A QUELLES PAGES DU TEXTE CORRESPONDENT LES PLANCHES DE L'ATLAS.

FIN DES TABLES.

DISTRIBUTION PRIMITIVE DU GENRE HUMAIN A LA SURFACE DU GLOBE,
Par Mr le Colonel Bory de S. Vincent.

Pl. 2

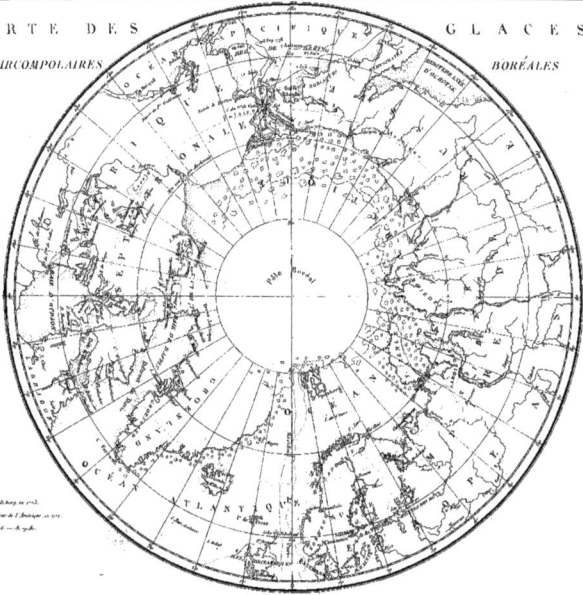

C A R T E   D E S   G L A C E S

CIRCOMPOLAIRES   *BORÉALES*

Pôle Boreal

Explication.

Route de Capᵉ Phipps, au Spitzberg, en 1773.

Route de M. Brun, dans l'interieur de l'Amerique en 1772.

Troisieme Voyage de Cook, en 178 — &c 1780.

Gravé par Bordet.

Pl. 3.

CARTE DES GLACES

CIRCOMPOLAIRES   AUSTRALES.

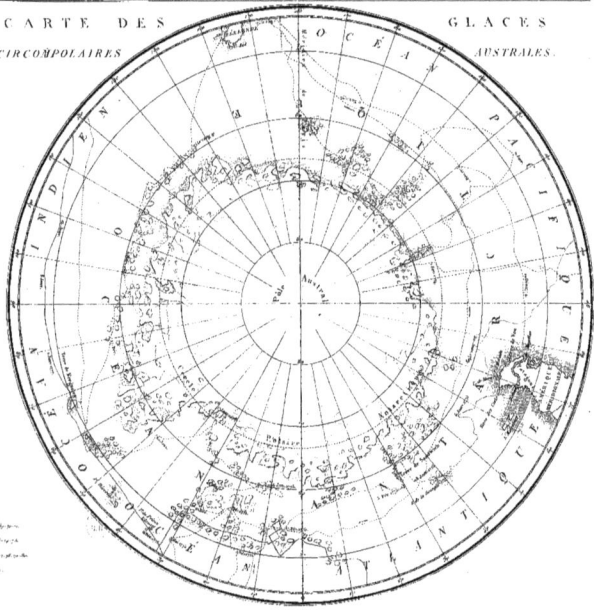

OCÉAN PACIFIQUE

OCÉAN INDIEN

OCÉAN ATLANTIQUE

Pole Austral

Explication.

Premier Voyage de Cook, en 1768-69-70-71.

Second Voyage de Cook, en 1772-73-74-75.

Troisième Voyage de Cook, en 1776-77-78-79-80.

Voyage de M. Furneaux, en 1773-74.

Voyage de M. Kerguelen, en 1772.

Gravé par Giraldon

Pl. 4.

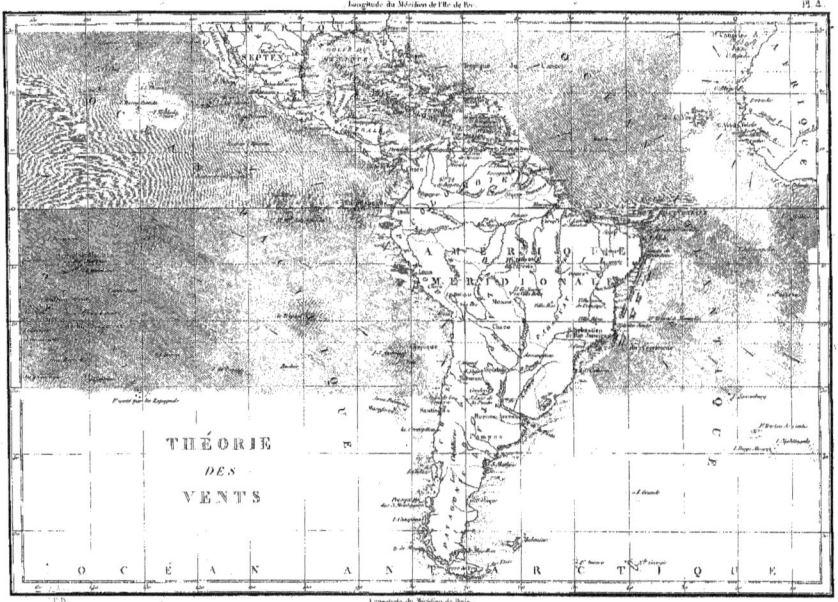

THÉORIE
DES
VENTS

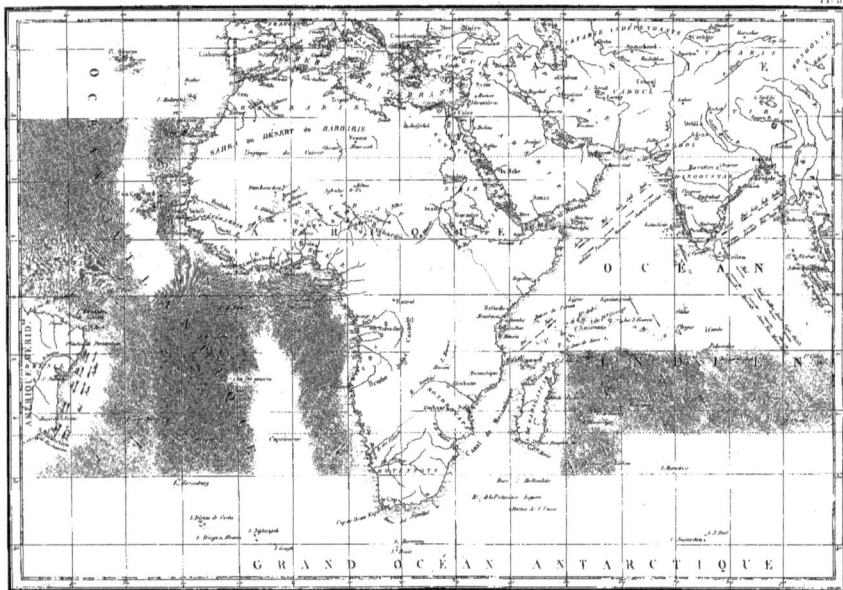

Pl. 6.

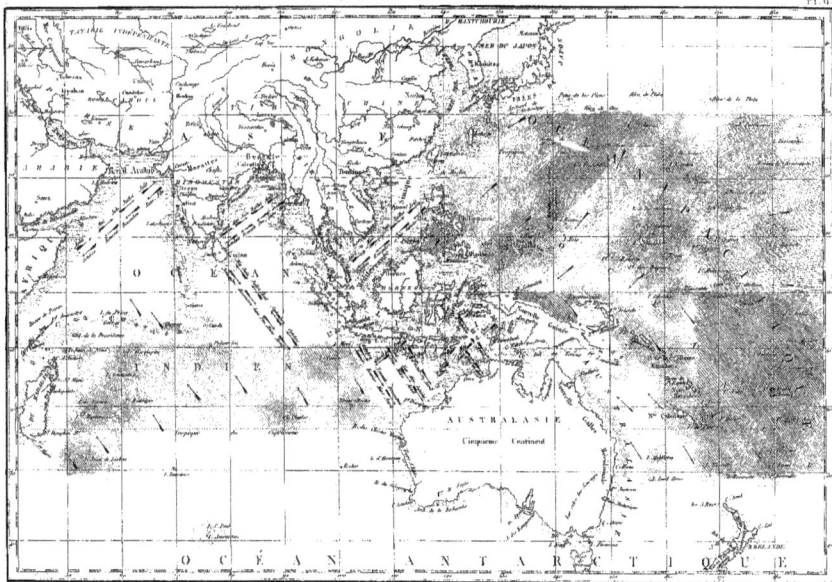

Pl. 7.

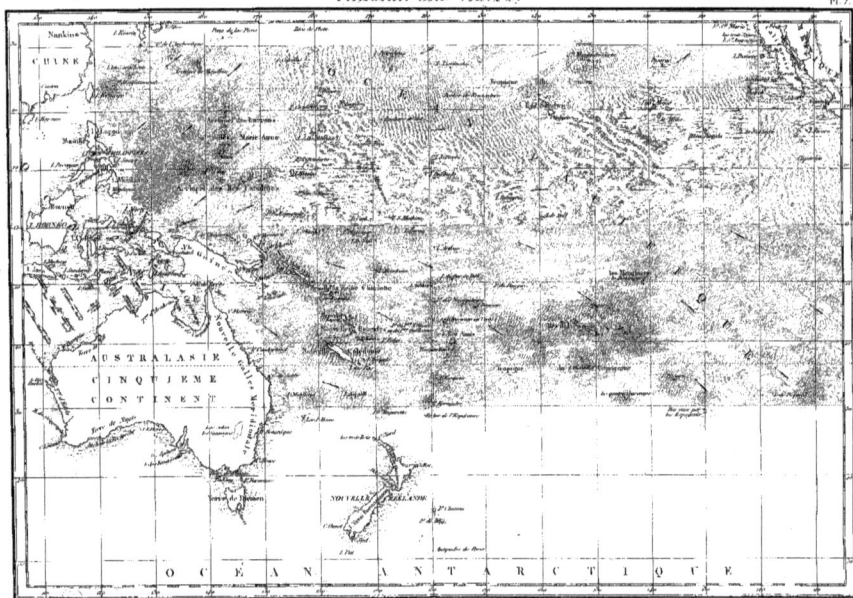

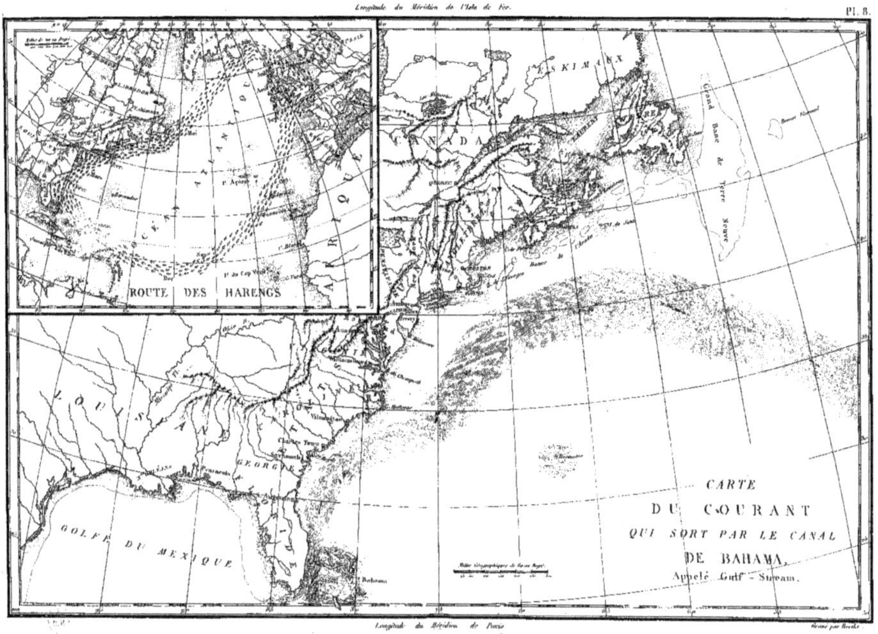
Longitude du Méridien de l'Isle de Fer.
ROUTE DES HARENGS
CANADA
ESKIMAUX
Grand Banc de Terre Neuve
LOUISIANE
GEORGIE
GOLFE DU MEXIQUE
Bahama
CARTE
DU COURANT
QUI SORT PAR LE CANAL
DE BAHAMA,
Appelé Gulf-Stream.
Longitude du Méridien de Paris

Longitude du Méridien de l'Île de Fer.

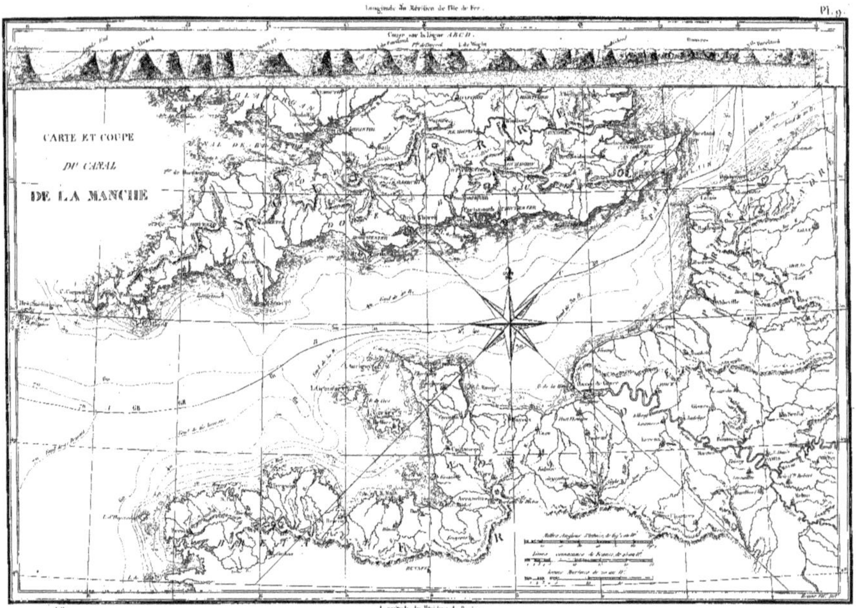
CARTE ET COUPE
DU CANAL
DE LA MANCHE
Coupe sur la ligne ABCD.

B.B

Longitude du Méridien de Paris.

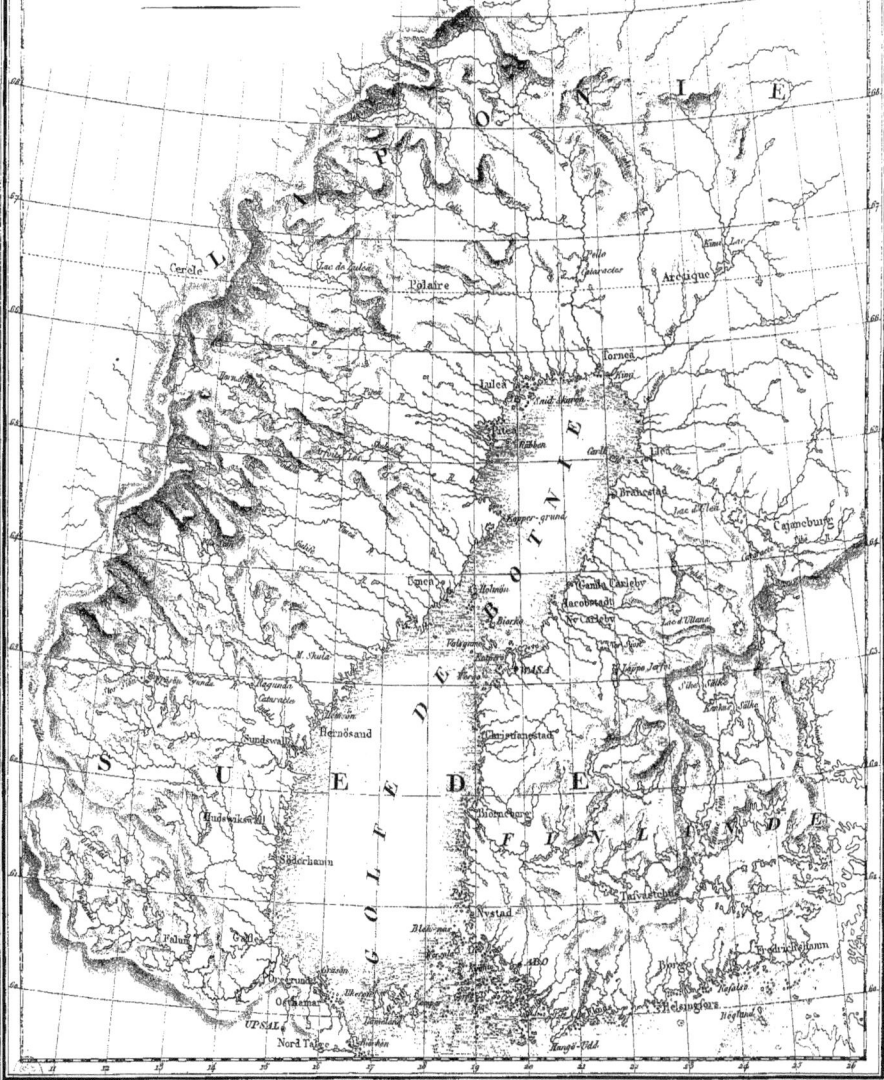

Pl. 10.

BASSIN
DU GOLFE
DE BOTNIE.

Verste de Russie, de 104 au Degré.

Milles Géographiques, de 60 au Degré.

Lieues communes de France, de 25 au Degré.

Lieues marines, de 20 au Degré.

Milles de Suède, de 10 ½ au Degré.

L   A   P   O   N   I   E

Cercle

Lac de Luléa

Polaire

Pello

Quarsetas

Arctique

Torneå

Kimi

Luléa

Uléa

Brahestad

Cajeneburg

Kopper-grund

Gamla Carleby

Jacobstad

Ny Carleby

Lac d'Ullana

B   O   T   N   I   E

Holmön

Björkö

WASA

Christinestad

G   O   L   F   E   D   E

Björneborg

F   I   N   L   A   N   D   E

S   U   E   D   E

Hudwikswall

Söderhamn

Raumo

Nystad

Blök-mer

ABO

Frédérichamm

Helsingfors

Falun

Gessle

Söderfors

Upland

UPSAL

Nord-Telge

Gravé par Ambroise Tardieu.

PLAINE
DE
MONTBRISON

Echelle de douze Kilomètres.

Echelle de 3 Lieues de 2000. Toises

J. Ouvet sculp

PONTS NATURELS.

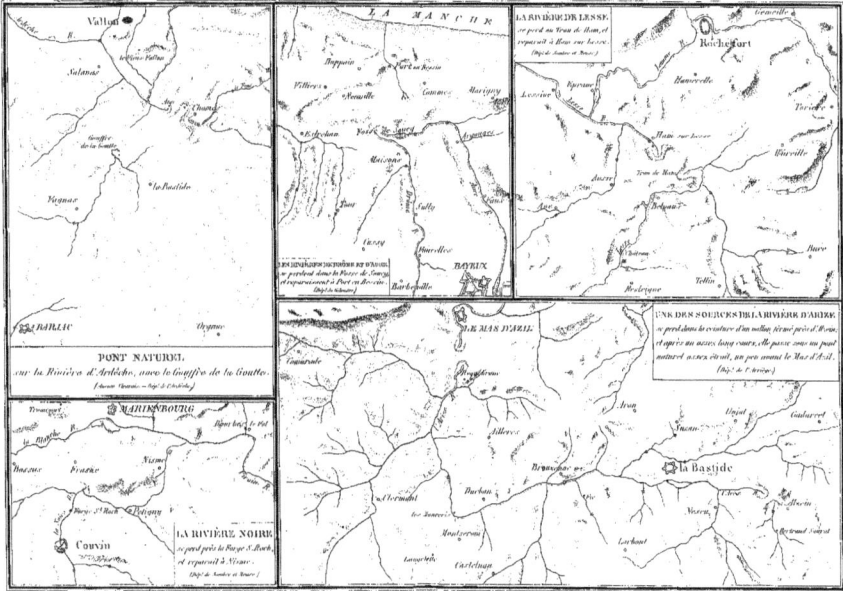

Pl. 12.

PONT NATUREL
sur la Rivière d'Ardèche, avec le Gouffre de la Goutte.

LA MANCHE

LA RIVIÈRE DE LESSE

MARIENBOURG

LA RIVIÈRE NOIRE

LE MAS D'AZIL

UNE DES SOURCES DE LA RIVIÈRE D'ARIZE

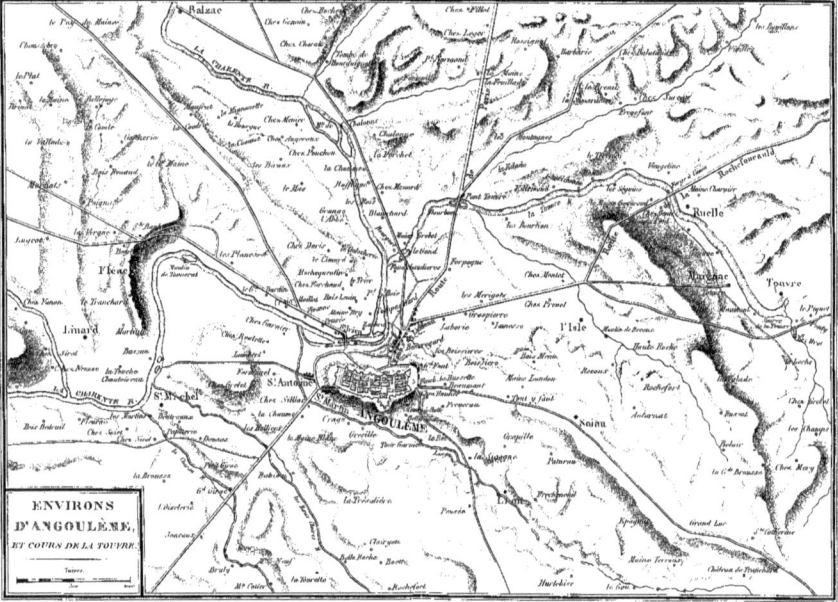

Pl. 13.

ENVIRONS
D'ANGOULÊME,
ET COURS DE LA TOUVRE.

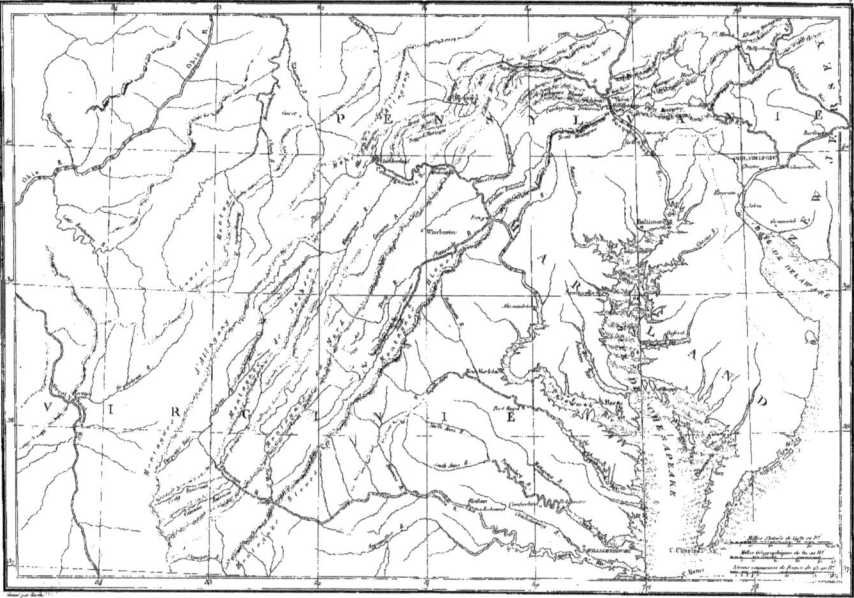

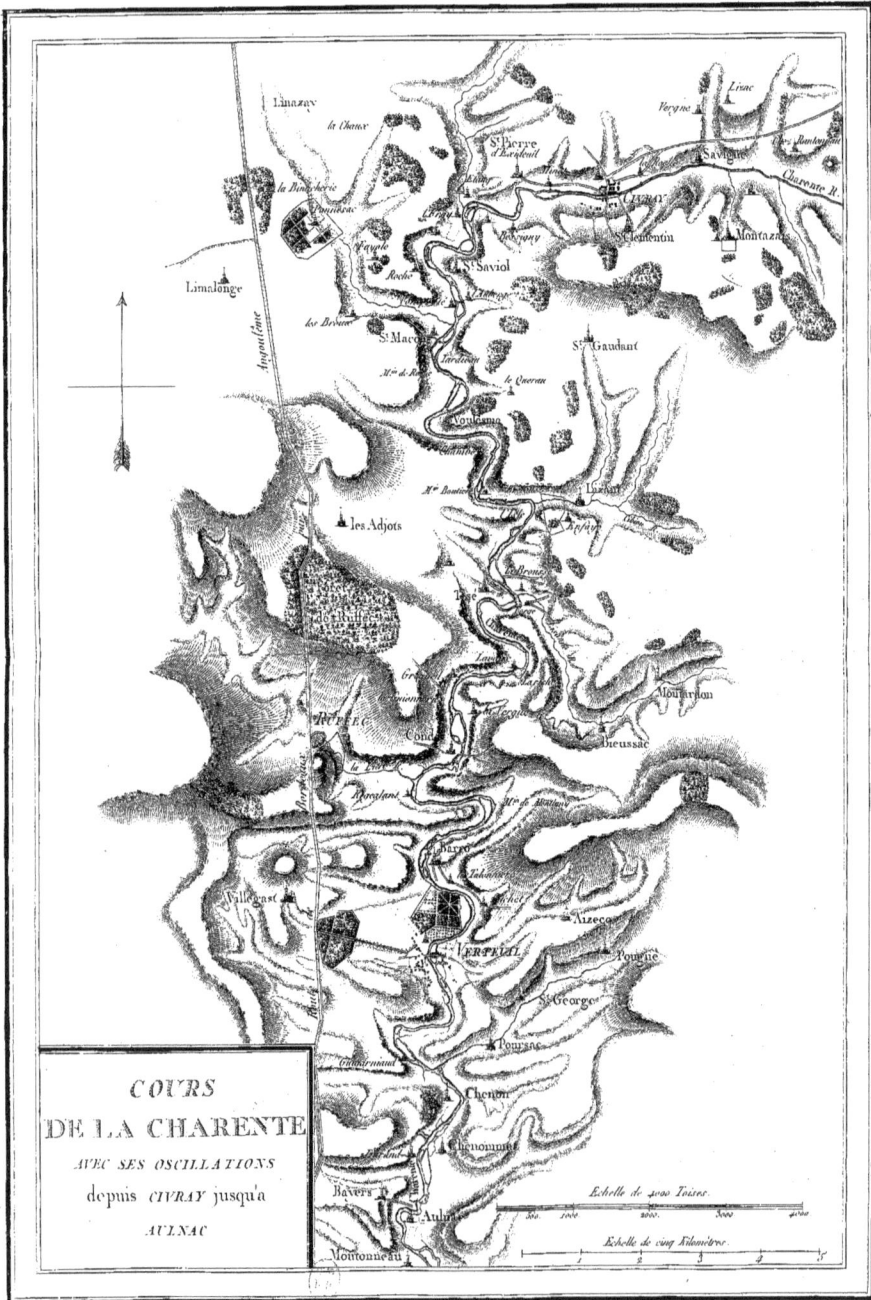

COURS
DE LA CHARENTE
AVEC SES OSCILLATIONS
depuis *CIVRAY* jusqu'a
AULNAC

Pl. 16.

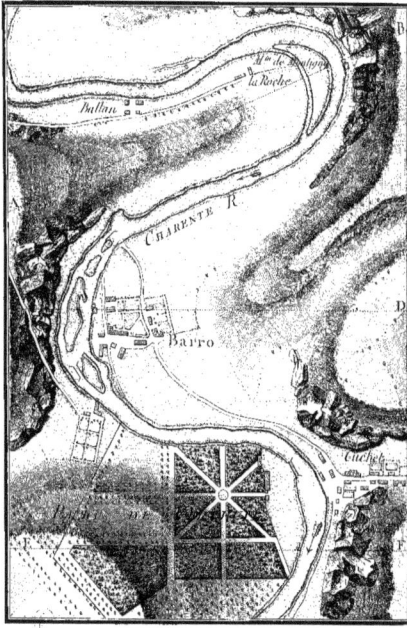

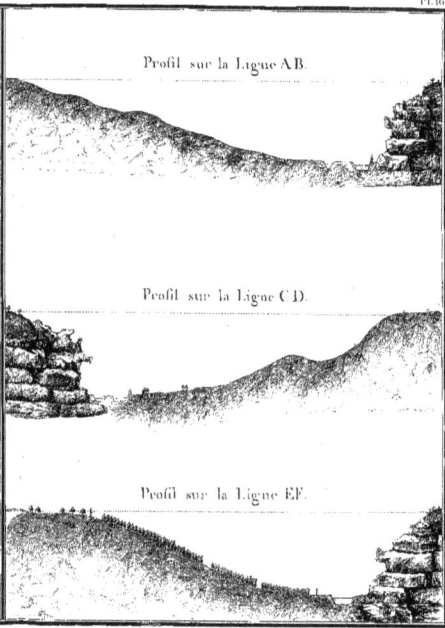

Profil sur la Ligne A.B.

Profil sur la Ligne C.D.

Profil sur la Ligne E.F.

Pl. 17

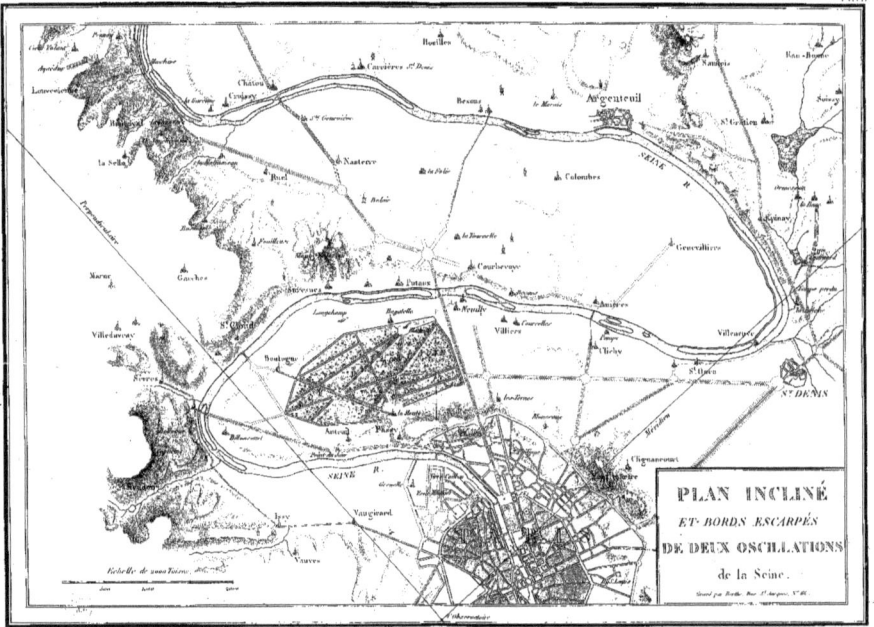

PLAN INCLINÉ
ET BORDS ESCARPÉS
DE DEUX OSCILLATIONS
de la Seine.

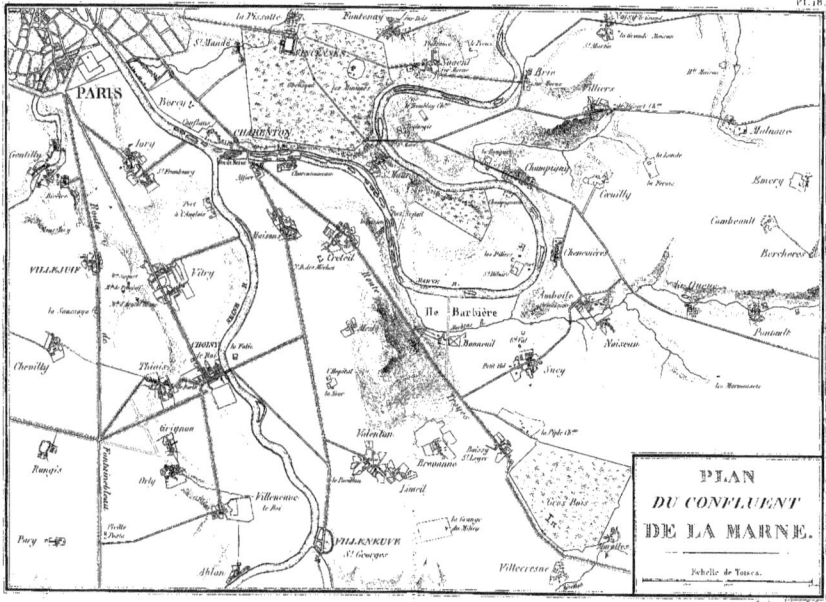

PLAN
DU CONFLUENT
DE LA MARNE.

Echelle de Toises.

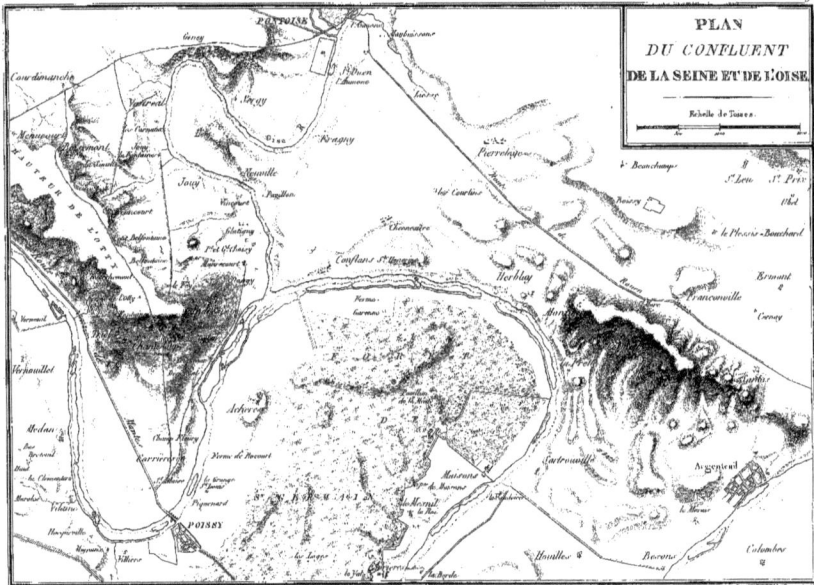

Pl. 19.

PLAN
DU CONFLUENT
DE LA SEINE ET DE L'OISE.

Échelle de Toises.

Pl. 20

CONFLUENCES
DE LA LOIRE
DU CHER ET DE L'INDRE
Avec le détail des Isles qui
s'y trouvent comprises.

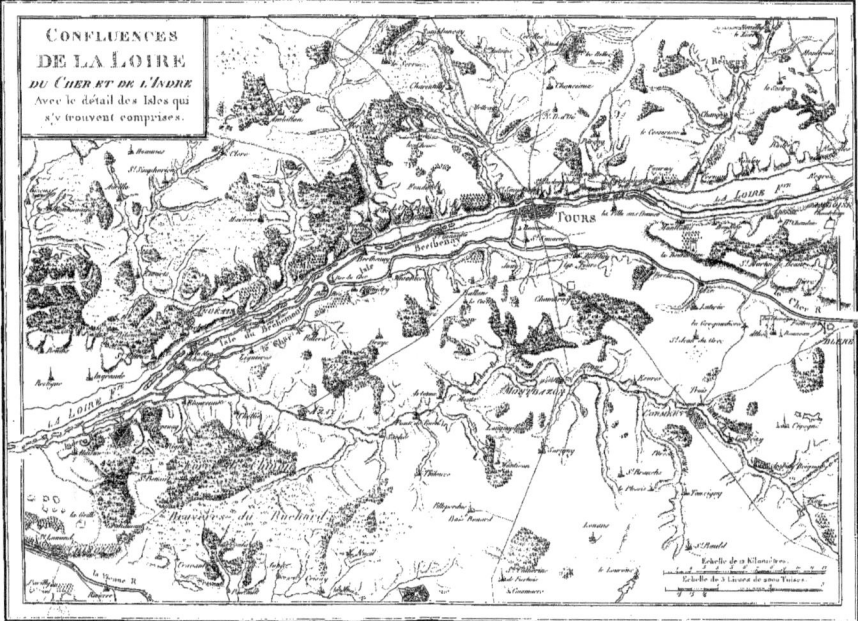

TOURS

LA LOIRE R.

Cher R.

Traversée du Buchard.

Echelle de 12 Kilomètres.

Echelle de 3 Lieues de 2000 Toises.

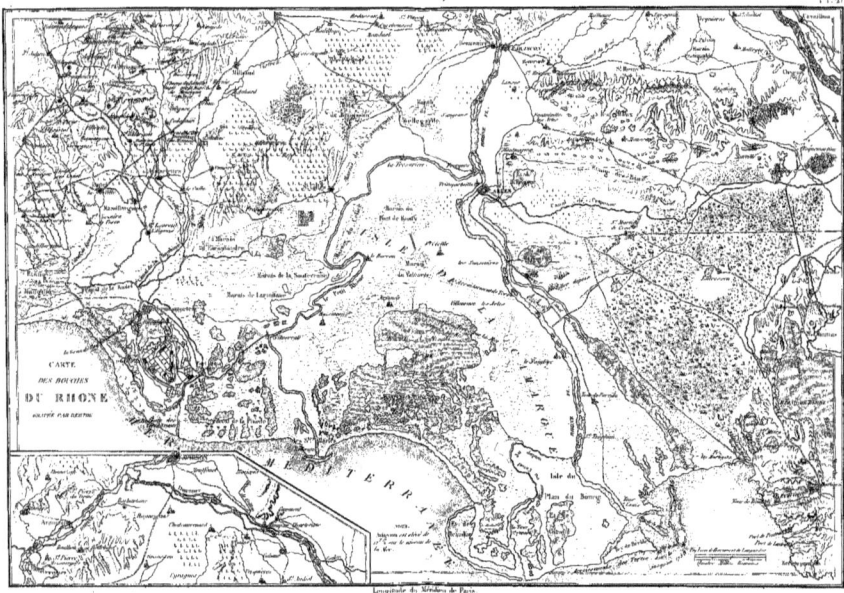

Pl. 21.

CARTE
DES BOUCHES
DU RHONE

MEDITERRA

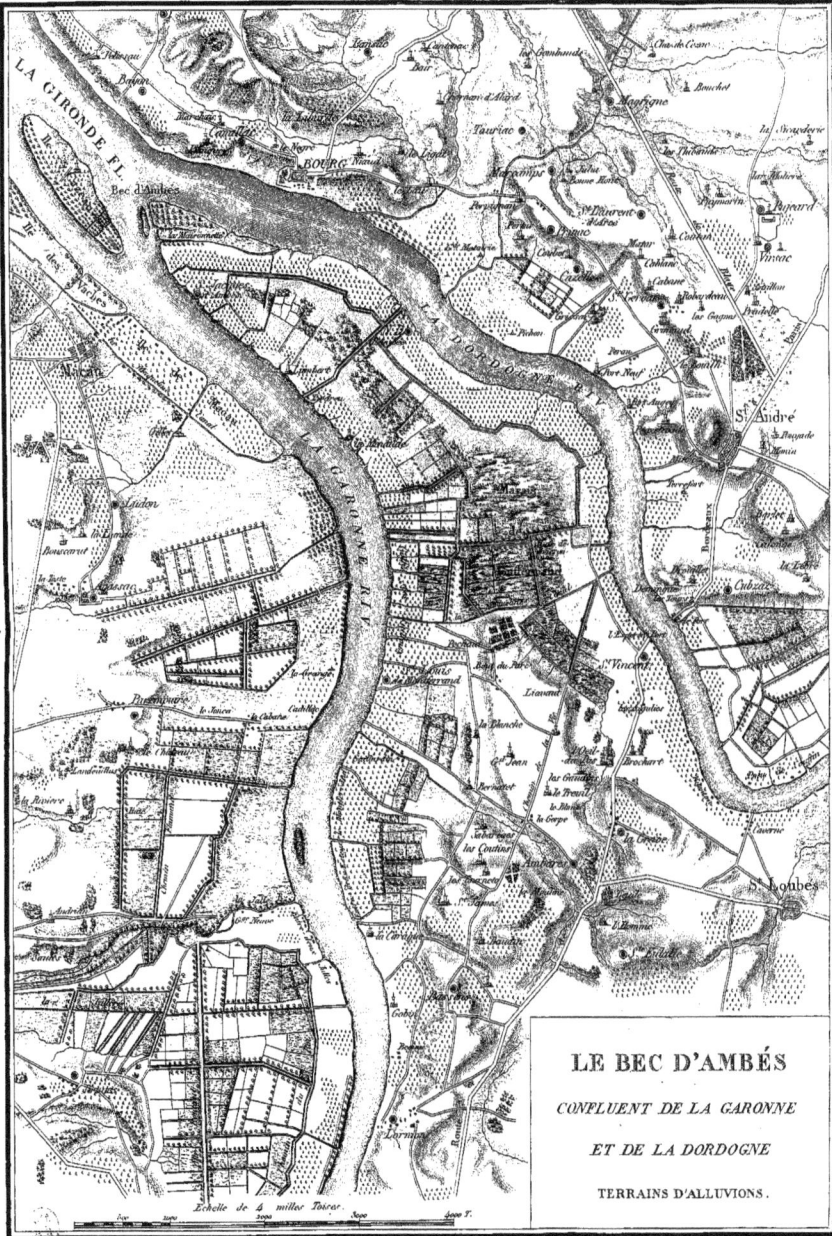

LE BEC D'AMBÉS

CONFLUENT DE LA GARONNE

ET DE LA DORDOGNE

TERRAINS D'ALLUVIONS.

Echelle de 4 milles Toises

HAUTEUR COMPARATIVE DES PRINCIPALES MONTAGNES MESURÉES.

Pl. 23.

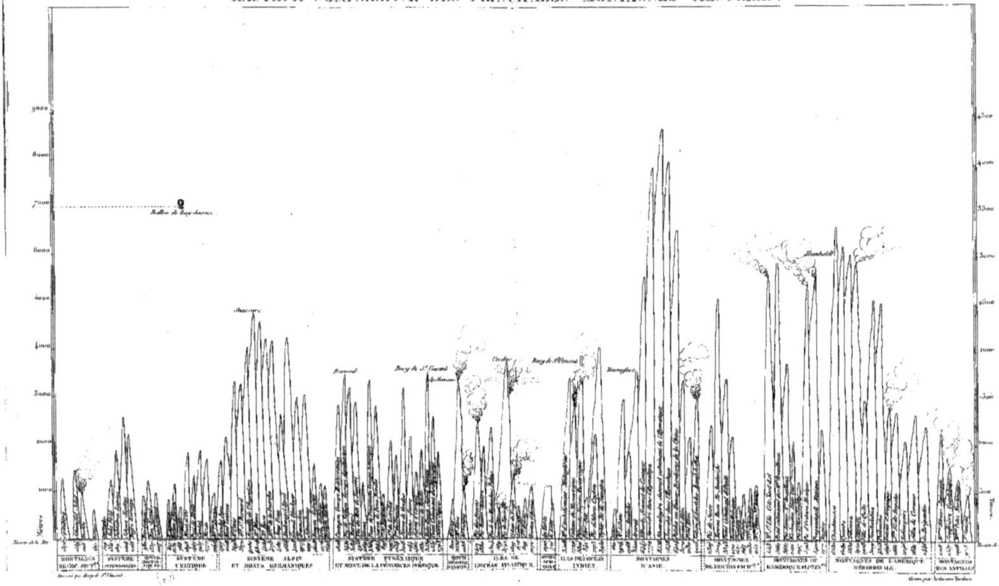

Dressé par Bory de St Vincent.

Gravé par Ambroise Tardieu

Pl. 24

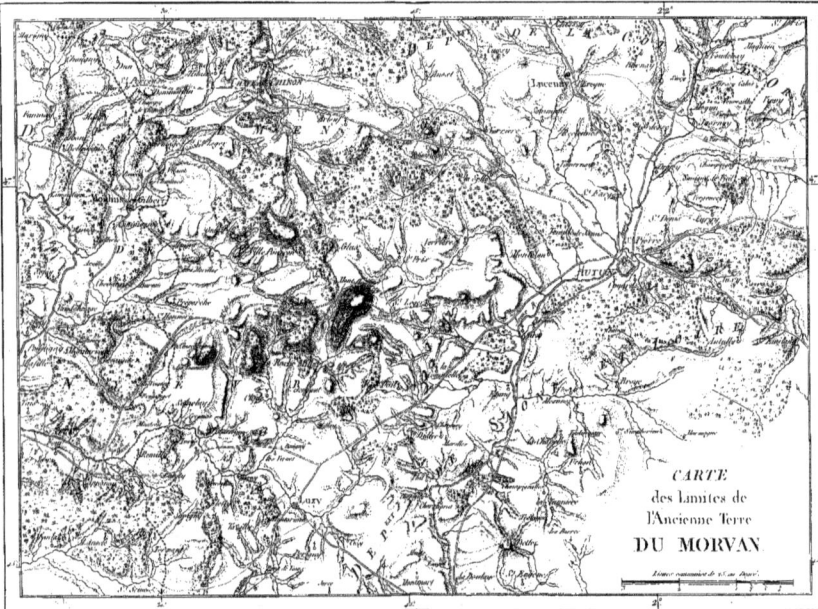

Pl. 25.

CARTE
des Limites de
l'Ancienne Terre
DU MORVAN

Pl. 26.

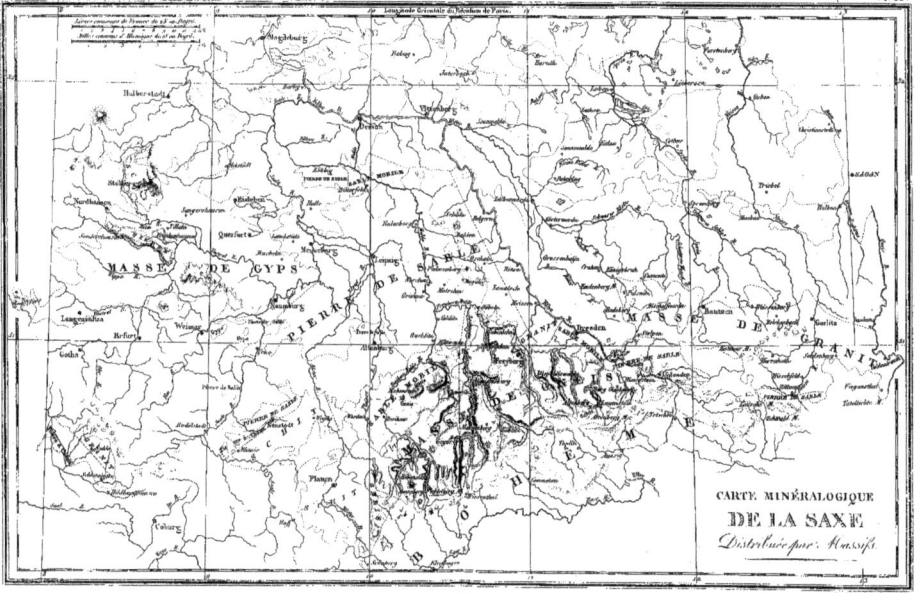

CARTE MINÉRALOGIQUE
DE LA SAXE
Distribuée par. Haussiß.

Pl. 27.

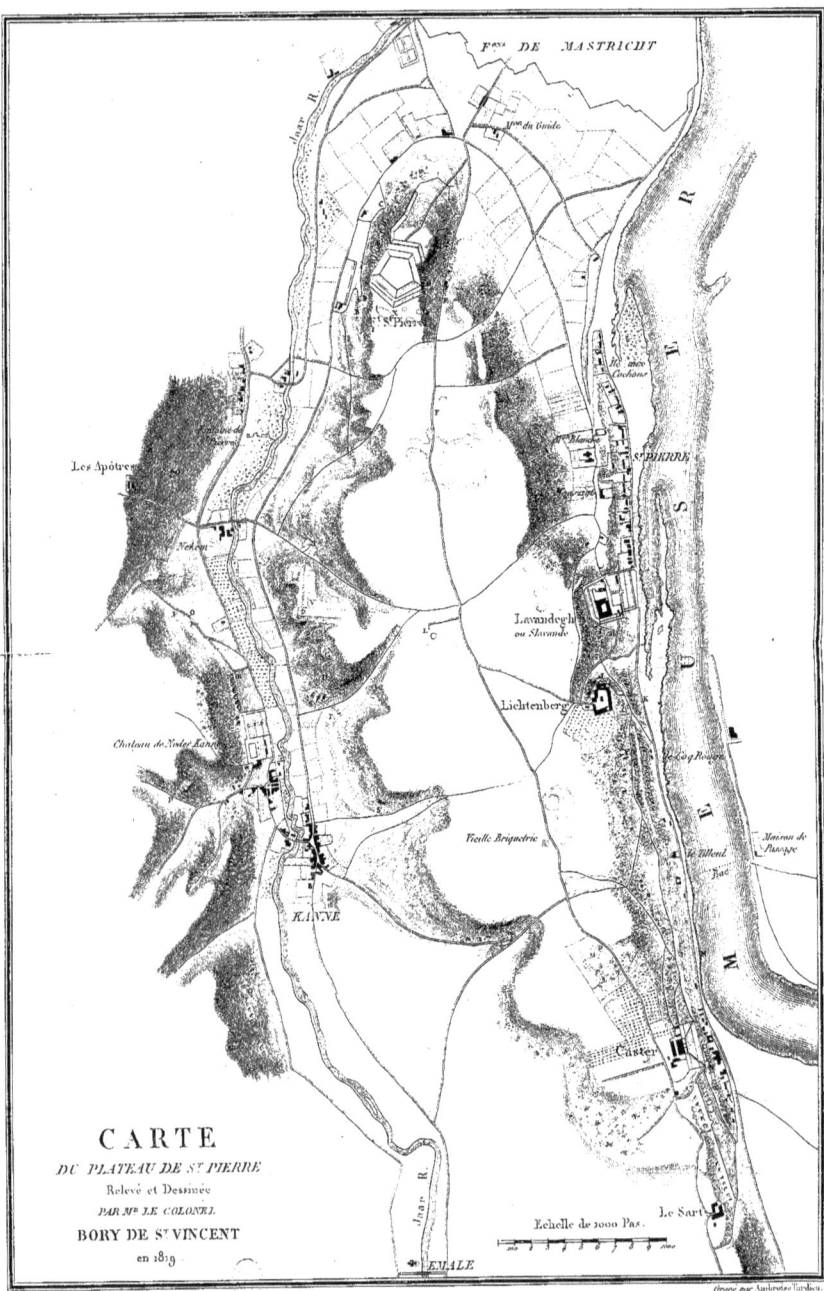

F^{on} DE MASTRICHT

M^{on} du Guide

St Pierre

Les Apôtres

R^{ce} aux Cochons

Nekum

St PIERRE

Lavandeghi ou Slavende

Lichtenberg

Château de Neder Kanne

Bourg Royer

Vieille Briqueterie

Maison de Plaisance

Le Tilleul

KANNE

Caster

CARTE

DU PLATEAU DE St PIERRE

Relevé et Dessinée

PAR M^r LE COLONEL

BORY DE St VINCENT

en 1819

EMALE

Echelle de 1000 Pas.

Le Sart

Gravé par Ambroise Tardieu.

Pl. 28.

N.º 1.

COUPE PERPENDICULAIRE D'UN POINT DU PLATEAU DE S.ᵗ PIERRE.

N.º 2.

GRANDE ENTRÉE SOUS LE FORT S.ᵗ PIERRE VUE DE LA ROUTE DE KANNE.

N.º 3.

Dessiné par Bory de S.ᵗ Vincent.   Gravé par Ambroise Tardieu.

ENTRÉE DE CRYPTES SOUS LICHTENBERG, AVEC LES ORGUES GÉOLOGIQUES QU'ON Y VOIT.

Pl. 29.

Vue d'une Carrière de Craye à Cicney près Troyes ?

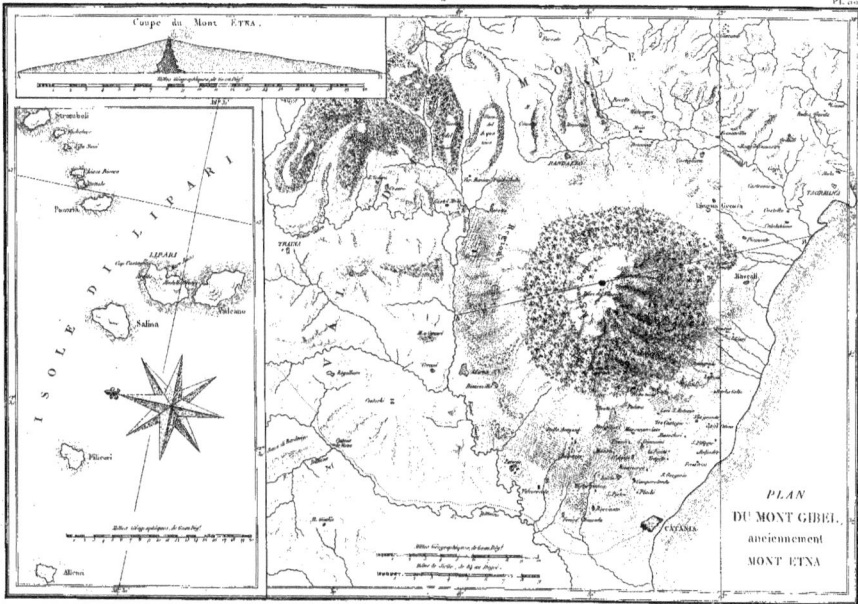

Pl. 50

Coupe du Mont ETNA.

ISOLE DI LIPARI

Stromboli

Panaria

LIPARI

Salina

Vulcano

Filicuri

Alicuri

MONE

RANDAZZO

TAORMINA

TRAINA

CATANIA

PLAN
DU MONT GIBEL,
anciennement
MONT ETNA

Pl. 3.

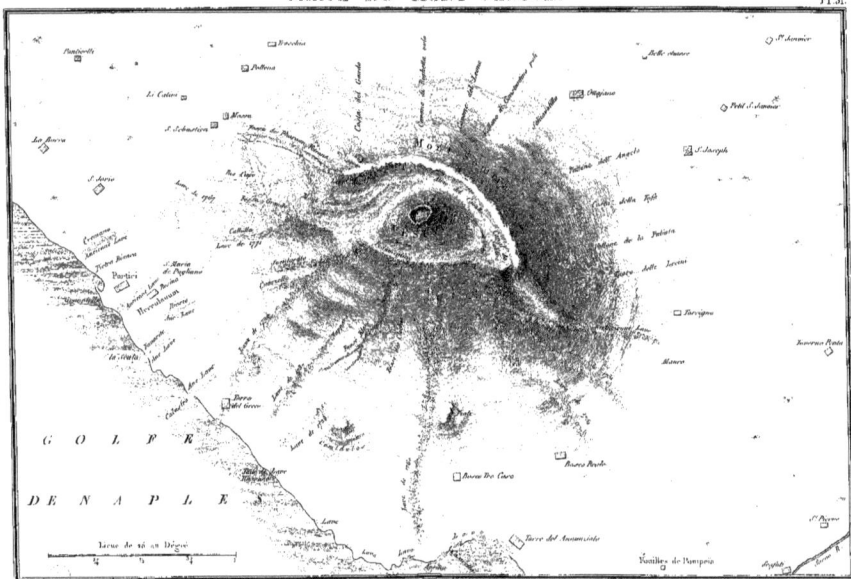

GOLFE

DE NAPLE

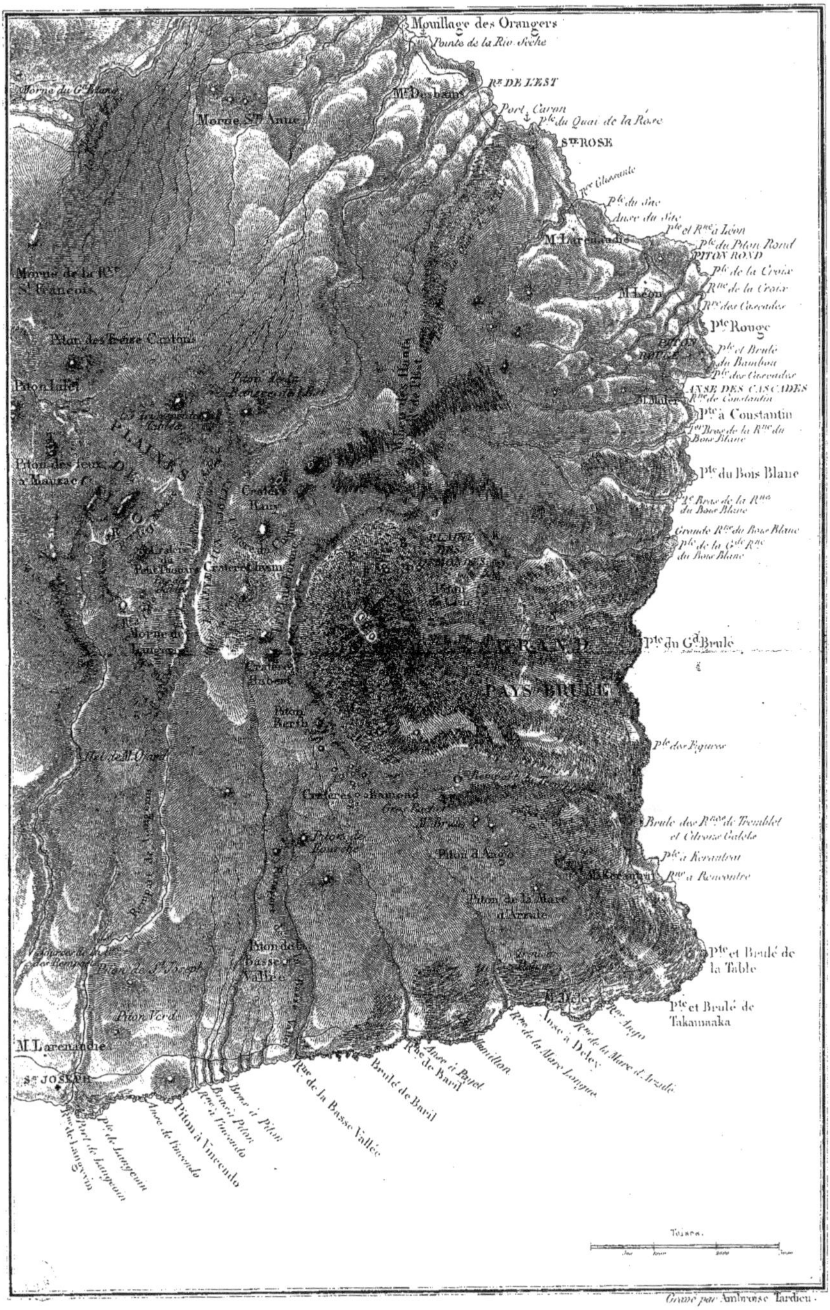

Mouillage des Orangers
Pointe de la Riv sèche
Rte DE L'EST
Mne Dubois
Port Caron
Pte du Quai de la Rose
STE ROSE
Morne du Gd Blanc
Morne Ste Anne
Pte Clanvale
Anse du Site
Pte et Rne à Léon
M. Larenaudie
Pte du Piton Rond
PITON ROND
Pte de la Croix
Morne de la Rne St François
M. Léon
Rne de la Croix
Rne des Cascades
Pte Rouge
Piton Luel
Pilar des Trois Cantons
pte et Brulé de Bambou
Pte des Cascades
Piton Tola
ANSE DES CASCADES
Baraque de la B.
L. Maton
Rne de Constantin
Pte à Coustantin
PLAINE
1er Brne de la Rne du Bois Blanc
Piton des Deux à Mazac
Pte du Bois Blanc
Crater Haux
1er Brne de la Rne du Bois Blanc
Grande Rne de Bois Blanc
Petit Piton
Crater Grand
Pte de la Gde Rne du Bois Blanc
Morne de Fourche
Graude Habitam
Piton Berth
GRAND PAYS BRULÉ
Pte du Gd Brule
Iles de M. Ouger
Pte des Figaons
Crater Commord Gros Rocher
Brule des Rnes de Tremblet et Odensse Caléole
M. Braulé
Pte à Kersalou
Piton de Fourche
Piton d'Ango
M. Karsmon
Rne à Rencontre
Piton de la Mare d'Arroti
Piton de la Basse Vallée
Pte et Brulé de la Table
Piton Vert
M. Larenaudie
Anse à Delex
Pte et Brulé de Takamaaka
ST JOSEPH
Anse de la Mare d'Arsuli
Rne de la Mare Longue
Bras à Pilats
Rue de la Basse Vallée
Brulé de Baril
Anse à Bugot
Piton à Vincendo

Pl. 53

Gravé par Ambroise Tardieu.

CHAMPS PHLÉGRÉENS.

Pl. 33.

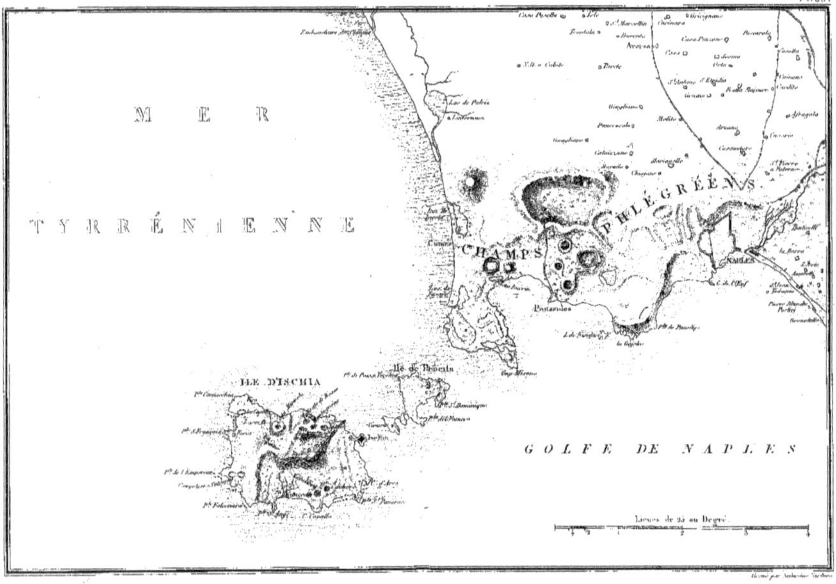
MER
TYRRÉNIENNE
CHAMPS PHLÉGRÉENS.
ILE D'ISCHIA
Ile de Procida
NAPLES
Pouzzoles
Cumes
Aversa
GOLFE DE NAPLES
Lieues de 25 au Degré

Pl. 34.

Dessiné par Bory de St Vincent.

PREMIER AGE DU VOLCAN DE MASCAREIGNE EN 1760.

Gravé par Ambroise Tardieu.

CRATÈRE ET SOMMET DU VÉSUVE LE 29 OCTOBRE 1767.

Pl. 56.

CRATÈRE DU MONT VÉSUVE, AVANT L'ÉRUPTION DE 1767.

CRATÈRE DOLOMIEU (ÎLE DE MASCAREIGNE), DANS LA NUIT DU 27 AU 28 OCTOBRE 1801.

SECOND ÉTAT DU CRATÈRE DOLOMIEU, VOLCAN DE MASCAREIGNE.

MAMELON CENTRAL, VOLCAN DE MASCAREIGNE.

Dessiné par Bory de St Vincent.

Gravé par Ambroise Tardieu.

CRATÈRE BORY, VOLCAN DE MASCAREIGNE.

Pl. 37.

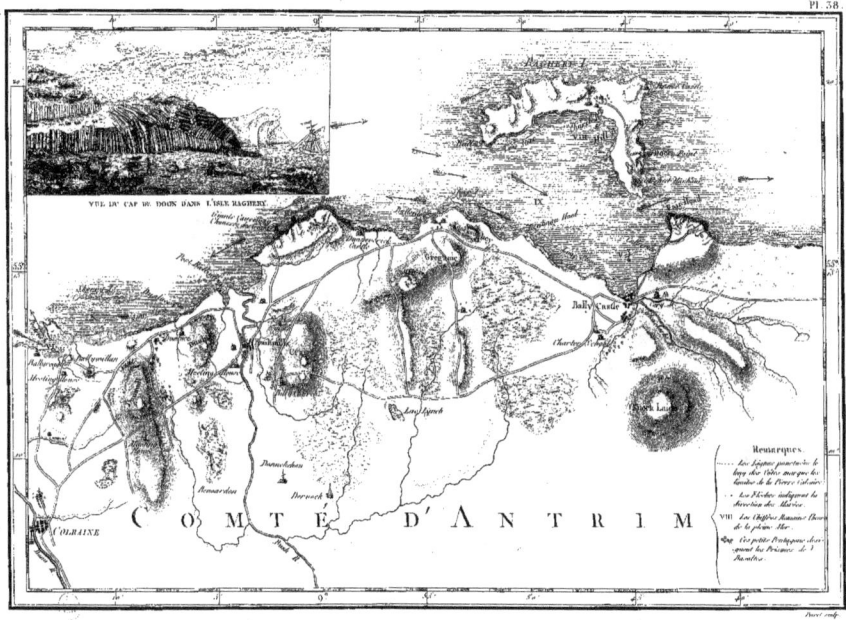

Pl. 58.

VUE DU CAP DE DOON DANS L'ISLE RAGHERY.

RAGHERY I.

COMTÉ D'ANTRIM

COLRAINE

Remarques.

Puvel sculp.

Pl 39

PAYS DES GRANS EN IRLANDE, (coté occidental).

Pl. 40.

PAVÉ DES GÉANS EN IRLANDE, (côté orientale).

Pl. 41

BASALTES COURBÉS DE L'ILE DE STAFFA.

Pl. 42

CIRQUE VOLCANIQUE D'ARENA CROSS (ILE DE MULL).

Pl. 43.

LACS VOLCANIQUES DE LA IIe ET IIIe ÉPOQUE.

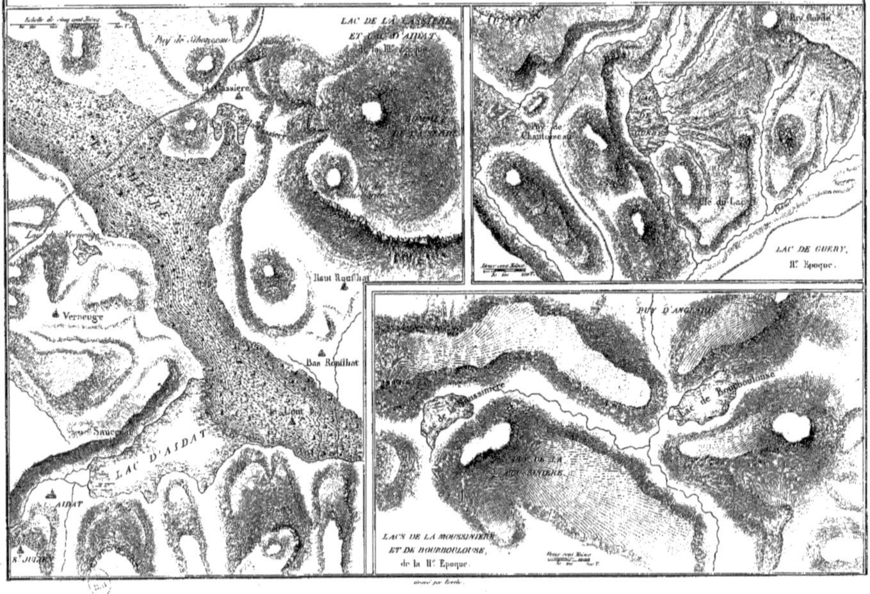

LAC DE LA NARIERE
ET LAC D'AIDAT.

LAC DE GUERY,
IIe Époque.

LAC D'AIDAT.

LACS DE LA MOUSSINIERE
ET DE BOURBOULOUSE,
de la IIe Époque.

LACS VOLCANIQUES DES Iʳᵉ IIᵐᵉ ET IIIᵐᵉ ÉPOQUES.

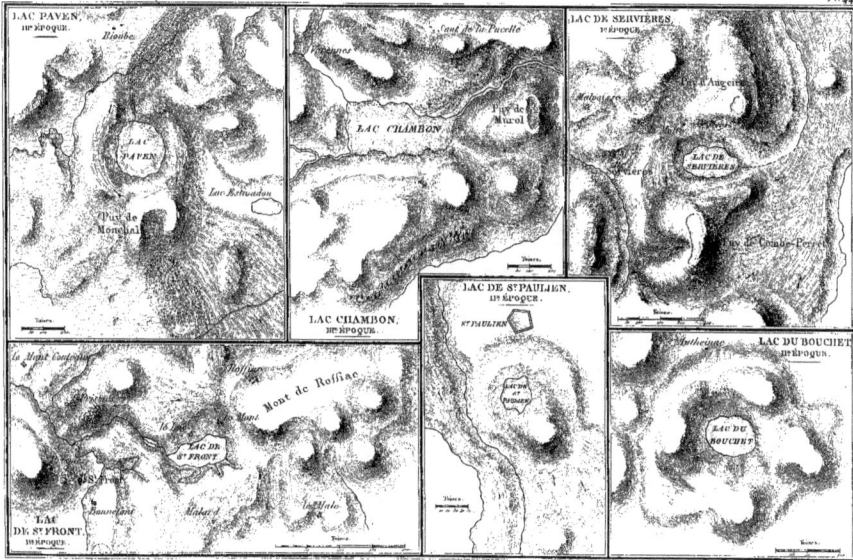

LAC PAVEN,
IIᵉ ÉPOQUE.

Bioube

LAC
PAVEN

Lac Bourdou

Puy de
Monchal

Toises.

LAC CHAMBON,
IIᵐᵉ ÉPOQUE.

Saut de la Pucelle

LAC CHAMBON

Puy de
Murol

Toises.

LAC DE SERVIÈRES,
Iʳᵉ ÉPOQUE.

L'Augeir

Malvalette

LAC DE
SERVIÈRES

Puy de Combe-Perret

Balance.

LAC
DE Sᵗ FRONT,
IIIᵐᵉ ÉPOQUE.

le Mont Courcoire

Mont de Roffiac

Mont

LAC DE
Sᵗ FRONT

Malaret

la Malo

Toises.

LAC DE Sᵗ PAULIEN,
IIIᵐᵉ ÉPOQUE.

Sᵗ PAULIEN

LAC DE
Sᵗ PAULIEN

Toises.

LAC DU BOUCHET,
IIᵐᵉ ÉPOQUE.

Anthéirac

LAC DU
BOUCHET

Toises.

Pl. 45.

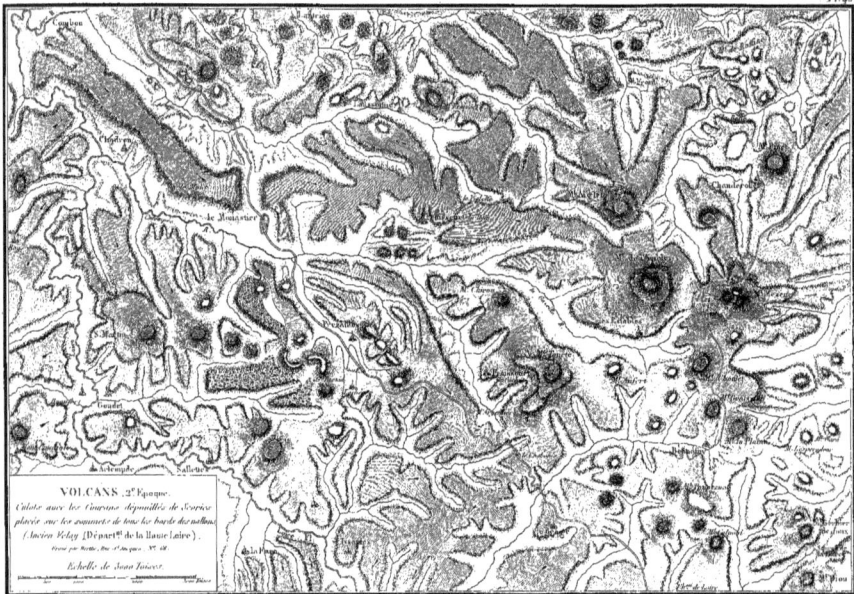

VOLCANS. 2.e Epoque.
Cilote avec les Courans dépouillés de Scorice
placées sur les sommets de tous les bords des vallons
(Ancien Velay (Départ.^t de la Haute Loire).

Echelle de Jean Poisson.

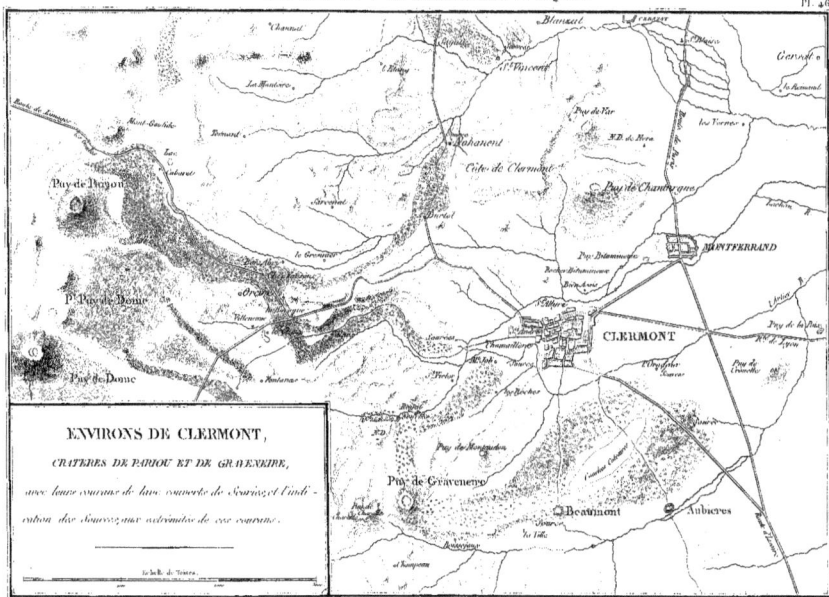

ENVIRONS DE CLERMONT,

CRATÈRES DE PARIOU ET DE GRAVENOIRE,

avec leurs courans de lave couverts de Scories, et l'indication des Sources, aux extrémités de ces courans.

Gravé par Ambroise Tardieu.

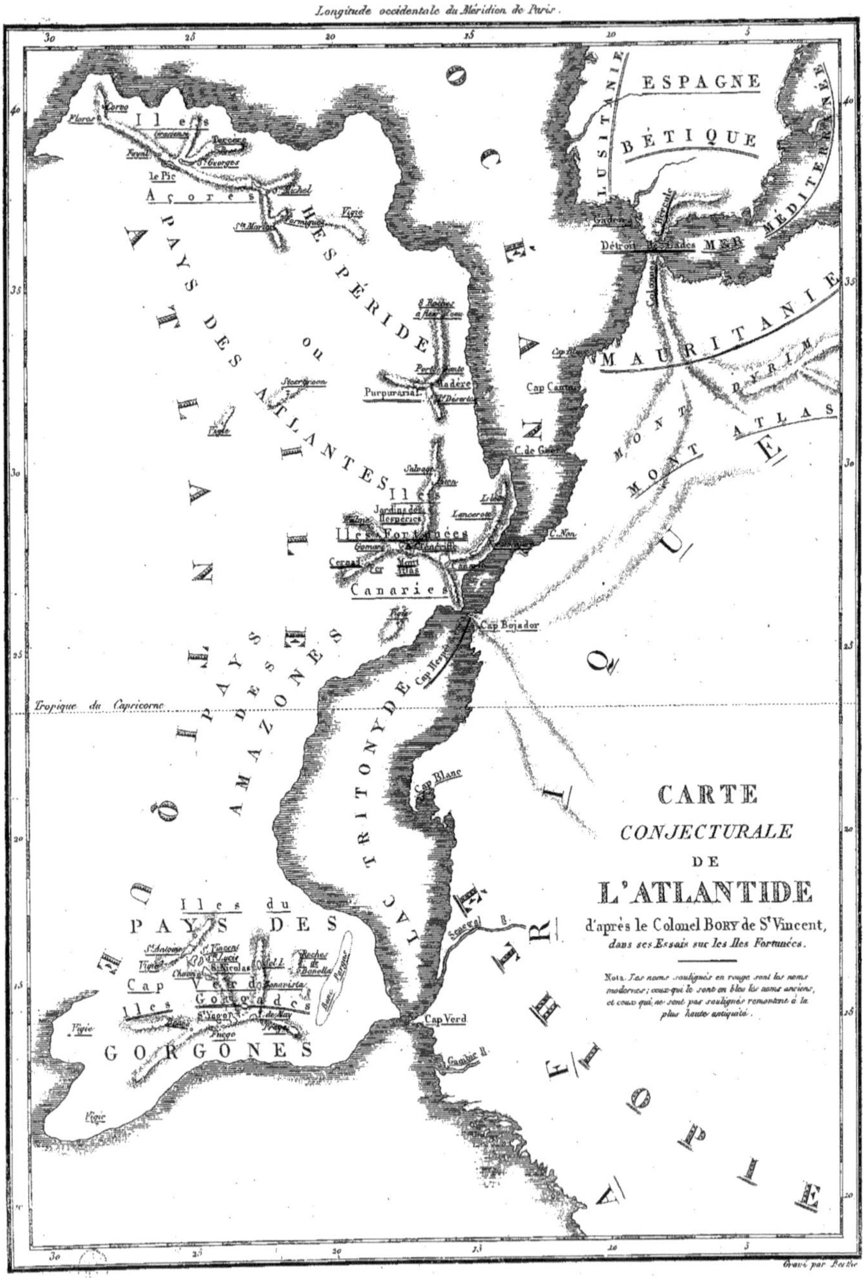

30   25   20   15   10   5

ESPAGNE

BÉTIQUE

OCÉAN

LUSITANIE

MÉDITERRANÉE

Iles

Corvo

Flores

Açores

le Pic

Sta Maria

HESPÉRIDE

ou

PAYS DES ATLANTES

Détroit des Colonnes M. & H.

MAURITANIE

MONT DYRIM

MONT ATLAS

Cap Cantin

Cap Blanc

C. de Gaër

Madère

Purpuraria

Porto Santo

Cap Non

Iles

Jardins des Hespérides

Iles Fortunées

Lancerote

Canaries

Cap Bojador

Tropique du Capricorne

Cap Mesurado

PAYS DES AMAZONES

LAC TRITONYDE

Cap Blanc

CARTE
CONJECTURALE
DE
L'ATLANTIDE
d'après le Colonel BORY de St Vincent,
dans ses Essais sur les Iles Fortunées.

Nota. Les noms soulignés en rouge sont les noms
modernes; ceux qui le sont en bleu les noms anciens,
et ceux qui ne sont pas soulignés remontent à la
plus haute antiquité.

Senegal R.

Iles du
PAYS DES

St Antoine

St Vincent

Cap Vert

Iles Gorgades

Bonavista

GORGONES

Cap Verd

Gambie R.

ÉTHIOPIE

30   25   20   15   10   5

Gravé par Barthe

Pl. 47.

Pl. 48.

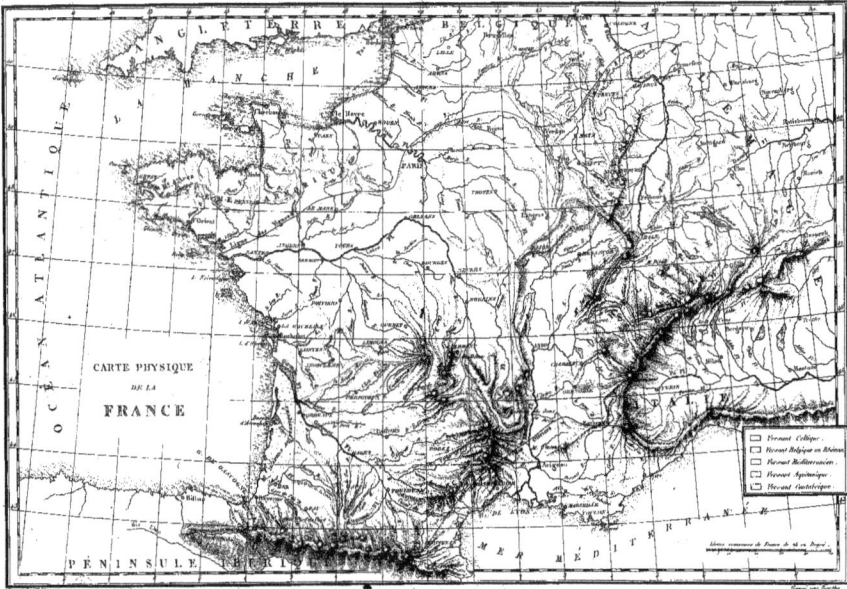

CARTE PHYSIQUE
DE LA
FRANCE

Longitude du Méridien de Paris.

www.ingramcontent.com/pod-product-compliance
Lightning Source LLC
Chambersburg PA
CBHW050111210326
41519CB00015BA/3914